高等教育化学类专业系列教材

有机化学

（第二版）

主　编　徐　晶
副主编　赵汉青
参　编　刘亭亭　郑立辉

图书在版编目(CIP)数据

有机化学/徐晶主编．—2版．—西安：西安交通大学出版社，2023.11
ISBN 978-7-5693-3438-8

Ⅰ.①有… Ⅱ.①徐… Ⅲ.①有机化学 Ⅳ.①O62

中国国家版本馆CIP数据核字(2023)第185584号

书　　名　有机化学(第二版)
　　　　　YOUJI HUAXUE (DI-ER BAN)
主　　编　徐　晶
策划编辑　刘艺飞
责任编辑　曹　昳　刘艺飞
责任校对　张　欣
封面设计　伍　胜

出版发行　西安交通大学出版社
　　　　　(西安市兴庆南路1号　邮政编码710048)
网　　址　http://www.xjtupress.com
电　　话　(029)82668357　82667874(市场营销中心)
　　　　　(029)82668315(总编办)
传　　真　(029)82668280
印　　刷　西安五星印刷有限公司

开　　本　787 mm×1092 mm　1/16　印张　15.75　字数　360千字
版次印次　2012年10月第1版　2023年11月第2版　2023年11月第1次印刷
书　　号　ISBN 978-7-5693-3438-8
定　　价　48.00元

如发现印装质量问题，请与本社发行中心联系。
订购热线：(029)82665248　(029)82667874
投稿热线：(029)82668502
读者信箱：1084979231@qq.com

第二版前言

随着大中专院校的发展，需要一些与之相适应的教材或教学参考书。本书从培养技术应用型人才的目的出发，力求做到以“必需”和“够用”为度，理论适中，加强应用。本书可作为大中专院校化学、化工、制药、分析检验、材料、纺织、冶金等专业的教学用书，也可作为五年制高职、成人教育化工类及相关专业的教材，还可供从事化工技术专业的工作人员参考。

本书按官能团体系对化合物分类，将脂肪族和芳香族化合物混合编排。在编写中，适当淡化或删减了一些理论性过深内容，对复杂的反应机理和推导进行简化处理，力求通俗易懂。波谱分析只编入红外吸收光谱。本书将部分内容及习题放至二维码，请学生扫码学习。有些章节的某些内容，不同专业学生在学习时可酌情取舍。

本书由东北石油大学秦皇岛校区徐晶担任主编，东北石油大学秦皇岛校区赵汉青担任副主编，东北石油大学秦皇岛校区刘亭亭、郑立辉参与编写。全书共有 15 章，第 1 章、第 2 章、第 3 章、第 4 章、第 5 章，第 9 章、第 10 章、第 11 章由徐晶编写，第 6 章、第 7 章、第 8 章、第 12 章、第 13 章由赵汗青编写，第 14 章由刘亭亭编写，第 15 章由郑立辉编写。全书最后由徐晶统稿、修改、定稿。

本书承蒙东北石油大学于翠艳教授审阅，提出许多宝贵意见，谨致谢意。

限于编者水平，书中难免有不足之处，请广大读者批评指正，在此我们致以最诚挚的谢意。

编者

2023 年 6 月

第一版前言

随着高等职业教育的发展，需要一些与之相适应的教材或教学参考书。本书从培养技术应用型人才的目的出发，力求做到以“必需”和“够用”为度，理论适中，加强应用。本书可作为高等职业院校化学、化工、制药、分析检验、材料、纺织、冶金等专业的教学用书，也可作为五年制高职、成人教育化工类及相关专业的教材，还可供从事化工技术专业的工作人员参考。

本书按官能团体系对化合物分类，将脂肪族和芳香族化合物混合编排。在编写中，适当淡化或删减了一些理论性过深内容。对复杂的反应机理和推导进行简化处理，力求通俗易懂。波谱分析只编入红外吸收光谱。有些章节的某些内容，不同专业学生学习时可酌情取舍。

本教材由东北石油大学秦皇岛分校徐晶、河北工业职业技术学院郭利健担任主编，南京化工职业技术学院薛华玉、新乡学院赵凤梅、七台河大学陈姗姗担任副主编，东北石油大学秦皇岛分校胡凤莲、河北工业职业技术学院王惠娟参与编写。全书共分 15 章，第 1 章、第 2 章、第 9 章由徐晶编写，第 3 章、第 5 章、第 10 章由郭利健编写，第 4 章、第 11 章由薛华玉编写，第 12 章、第 13 章、第 15 章由赵凤梅编写，第 6 章、第 7 章由陈姗姗编写，第 14 章由胡凤莲编写，第 8 章由王惠娟编写。全书最后由徐晶统稿、修改、定稿。

本书承蒙东北石油大学于翠艳教授审阅，提出许多宝贵意见，谨致谢意。

限于编者水平，书中难免有不足之处，请读者批评指正，在此我们致以最诚挚的谢意。

目　录

第1章　绪　论

学习目标

【掌握】有机化合物的结构；有机化学反应类型和试剂类型。

【理解】有机化合物的特性；共价键的形成及其属性；质子酸碱和路易斯酸碱。

【了解】有机化合物和有机化学的涵义；有机化学工业的发展；有机化合物的分类；官能团的涵义。

1.1　有机化合物　有机化学　有机化学工业

最初的有机化合物大多来自动植物体内，被认为是有生机之物，所以称之为有机化合物。有机化合物和我们的生活息息相关。日常生活中常见的油脂、食醋、粮食、酒精、蔗糖、医药、染料、棉花、塑料、橡胶、纤维等都是有机化合物。所有的有机化合物中都含有碳元素，绝大多数有机化合物中含有氢元素，许多有机化合物除含有碳、氢元素外，还含有氧、氮、硫、磷和卤素等元素。从化学组成上看，有机化合物可定义为碳氢化合物及其衍生物。

有机化学是一门研究有机化合物的组成、结构、性质、来源、制备及其变化规律的学科，是一门以实验为基础，理论与实验并重的学科。

生产有机化合物的工业叫做有机化学工业。有机化学的深入研究推动了有机化学工业的快速发展。以有机化学为基础的石油、化工、医药、合成材料等已经成了我国国民经济的支柱产业，生物合成材料也有了很大的发展。随着近代科学技术的发展，波谱技术如红外光谱、核磁共振谱、紫外光谱和质谱均应用于有机化合物分子结构的测定及超分子体系的研究中；一些新技术如光化学、催化化学、微波和超声波技术应用于有机反应中，更加速了有机化学工业的发展。有机化学工业的飞速发展又促进了有机化学的研究，对有机化学的研究提出了新的挑战，促使有机化学和各学科之间进行渗透和交叉逐步形成一些新的学科，如金属有机化学、生物有机化学等。这些新学科将更好地推动有机化学工业的发展，更好地解决人们在能源、医学、材料和环境保护等方面所面临的新问题。

有机化学是一门非常重要的学科。通过有机化学课程的学习，掌握有机化合物的基本知识和基础理论，为今后学习相关专业知识，进一步掌握新的科学技术打下坚实的基础。

1.2　有机化合物的结构和特性

1.2.1　有机化合物的结构

结构决定性质是有机化合物的一大特点。有机化合物的结构比较特殊，所以要了解有机化合物的性质必须首先了解其结构。

1. 碳原子是四价的

有机化合物中都含有碳原子。碳原子位于元素周期表中第2周期第ⅣA族，最外层有4个价电子，可与其他原子形成四个化学键，因此，碳原子是四价的。

2. 碳原子与其他原子以共价键相结合

碳原子与其他原子相互结合成键时，既不容易得到电子也不容易失去电子，而是采取了与其他原子共用电子对的方式来获得稳定的电子构型。即碳原子是以共价键与其他原子结合的。碳原子与碳原子还可以共价键自相结合，形成碳碳单键(C—C)、碳碳双键(C═C)和碳三键(C≡C)，并可连结成碳链或碳环，例如：

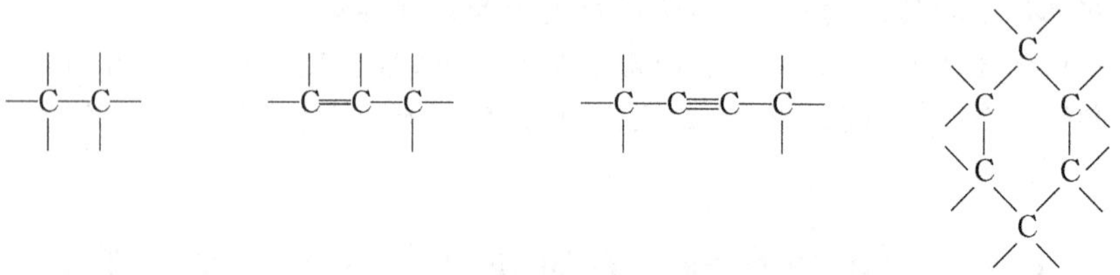

—C—C—　　—C═C—C—　　—C—C≡C—C—　　（六元碳环）

3. 有机化合物的构造式

有机化合物分子中的原子是按一定的顺序和方式相连结的。分子中原子间的排列顺序和连结方式叫做分子的构造(以前叫做结构)，表示分子构造的式子叫做构造式。

有机化合物的构造式常用短线式、缩简式和键线式三种方式来表示。

短线式是用一条短线代表一个共价键，单键以一条短线相连，双键或三键则以两条或三条短线相连。例如：

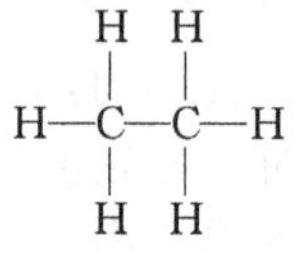

H₃C—CH₃ (短线式)	H₂C═CH₂ (短线式)	H—C≡C—H	H₃C—CH₂—O—H (短线式)	(CH₂)₆ 环 (短线式)
乙烷	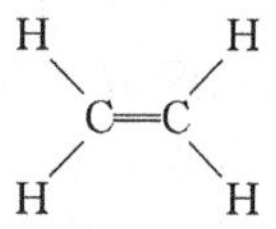 乙烯	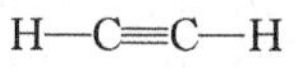 乙炔	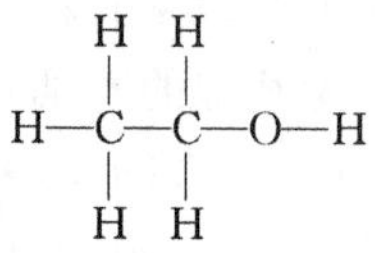 乙醇	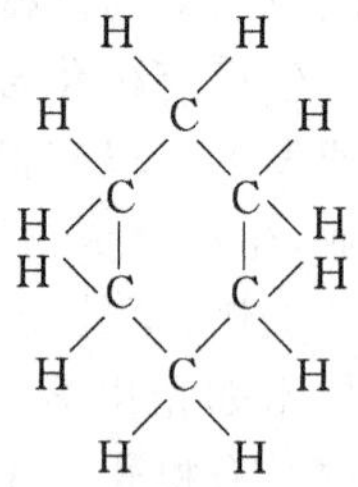 环己烷

有时，为了书写简便，在不致造成歧义的情况下，也可省略一些代表单键的短线，这就是缩简式(也叫构造简式)，例如：

$CH_3CH_2CH_2CH_3$	$CH_3CH_2CH{=}CH_2$	$CH_3CH(OH)CH_2CH_3$	环状 $(CH_2)_5$
丁烷	1-丁烯	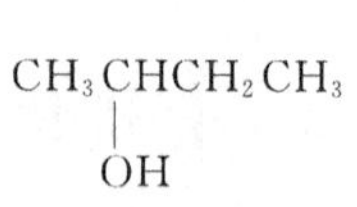 2-丁醇	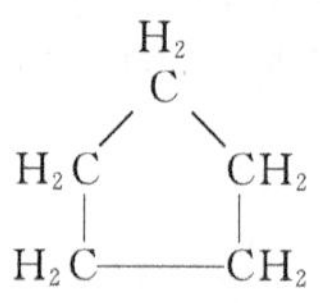 环戊烷

键线式是不写出碳原子和氢原子，用短线代表C—C键，短线的连接点和端点代表碳原子，例如：

2-甲基-3-乙基己烷　　环己烷　　环戊烯

4. 同分异构现象

我们熟知的乙醇，其分子式为 C_2H_6O，该分子式同时又是甲醚的分子式。但它们的分子构造不同。

```
   H  H              H     H
   |  |              |     |
H—C—C—O—H         H—C—O—C—H
   |  |              |     |
   H  H              H     H
   乙醇                 甲醚
```

乙醇的沸点为 78.5 ℃，它与金属钠反应剧烈，并放出氢气；甲醚的沸点为 −28.6 ℃，它不能与金属钠反应。乙醇和甲醚性质截然不同，属于两类化合物。

这种分子式相同而构造式不同的化合物被称为同分异构体，这种现象为同分异构现象。

在有机化合物中，同分异构现象是普遍存在的，这也是有机化合物数目繁多（至今已达一千万种以上）的一个主要原因。

1.2.2　有机化合物的特性

与典型的无机化合物相比，有机化合物一般有以下特性。

1. 分子组成复杂

有机化合物虽然由为数不多的元素组成，但数目庞大，结构复杂而且精巧，如维生素 B_{12} 的组成是 $C_{63}H_{88}CoN_{14}O_{14}P$，结构就相当复杂。同分异构现象是有机化学中极为普遍且很重要的现象，而在无机化学中较为罕见，故在有机化学中不能只用分子式来表示某一有机化合物，必须使用构造式。

2. 容易燃烧

大多数有机化合物容易燃烧，燃烧后生成二氧化碳和水，同时放出大量的热。多数无机化合物如酸、碱、盐和氧化物等则不能燃烧。因此有机物和无机物可以用燃烧试验初步区分。

3. 熔点、沸点低

许多有机化合物在常温下是气体或液体，常温下是固体的有机化合物，它们的熔点一般也很低。例如，醋酸的熔点为 16.6 ℃，沸点为 118 ℃。有机物的熔点超过 300 ℃的很少，一般不超过 400 ℃，这是因为有机化合物晶体一般是由较弱的分子间引力所维持的。而无机物的熔点和沸点较高。例如，氯化钠的熔点为 801 ℃，沸点为 1413 ℃。

4. 难溶于水，易溶于有机溶剂

绝大多数有机化合物都难溶于水，而易溶于有机溶剂，例如，油脂不溶于水，但能溶解在乙醚、汽油等有机溶剂中。这是因为有机化合物的极性一般较弱或是非极性物质，而水则是一种极性较强的溶剂。根据“相似相溶原理”，只有结构和极性相近的物质才能相互溶解，所以，大多数有机化合物难溶于水，而易溶于有机溶剂。

5. 反应速率比较慢

许多有机反应速率较慢，经常需要几小时、几天以至几年才能完成，为了加速反应，往往需要加热、光照或使用催化剂等。这是因为大多数有机化合物的反应是分子反应，要靠分子间的有效碰撞，经历旧的共价键断裂和新的共价键形成才能完成，所以速率比较慢，反应所需的时间较长。而无机化合物之间的反应，大多是离子间的反应，非常迅速，可以瞬时完成。

6. 反应复杂，副反应多

有机反应往往不是单一反应，反应物之间同时并进若干不同的反应，可以得到几种产物。一般把在某一特定反应条件下主要进行的一个反应叫做主反应，其他的反应叫做副反应。因为副反应多，所以主要产物的产率就降低了。为了提高主要产物的产量，必须选择最有利的反应条件以减少副反应的发生。

由于反应复杂，我们在书写有机反应方程式时常采用箭头，而不用等号。一般只写出主要反应及其产物，有的还需要在箭头上标出反应的必要条件。反应方程式一般并不严格要求配平，只是在计算理论产率时主反应才要求配平。

上述有机化合物的这些特性都是与典型无机物相比较而言的，不是它的绝对标志。例如四氯化碳不但不易燃烧而且可作灭火剂；酒精和醋酸不但可溶于水，而且可以任意比例与水混溶。随着科学的进步，有机化合物和无机化合物之间并无截然不同的界线。

1.3　共价键的形成

有机化合物分子中各原子之间一般是以共价键连接起来的。对于共价键形成的理论解释，常用的有价键法和分子轨道法。下面简单地介绍价键法。

价键法认为，共价键的形成是来自原子轨道的重叠，在重叠的轨道上有两个自旋相反的电子，这就是电子“配对”。轨道重叠得越多，共价键就越牢固。所以，形成共价键时，在两个原子核间距离（键长）一定的条件下，轨道总是尽可能达到最大程度的重叠，这就是轨道最大重叠原理。

价键法又称电子配对法，一个未成对电子一经配对成键，则不能再与其他未成对电子配对，这就是共价键的饱和性。由于成键原子轨道不都是球形对称的，例如对 p 原子轨道，具有方向性，为使原子轨道最大程度的重叠，共价键具有方向性。

如果不是从轨道，而是从与轨道相对应的电子云的观点来看，共价键的形成则是来自电子云的重叠。电子云重叠得越多，共价键就越牢固。所以，形成共价键时，在键长一定的条件下，电子云总是尽可能达到最大程度的重叠，这就是电子云最大重叠原理。

H 原子的电子结构是$(1s)^1$。s 轨道是球形的，为了形成 H—H 键以生成 H_2分子，两个 H 原子核必须靠得足够近，从而使两个 s 轨道得以重叠，而在重叠的轨道上有两个自旋相反的电子。对于 H_2分子来说，当两个 H 原子核间距离（H—H 键长）为 0.074 nm 时，体系的能量最低，因而最稳定。电子“配对”形成共价键时放出能量。形成 H—H 键时放出的能量是 436.0 $kJ \cdot mol^{-1}$。也就是说，1 mol H_2分子比 2 mol H 原子的能量低 436.0 kJ，或者说稳定性大 436.0 kJ。这就是 H 原子自发地通过电子“配对”生成 H_2分子的原因，也就是电子自发地“配对”生成共价键的原因。

图1－1(a)表示两个H原子的s轨道，(b)表示两个s轨道的重叠。两个s轨道重叠生成的轨道形状与这两个s轨道合并而成的形状大体上相似，像一个椭圆体，如图1－1(c)所示，这样的轨道叫做σ轨道。

H_2分子中连接两个H原子核的直线，叫做H—H键的键轴。从图1－1(d)可以看出，s轨道重叠生成的轨道是圆柱形对称的，键轴是它的对称轴。生成σ轨道的重叠方式叫做σ重叠，σ轨道上的电子叫做σ电子，形成的键叫做σ键。

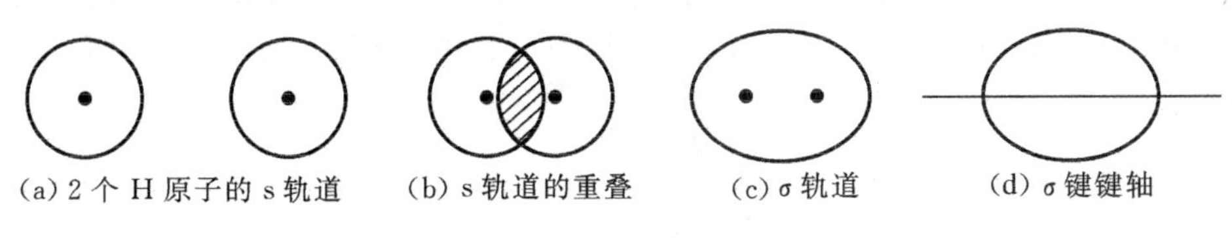

图1－1　氢分子的形成

1.4　共价键的属性

1.4.1　键长

由共价键连接起来的两个原子的核间距离，叫做该共价键的键长。例如，实验测得氢分子中的两个氢原子的核间距离是0.074 nm，H—H键的键长就是0.074 nm。X射线衍射法、电子衍射法、光谱法等物理方法，能够精确地测定共价键的键长。表1－1给出一些共价键的键长。

从表1－1中可以看出，C═C双键的键长比C—C单键的短，C≡C三键的键长比C═C双键的短。这是因为C—C单键只是一个共价键(σ键)，而C═C双键则是两个共价键(σ键和π键，见3.2)，与C—C单键相比，由C═C双键连接起来的两个C原子显然是结合得较强，被拉得较紧，所以距离较近，键长较短；C≡C三键(σ键、π键和π键，见4.2)的键长比C═C双键的短，其原因是相同的。

表1－1　一些共价键的键长

键的种类	键长/nm	键的种类	键长/nm
C—C	0.154	C—N	0.147
C═C	0.134	C—F	0.141
C≡C	0.120	C—Cl	0.177
C—H	0.109	C—Br	0.191
C—O	0.143	C—I	0.212

1.4.2　键角

由于共价键有方向性，所以出现了键角，今以水分子为例说明键角的涵义。H_2O分子有两个O—H键，这两个O—H键键轴之间的夹角叫做H_2O分子的键角，或H_2O分子中两个O—H键的键角。实验测得，H_2O分子的键角是104.5°(图1－2)。显然，双原子分子没有键角，在不少于3个原子的分子中就有键角。

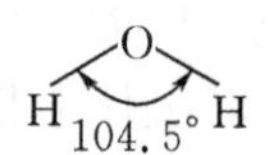

图 1-2　水分子的键角

在有机化合物分子中，碳原子与其他原子所形成的键角大致有以下几种情况：C 原子以四个单键分别与四个原子相连接时，键角接近 109.5°；C 原子以一个双键和两个单键分别与三个原子相连接时，键角接近 120°；C 原子以一个三键和一个单键或两个双键分别与两个原子相连接时，键角是 180°。

1.4.3　键能(平均键能)

双原子分子的键能就是 1 mol 双原子分子(气态)解离为原子(气态)时所吸收的能量。例如，实验测得，25 ℃时，1 mol H_2分子(气态)解离为 H 原子时吸收的能量是 436.0 kJ，H—H 键的键能就是 436.0 kJ·mol^{-1}(25 ℃)。反过来，25 ℃时，H 原子(气态)互相结合生成 1 mol H_2分子(气态)时放出的能量也是 436.0 kJ。

1 mol 多原子分子(气态)完全解离为原子(气态)时吸收的能量等于多原子分子中所有共价键键能的总和。例如，实验测得：

$$CH_4(g) \longrightarrow C(g)+4H(g) \quad 吸热\ 1656.8\ kJ \cdot mol^{-1}$$

CH_4分子中只有四个 C—H 键，所以 C—H 键的键能就是 1656.8 kJ·mol^{-1}/4＝414.2 kJ·mol^{-1}。$CH_3—CH_3$分子中有一个 C—C 单键和六个 C—H 键，1 mol $CH_3—CH_3$(气态)完全解离为 C 原子(气态)和 H 原子(气态)时所吸收的能量就是一个 C—C 单键和六个 C—H 键键能的总和，等等。

从键能的定义可以看出，多原子分子的键能是一个平均值，也叫做平均键能。表 1-2 给出一些共价键的键能。

表 1-2　一些共价键的键能(平均键能，25 ℃)　　单位：kJ·mol^{-1}

H	C	N	O	F	S	Cl	Br	I	原子
436.0	414.2	389.1	464.4	568.2	347.3	431.8	366.1	298.3	H
	347.3*	305.4**	359.8***	485.3****	272.0	338.9	284.5	217.6	C
		163.2		272.0		192.5			N
			196.6	188.3		217.6	200.8	234.3	O
									F
				154.8	251.0	255.2	217.6		S
						242.7			Cl
							192.5		Br
								150.6	I

注：* C═C 610.9，C≡C 836.8。

** C═N 615.0，C≡N 891.2。

*** C═O 736.4(醛)，748.9(酮)，803.3(二氧化碳)。

**** 在 CF_4 中。

1.4.4 键解离能

键解离能的涵义与键能不同。键解离能指的是分子中某一个给定的共价键断裂生成原子或自由基(带有一个或几个未配对电子的原子或基团叫做自由基)时所吸收的能量。例如，实验测得，25 ℃时，1molCH_4(气态)解离生成 CH_3 · 自由基(气态)和 H · 原子(气态)时吸收 439.3kJ 的能量，即

$$CH_4(g) \longrightarrow CH_3 \cdot (g) + H \cdot (g) \qquad \text{吸热 } 439.3\ kJ \cdot mol^{-1}$$

$H_3C—H$ 键的解离能就是 439.3 $kJ \cdot mol^{-1}$(25 ℃)。又如：

$$CH_3—CH_3(g) \longrightarrow 2CH_3 \cdot (g) \qquad \text{吸热 } 376.6\ kJ \cdot mol^{-1}$$

$H_3C—CH_3$键的解离能就是 376.6 $kJ \cdot mol^{-1}$(25 ℃)。显然，双原子分子的解离能就是键能，而多原子分子的键解离能则与键能不同。表 1-3 给出一些共价键的解离能。

表 1-3 一些共价键的解离能(25 ℃) 单位：$kJ \cdot mol^{-1}$

共价键	H	Cl	Br	I	CH_3	C_6H_5
CH_3	439.3	355.6	297.1	238.5	376.6	426.8
CH_3CH_2	410.0	334.7	284.5	221.8	359.8	410.0
$(CH_3)_2CH$	397.5	338.9	284.5	223.8	359.8	401.7
$(CH_3)_3C$	389.1	338.9	280.3	217.6	351.5	389.1
C_6H_5	464.4	401.7	336.8	272.0	426.8	481.2
$C_6H_5CH_2$	368.2	301.2	242.7	200.8	318.0	376.6
$CH_2═CHCH_2$	359.8	284.5	225.9	171.5	309.6	—
$CH_2═CH$	460.2	376.6	326.4	—	418.4	431.0

常温时，分子热运动的能量比一般共价键的解离能小得多。因此，共价键在常温时一般是稳定的。温度升高，分子热运动的能量增大，有可能使共价键断裂。键的解离能越小，键越容易断裂。例如，Cl_2、Br_2、I_2的键解离能依次减小，所以加热时 I_2最易解离生成 I 原子，Br_2其次，Cl_2最难。又如，在脂肪烃分子中，C—C 单键的解离能比 C—H 键的小，所以在脂肪烃热解时，C—C 单键断裂(裂解)比 C—H 键断裂(脱氢)容易。

键解离能的大小对于自由基链反应具有非常重要的影响。

1.4.5 键的极性

分子中以共价键相连接的原子吸引电子的能力是不同的，有的大些，有的小些。元素的电负性表示分子中原子吸引电子能力的大小。电负性大的吸引电子的能力大；电负性小的吸引电子的能力小。在氯化氢(H—Cl)分子中，Cl 原子的电负性比 H 原子大，Cl 原子吸引 Cl 原子和 H 原子之间的共有电子对的能力比 H 原子大，从而使 Cl 原子上带有部分负电荷(以 $\delta-$ 表示)，H 原子上带有部分正电荷(以 $\delta+$ 表示)，可表示为$\overset{\delta+}{H}—\overset{\delta-}{Cl}$。同理，在甲醇($H_3C—OH$)分子中，O 原子上带有部分负电荷，C 原子上带有部分正电荷，即 $H_3\overset{\delta+}{C}—\overset{\delta-}{O}H$。这样的共价键($\overset{\delta+}{H}—\overset{\delta-}{Cl}$键、$\overset{\delta+}{C}—\overset{\delta-}{O}$键)具有极性，叫做极性共价键。显然，H—O 键、H—N 键、C ═ O 键、C—N 键、C—Cl 键等都是极性共价键。

共价键极性的大小是用键的偶极矩来衡量的。键的极性大，偶极矩大；极性小，偶极矩小。

偶极矩(μ)等于电荷(q)与正、负电荷中心之间的距离(d)的乘积,$\mu = q \cdot d$,单位是 C・m(库[仑]・米)。偶极矩是向量,是有方向性的,一般是用箭头指向共价键的负端。例如:

H—Cl

+→ $\mu = 3.44 \times 10^{-30}$ C・m

对于卤化氢这些双原子分子,分子的偶极矩就是键的偶极矩。对于有不少于 3 个原子的分子,分子的偶极矩与键的偶极矩不同,分子的偶极矩是键的偶极矩的向量和。例如,C—Cl 键的偶极矩是 4.90×10^{-30} C・m,而 CCl_4 分子的偶极矩是零。这是因为 CCl_4 分子是正四面体结构,四个 C—Cl 键的向量和恰好是零。因此,C—Cl 键是极性键,而 CCl_4 是非极性分子。

Cl Cl Cl Cl

CCl_4

C—Cl

+→

$\mu = 4.90 \times 10^{-30}$ C・m $\mu = 0$

H_2 分子的 H—H 键、Cl_2 分子的 Cl—Cl 键及 $H_3C—CH_3$ 分子中的 C—C 键,显然都没有极性,都是非极性键。

1.5 有机反应的类型和试剂的类型

有机反应总的来说可以分为均裂(或均解)反应、异裂(或异解)反应、协同反应等几类。均裂反应和异裂反应是其中的两大类。

在有机反应中,连接两个原子或基团(例如 X 和 Y)之间的共价键断裂时,有两种不同的方式。一种是共价键断裂的结果使 X 和 Y 之间的共有电子对中的一个电子属于 X,另一个电子属于 Y。

$$X \cdot\!\!\mid\!\!\cdot Y \longrightarrow X\cdot + \cdot Y$$

X 和 Y 各带有一个未配对电子,是自由基。也就是,共价键断裂的结果是生成了两个自由基——X・和・Y。共价键的这种断裂方式叫做均裂。反应中有均裂发生的,叫做均裂反应。均裂反应也叫做自由基反应。

另一种是共价键断裂的结果是 X 和 Y 之间的共有电子对属于了 X,或者属于 Y,生成正离子、负离子或者分子。

$$X: \mid Y \longrightarrow X:^- + Y^+ \quad \text{或} \quad \overset{+}{X}: \mid Y \longrightarrow X: + Y^+$$

$$X \mid :Y \longrightarrow X^+ + :Y^- \qquad \overset{-}{X} \mid :Y \longrightarrow X + :Y^-$$

X 或者 Y,一个带有孤对电子,另一个则带有空轨道。共价键的这种断裂方式叫做异裂。反应中有异裂发生的,叫做异裂反应。异裂反应也叫做离子反应。

对应于自由基反应和离子反应，试剂分为自由基试剂和离子试剂。

烷烃的光氯化或热氯化是自由基反应（见 2.5）。反应时，进攻烷烃的是 Cl·原子，即氯自由基。在这个反应中，产生 Cl·原子的氯（Cl_2）是自由基试剂。

在离子反应中，根据试剂本身是亲核的或者亲电的，离子试剂分为亲核试剂和亲电试剂两类。亲核试剂是，反应时把它的孤对电子作用于有机化合物分子中与它发生反应的那个原子，而与之共有。例如，：OH^-、：NH_2^-、：CN^-、：Cl^-、H_2O：、：NH_3 等都是亲核试剂。有机化合物与亲核试剂的反应叫做亲核反应，例如，1-溴丁烷的碱性水解：

$$\overset{-}{HO}: + CH_3CH_2CH_2CH_2 \vdots Br \longrightarrow CH_3CH_2CH_2CH_2-OH + :Br^-$$

亲电试剂是，反应时试剂从有机化合物分子中与它发生反应的那个原子接受电子对，而与之共有。例如 H^+、Cl^+（反应时瞬时产生的）、BF_3 等都是亲电试剂。有机化合物与亲电试剂的反应叫做亲电反应，例如，乙醚与三氟化硼生成乙醚-三氟化硼络合物的反应。

$$CH_3CH_2-\ddot{\underset{..}{O}}-CH_2CH_3 + BF_3 \longrightarrow CH_3CH_2-\overset{+}{\underset{\underset{\overset{-}{BF_3}}{|}}{\ddot{O}}}-CH_2CH_3$$

1.6 质子酸碱和路易斯酸碱

1.6.1 质子酸碱

1923 年，布朗斯特提出了酸碱的质子理论。质子理论认为：酸是质子给体——凡是能给出质子（H^+）的分子或离子都是酸；碱是质子受体——凡是能与质子结合的分子或离子都是碱。HCl、HSO_4^-、NH_4^+ 等都能给出质子，它们都是酸；Cl^-、SO_4^{2-}、NH_3 等都能与质子结合，它们都是碱。

酸给出质子后形成的碱为这个酸的共轭碱，例如，HSO_4^- 的共轭碱是 SO_4^{2-}，NH_4^+ 的共轭碱是 NH_3。碱与质子结合后生成的酸为这个碱的共轭酸，例如，SO_4^{2-} 的共轭酸是 HSO_4^-，NH_3 的共轭酸是 NH_4^+。HSO_4^- 和 SO_4^{2-}、NH_4^+ 和 NH_3 是共轭酸碱，它们之间的这种关系叫做共轭关系。

酸要给出质子，就要有碱来接受质子。例如，酸在水溶液中解离时，接受质子的碱就是水。

$$\underset{共轭酸(1)}{HCl} + \underset{共轭碱(2)}{H_2O} \longrightarrow \underset{共轭酸(2)}{H_3O^+} + \underset{共轭碱(1)}{Cl^-} \quad ①$$

这里，HCl 和 Cl^- 是一对共轭酸碱；H_3O^+ 和 H_2O 是另一对共轭酸碱。反应①的实质是 H_2O（碱 2）和 Cl^-（碱 1）争夺质子。反应①实际上是 100%地向右进行，这是因为 H_2O 争夺质子的能力比 Cl^- 大得多，也就是 H_2O 的碱性比 Cl^- 强得多。给出质子能力强的酸是强酸，强酸的共轭碱是弱碱，例如 HCl 是强酸，它的共轭碱 Cl^- 是弱碱。反之，弱酸的共轭碱是强碱，例如 CH_3COOH 是弱酸，它的共轭碱 CH_3COO^- 是强碱。酸的酸性越强，它的共轭碱的碱性就越弱。与质子结合能力强的碱是强碱，强碱的共轭酸是弱酸，例如 HO^- 是强碱，它的共轭酸 H_2O 是弱酸。反之，弱碱的共轭酸是强酸，例如 HSO_4^- 是弱碱，它的共轭酸 H_2SO_4 是强酸。碱的碱性越强，它的共轭酸的酸性就越弱。

对于一个给定的物质来说，它表现出来的酸碱性因介质不同而有所不同。例如，乙酸在酸性比它弱的水中呈酸性，表现出它是酸，而水是碱：

$$\underset{\text{共轭酸(1)}}{CH_3COOH} + \underset{\text{共轭碱(2)}}{H_2O} \longrightarrow \underset{\text{共轭酸(2)}}{H_3O^+} + \underset{\text{共轭碱(1)}}{CH_3COO^-} \quad ②$$

而乙酸在酸性比它强的硫酸中呈碱性，表现出它是碱，而硫酸是酸：

$$\underset{\text{共轭酸(1)}}{H_2SO_4} + \underset{\text{共轭碱(2)}}{CH_3COOH} \longrightarrow \underset{\text{共轭酸(2)}}{CH_3COOH_2^+} + \underset{\text{共轭碱(1)}}{HSO_4^-} \quad ③$$

这是一种普遍现象，叫做酸碱的相对性。

从质子理论来看，上述反应①、②和③实际上是一种酸和一种碱生成另一种酸和另一种碱的反应。质子理论的酸碱反应或酸碱中和反应的结果是生成另一种酸和另一种碱，反应的方向是质子从弱碱转移到强碱。例如，反应①是质子从 Cl^- 转移到 H_2O，反应②是质子从 CH_3COO^- 转移到 H_2O，反应③是质子从 HSO_4^- 转移到 CH_3COOH。质子从弱碱转移到强碱这类反应在有机反应中是经常遇到的。

表 1-4 列出一些质子酸的酸性强度。

表 1-4 一些质子酸的 pK_a

酸	碱	pK_a	酸	碱	pK_a
HI	I^-	−10	HCO_3^-	CO_3^{2-}	10.33*
HBr	Br^-	−9	$CH_2(COOC_2H_5)_2$	$CH(COOC_2H_5)_2^-$	13
HCl	Cl^-	−7	H_2O	OH^-	15.74*
$ArSO_3H$	$ArSO_3^-$	−6.5	RCH_2CN	$RCHCN^-$	25
H_3O^+	H_2O	−1.74*	$HC\equiv CH$	$HC\equiv C^-$	25
HNO_3	NO_3^-	−1.4	NH_3	NH_2^-	34
RCOOH	$RCOO^-$	4～5	$CH_2=CH_2$	$CH_2=CH^-$	36.5
H_2CO_3	HCO_3^-	6.35*	PhH	Ph^-	37
NH_4^+	NH_3	9.24*	CH_4	CH_3^-	40
ArOH	ArO^-	8～11	CH_3CH_3	$CH_3CH_2^-$	42

注：带*者是精确值，不带*者是近似值。

1.6.2 路易斯酸碱

1923 年，路易斯提出了酸碱的电子理论。根据分子或离子的电子结构，路易斯把酸碱定义为“酸是孤对电子受体——能够接受孤对电子形成共价键的任何分子或离子都是酸；碱是孤对电子给体——能够提供孤对电子形成共价键的任何分子或离子都是碱”。例如，BF_3 和 H^+ 能够接受孤对电子形成共价键，它们是酸；$:NH_3$ 和 $HO:^-$ 能够提供孤对电子形成共价键，它们是碱。路易斯酸和碱结合生成的产物叫做酸碱络合物，例如：

路易斯酸　　路易斯碱　　酸碱络合物

$$F_3B + :NH_3 \longrightarrow F_3\overset{-}{B}-\overset{+}{N}H_3 \quad (\text{或 } F_3B \longleftarrow NH_3)$$

$$H^+ + :NH_3 \longrightarrow NH_4^+$$

$$BF_3 + :F^- \longrightarrow BF_4^-$$

路易斯的酸碱定义可以归之于一种分子或离子的电子结构，这个定义极大地扩大了酸碱范围。但是，路易斯酸的酸性强度随着用作比较标准的碱的不同而不同。路易斯碱的碱性强度也是这样，随着用作比较标准的酸的不同而不同。因此，与质子酸碱不同，路易斯酸碱没有一个统一的酸碱强度，也就是说，不能统一地表示出它们的酸碱强度。

质子酸碱和路易斯酸碱在有机化学中得到了广泛的应用。应该指出，质子酸碱中的碱与路易斯碱是一致的。如，$:NH_3$、$C_2H_5O:^-$、$(C_2H_5)_2O:$ 等是质子碱，也是路易斯碱。但是，质子酸碱中的酸，例如 HCl、CH_3COOH 等，并不是路易斯酸，而是路易斯酸碱络合物。这是因为 H^+ 是路易斯酸，Cl^-、CH_3COO^- 等是路易斯碱，所以 HCl、CH_3COOH 等就成了路易斯酸碱络合物。

在有机化学中，常用的路易斯酸有 H^+、BF_3、$AlCl_3$、$ZnCl_2$、$FeCl_3$、$SnCl_4$ 等；常用的路易斯碱有 HO^-、RO^-、NH_3、NH_2^- 等。

显然，路易斯酸是亲电试剂，路易斯碱是亲核试剂。

1.7　有机化合物的分类

分子中原子间互相连接的顺序和方式叫做分子构造。分子构造表示分子中哪个原子和哪个原子相连接，以及是怎样连接的。有机化合物就是按照它们的分子构造进行分类的。分类时既要考虑到碳骨架，又要考虑到官能团。

1.7.1　按碳骨架分类

按照碳骨架，通常把有机化合物分为四大类。

1. 开链化合物(脂肪族化合物)

这类化合物的共同特点是它们的分子链都是张开的。开链化合物最初是从动植物油脂中获得的，所以也叫做脂肪族化合物。乙烷、乙烯、乙醇等是脂肪族化合物。

$CH_3—CH_3$	$CH_2=CH_2$	$CH_3—CH_2—OH$
乙烷	乙烯	乙醇

2. 脂环化合物

这类化合物的共同特点是在它们的分子中具有由碳原子连接而成的环状构造(苯环结构除外)。这类环状化合物的性质与脂肪族化合物相似，所以叫做脂环化合物。环己烷、环己烯、环己醇等是脂环化合物。

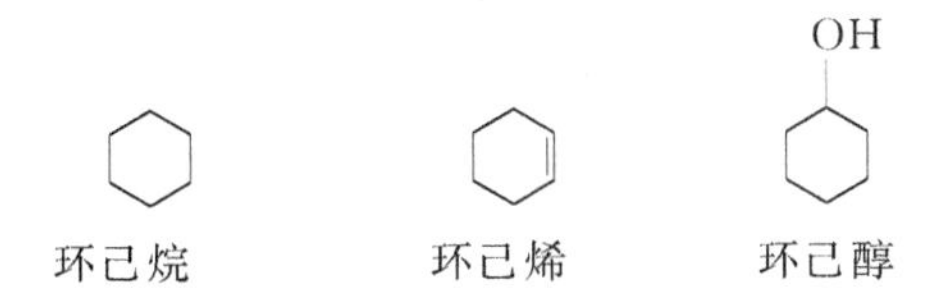

3. 芳香族化合物

这类化合物的共同特点是在它们的分子中一般具有苯环结构。苯、甲苯、苯酚等是芳香族化合物。

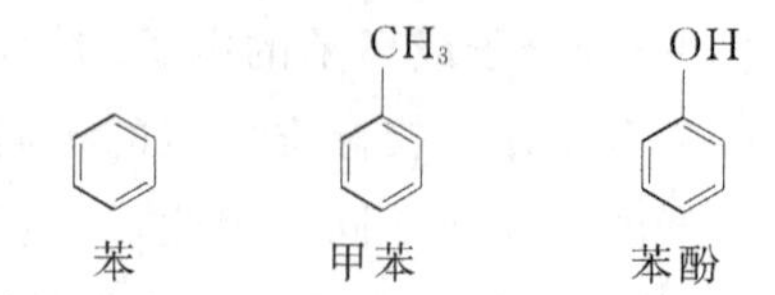

4. 杂环化合物

这类化合物的共同特点是，在它们的分子中也具有环状构造，但是，在环中除碳原子外，还有其他原子(O、S、N 等)存在。糠醛、噻吩、吡啶等是杂环化合物。

1.7.2 按官能团分类

官能团指的是有机化合物分子中那些特别容易发生反应的原子或基团，这些原子或基团决定这类有机化合物的主要性质。例如，烯烃中的 C═C，炔烃中的 C≡C，卤代烃中的卤原子(F、Cl、Br、I)，醇中的羟基(—OH)等。表 1－5 给出一些常见的重要官能团。

表 1－5 一些常见的重要官能团

官能团	名称	官能团	名称
>C═C<	双键	>C═O	酮基
—C≡C—	三键	—COOH	羧基
—OH	羟基	—CN	氰基
—X(F、Cl、Br、I)	卤原子	$—NO_2$	硝基
(C)—O—(C)	醚键	$—NH_2$(—NHR、$—NR_2$)	氨基
—CHO	醛基	$—SO_3H$	磺(酸)基

分类时，一般是先按照碳骨架分类，再按照官能团分类。在本书中，就是按照这种分类方法逐类介绍有机化合物的，其理由是含相同官能团的化合物具有类似的化学性质，将它们归于一类进行研究，不仅较为方便，而且还能反映各类有机化合物之间的相互联系。

学习总结

第2章 烷 烃

学习目标

【掌握】烷烃的同分异构和命名方法；甲烷的结构和 sp^3 杂化；烷烃的化学性质。

【理解】烷烃的物理性质及其变化规律。

【了解】烷烃的来源、制备和用途。

只由碳和氢两种元素组成的化合物叫做碳氢化合物，简称为烃。烃可以分为开链烃和环状烃两大类，开链烃也称为脂肪烃，它又分为饱和烃和不饱和烃两类。环状烃也称闭链烃，它又可分为脂环烃和芳香烃两类。

脂肪烃分子中只含有 C—C 键和 C—H 键的，叫做烷烃(甲烷分子中只含有 C—H 键)。烷烃也叫做石蜡烃。烷烃是饱和脂肪烃。

烷烃广泛地存在于自然界中，如石油和天然气的主要成分就是烷烃，它可作为燃料，更是化学工业的原料。

2.1 烷烃的同系列和构造异构

2.1.1 烷烃的同系列

最简单的烷烃是甲烷，分子式为 CH_4；其次是乙烷，分子式为 C_2H_6；丙烷，分子式为 C_3H_8；丁烷，分子式为 C_4H_{10}，依次类推，就可以得到碳原子数逐渐增加的烷烃系列化合物。从这几个烷烃的分子式可以看出，在任何一个烷烃分子中，如果 C 原子数是 n，H 原子数则是 $2n+2$。因此，可以用一个式子 C_nH_{2n+2}(n 表示碳原子数)来表示烷烃分子的组成，这个式子叫做烷烃的通式。具有同一个通式，组成上只相差 CH_2 或其整数倍的一系列化合物叫做同系列。甲烷、乙烷、丙烷、丁烷等这一系列化合物叫做烷烃同系列。同系列中的各化合物互为同系物。甲烷、乙烷、丙烷、丁烷等互为同系物，其中 CH_2 叫做同系列的系差。

同系物具有相似的化学性质，同系物的物理性质(熔点、沸点、相对密度、溶解度等)一般随着相对分子质量的改变而呈现规律性的变化。因此，当知道了同系列中某些同系物的性质后，就可以推测其他同系物的性质。这对于了解有机化合物的性质，具有很重要的意义。推测结果的正确与否，还必须通过实践来验证。

在有机化学中，同系列现象是普遍存在的。如以后要学到的烯烃、炔烃等系列。

2.1.2 烷烃的构造异构

分子构造用构造式表示最为简单明了。在有机化学中，分子构造是一个最重要、最基本的概念。因此，一般都用构造式表示有机化合物的结构。下面给出 $C_1 \sim C_5$ 烷烃的分子构造和名称。

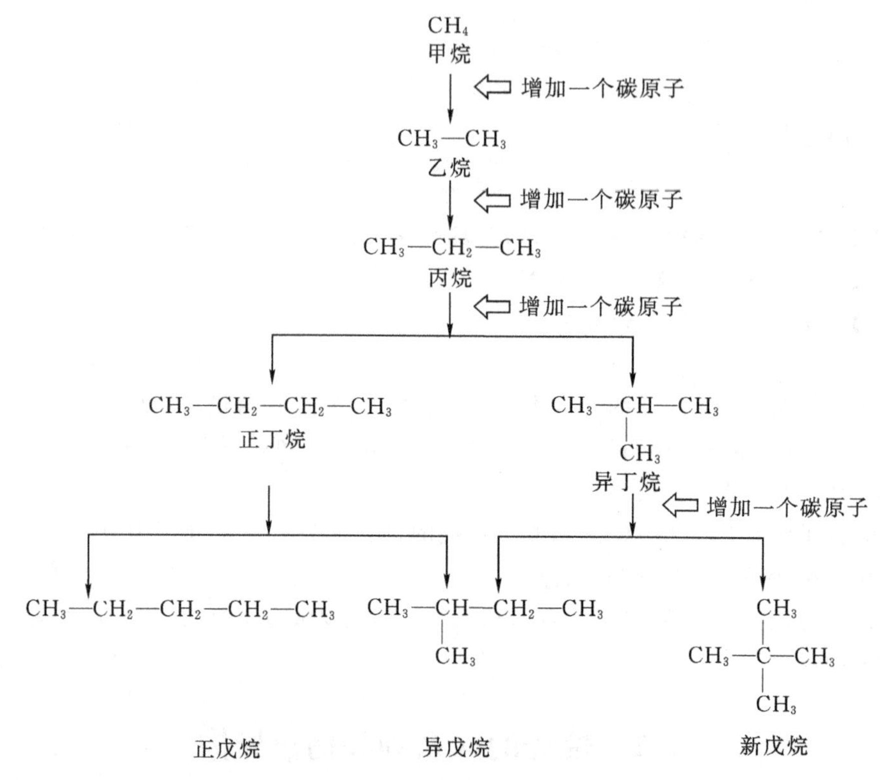

分子式相同的不同化合物叫做同分异构体，简称异构体。这种现象叫做同分异构现象，简称异构现象。分子式相同，分子构造不同的化合物叫做构造异构体。这种现象叫做构造异构现象。甲烷、乙烷、丙烷没有构造异构体。丁烷有两个构造异构体——正丁烷和异丁烷。戊烷有三个构造异构体——正戊烷、异戊烷和新戊烷。随着烷烃分子中碳原子数的增大，其构造异构现象变得越来越复杂，构造异构体的数目也越来越大。表 2－1 给出 $C_6 \sim C_{10}$ 烷烃的构造异构体的数目。

表 2－1 烷烃构造异构体的数目

烷烃名称（分子式）	构造异构体数目
己烷（C_6H_{14}）	5
庚烷（C_7H_{16}）	9
辛烷（C_8H_{18}）	18
壬烷（C_9H_{20}）	35
癸烷（$C_{10}H_{22}$）	75

2.2 烷烃的命名法

2.2.1 碳原子和氢原子的类型

在烷烃分子中，与 1 个碳原子相连接的碳原子叫做伯碳原子，或一级碳原子，用 1°C 表示；与 2 个碳原子相连接的碳原子叫做仲碳原子，或二级碳原子，用 2°C 表示；与 3 个碳原子相连接的碳原子叫做叔碳原子，或三级碳原子，用 3°C 表示；与 4 个碳原子相连接的碳原子叫做季碳原子，或四级碳原子，用 4°C 表示。例如：

```
      H   H   H    CH3
      |   |   |    |
   H—C—C—C——C—CH3
      |   |   |    |
      H   H  CH3  CH3
伯(1°) 仲(2°) 叔(3°)   季(4°)
```

与伯、仲、叔碳原子相连接的氢原子相应地分别叫做伯、仲、叔氢原子，或一级、二级、三级氢原子，也分别用 1°H、2°H、3°H 表示。季碳原子上没有氢原子，所以也就没有季氢原子。

2.2.2 烷基

从烃分子中去掉一个氢原子后所剩下的基团叫做烃基。从烷烃分子中去掉一个氢原子后所剩下的基团叫做烷基，通式为—C_nH_{2n+1}，常用 R—表示（虽然 R—通常是用来表示烷基，但是，有时也用来表示烃基，甚至用来表示任何一个有机基团。因此 R—表示的究竟是什么基团，常常是要根据文中所述的内容来判断）。烷基的名称是从相应的烷烃名称衍生出来的。从直链（即不带支链的连续链）烷烃分子的末端碳原子上去掉一个氢原子后剩下的基团（即不带支链的烷基）叫做某基（系统命名法）或正某基（习惯命名法）。例如：

烷烃	烷基
CH_4 甲烷	CH_3— 甲基
CH_3CH_3 乙烷	CH_3CH_2— 乙基
$CH_3CH_2CH_3$ 丙烷	$CH_3CH_2CH_2$— 丙基
$CH_3(CH_2)_2CH_3$ 丁烷	$CH_3CH_2CH_2CH_2$— 丁基（系统名称） 或正丁基（习惯名称）
$CH_3(CH_2)_5CH_3$ 庚烷	$CH_3(CH_2)_5CH_2$— 庚基（系统名称） 或正庚基（习惯名称）

对于带支链的烷基，为了尊重习惯，IUPAC（International Union of Pure and Applied Chemistry，国际纯粹与应用化学联合会）同意保留下列八个烷基的习惯名称。

```
CH3CH—    异丙基
   |
   CH3
```

$$\begin{array}{l}CH_3CHCH_2- \\ \;\;\;\;\;\;|\\ \;\;\;\;CH_3\end{array}\quad 异丁基$$

$$\begin{array}{l}CH_3CH_2CH- \\ \;\;\;\;\;\;\;\;\;\;\;\;|\\ \;\;\;\;\;\;\;\;\;CH_3\end{array}\quad 仲丁基$$

$$\begin{array}{l}CH_3CHCH_2CH_2- \\ \;\;\;\;\;\;|\\ \;\;\;\;CH_3\end{array}\quad 异戊基$$

$$\begin{array}{l}CH_3CHCH_2CH_2CH_2- \\ \;\;\;\;\;\;|\\ \;\;\;\;CH_3\end{array}\quad 异己基$$

$$\begin{array}{l}\;\;\;\;CH_3\\ \;\;\;\;\;\;|\\ CH_3C- \\ \;\;\;\;\;\;|\\ \;\;\;\;CH_3\end{array}\quad 叔丁基$$

$$\begin{array}{l}\;\;\;\;\;\;\;\;\;CH_3\\ \;\;\;\;\;\;\;\;\;\;\;\;|\\ CH_3CH_2C- \\ \;\;\;\;\;\;\;\;\;\;\;\;|\\ \;\;\;\;\;\;\;\;\;CH_3\end{array}\quad 叔戊基$$

$$\begin{array}{l}\;\;\;\;CH_3\\ \;\;\;\;\;\;|\\ CH_3CCH_2- \\ \;\;\;\;\;\;|\\ \;\;\;\;CH_3\end{array}\quad 新戊基$$

从烷烃分子中去掉两个氢原子后剩下的基团叫做亚某基。例如：

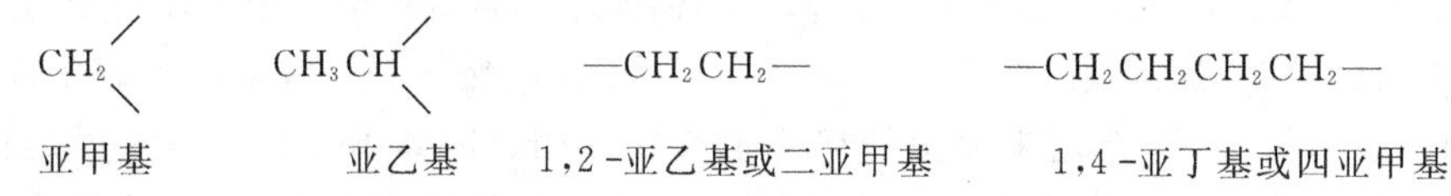

亚甲基　　亚乙基　　1,2-亚乙基或二亚甲基　　1,4-亚丁基或四亚甲基

从烷烃分子中去掉三个氢原子后剩下的基团叫做次某基。例如：

$$-CH<\qquad\qquad CH_3C\!\!\begin{array}{l}/\\-\\ \backslash\end{array}$$

次甲基　　次乙基

2.2.3 烷烃的命名法

一种物质可以有几个名称。但是，一个名称只能表示一种物质，这样才不会引起混乱。由于构造异构现象的普遍存在，导致有机化合物不能用分子式表示，而只能用构造式表示。所以，有机化合物的名称必须表示出有机化合物的分子构造，这样，才能根据名称，确切地、不混淆地知道它是哪一个有机化合物。常用的烷烃命名法有三种。

1. 习惯命名法

在习惯命名法中，把直链烷烃叫做正某烷。分子中碳原子数在10以下的，依次用甲、乙、丙、丁、戊、己、庚、辛、壬、癸表示；碳原子数在10以上的，直接用中文数字十一、十二、十三……表示。例如：

$CH_3(CH_2)_2CH_3$	$CH_3(CH_2)_5CH_3$	$CH_3(CH_2)_{11}CH_3$
正丁烷	正庚烷	正十三烷

对于带支链的烷烃，以“异”“新”前缀区别不同的构造异构体。直链构造一末端带有两个甲

基的,命名为异某烷。“新”是专指具有叔丁基构造的含五六个碳原子的链烃化合物。例如:

$$
\begin{array}{c}CH_3CHCH_3\\ |\\ CH_3\end{array}
\qquad
\begin{array}{c}CH_3CHCH_2CH_3\\ |\\ CH_3\end{array}
\qquad
\begin{array}{c}CH_3CHCH_2CH_2CH_3\\ |\\ CH_3\end{array}
\qquad
\begin{array}{c}CH_3\\ |\\ CH_3-C-CH_3\\ |\\ CH_3\end{array}
$$

异丁烷　　异戊烷　　异己烷　　新戊烷

但是,IUPAC 只同意保留上述四个带支链的烷烃的习惯名称。

习惯命名法简单,不过,它只能用于上述烷烃。

在石油工业上,用作测定汽油辛烷值的基准物质之一的异辛烷(辛烷值定位 100),它的构造式为

$$
\begin{array}{ccccccc} & & & & CH_3 & & \\ & & & & | & & \\ CH_3- & CH & -CH_2- & & C & -CH_3 \\ & | & & & | & \\ & CH_3 & & & CH_3 & \end{array}
$$

异辛烷

由于它的特殊用途,“异辛烷”是给予它的特定名称,是一个商品名称或俗名,不属于上述的习惯名称。

2. 衍生命名法

衍生命名法是以甲烷作为母体,把其他烷烃看作是甲烷的烷基衍生物,即甲烷分子中的氢原子被烷基取代所得到的衍生物的命名方法。命名时,一般是把含支链最多的碳原子(即连接烷基最多的碳原子)作为母体碳原子;烷基则是按照立体化学中“次序规则”列出的顺序排列:

$(CH_3)_3C- > CH_3CH_2(CH_3)CH- > (CH_3)_2CH- > (CH_3)_2CHCH_2- > CH_3CH_2CH_2CH_2- > CH_3CH_2CH_2- > CH_3CH_2- > CH_3-$(符号“ > ”表示“优先于”)

把优先的基团(也就是处于前面的基团)排在后面。例如:

$$
\begin{array}{c}CH_3-CH-CH_2-CH_3\\ |\\ CH_3\end{array}
\qquad
\begin{array}{c}CH_3\\ |\\ CH_3-C-CH_3\\ |\\ CH_3\end{array}
\qquad
\begin{array}{ccccc} & & & CH_3 & \\ & & & | & \\ CH_3- & CH & -CH_2- & C & -CH_3\\ & | & & | & \\ & CH_3 & & CH_3 & \end{array}
$$

二甲基乙基甲烷　　四甲基甲烷　　三甲基异丁基甲烷

衍生命名法能够清楚地表示出分子构造,但是,只能适用于简单的烷烃的命名,对于复杂的烷烃,由于涉及的烷基较复杂,常常是难以采用此法命名的。

3. 系统命名法

系统命名法是一种普遍适用的命名方法。它是采用国际上通用的 IUPAC 命名原则,并结合我国文字特点制定的一种命名方法。

对于直链烷烃,与习惯命名法相似,按照它所含有的碳原子数叫做某烷,只是不加“正”字。例如:

$CH_3-(CH_2)_2-CH_3$　　$CH_3-(CH_2)_5-CH_3$　　$CH_3-(CH_2)_{12}-CH_3$

丁烷　　庚烷　　十四烷

对于支链烷烃,则把它看作是直链烷烃的烷基衍生物,按照下列步骤和规则进行命名。

(1)从构造式中选择最长的碳链作为主链,把支链看作取代基,根据主链所含有的碳原子数称为某烷。

(2)把主链上的碳原子从靠近支链的一端开始编号,依次用阿拉伯数字 1,2,3,…标出。取代基的位置,由它所在的主链上碳原子的号数表示。

(3)把取代基的名称写在烷烃名称的前面,在取代基名称的前面注明它所在的位置。如果带有几个不同的取代基,则是把次序规则中“优先”的基团(如前文所列的顺序)排在后面;如果在带有的取代基中,有几个是相同的,则在相同的取代基前面用数字二、三、四等标明其数目,其位置则须逐个注明。

(4)按照取代基位次、相同取代基数目、取代基名称、母体名称的顺序,写出烷烃的名称。注意阿拉伯数字之间要用“,”隔开,阿拉伯数字与文字之间要用“-”连接起来。例如:

$$\overset{1}{C}H_3-\overset{2}{C}H(CH_3)-\overset{3}{C}H_2-\overset{4}{C}H_3$$

2-甲基丁烷

$$\overset{1}{C}H_3-\overset{2}{C}H(CH_3)-\overset{3}{C}H(CH_3)-\overset{4}{C}H_3$$

2,3-二甲基丁烷

$$\overset{1}{C}H_3-\overset{2}{C}(CH_3)_2-\overset{3}{C}H_2-\overset{4}{C}H_3$$

2,2-二甲基丁烷

$$\overset{1}{C}H_3-\overset{2}{C}H(CH_3)-\overset{3}{C}H_2-\overset{4}{C}H(CH_2CH_3)-\overset{5}{C}H_2-\overset{6}{C}H_3$$

2-甲基-4-乙基己烷

用系统命名法给烷烃命名时,常会遇到一些特殊情况,可按下列原则进行处理。

(1)当分子中含有两条以上相等的最长碳链时,应选择含支链最多的最长碳链作为主链。例如:

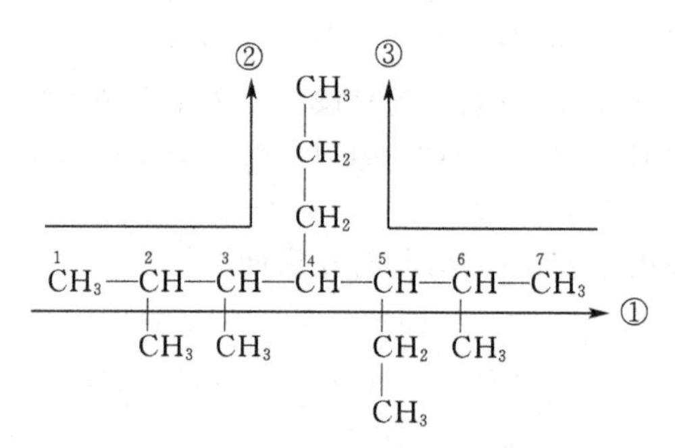

2,3,6-三甲基-5-乙基-4-丙基庚烷

有三条等长的碳链可供选择,但①链上连接取代基最多,因此应选作主链。

(2)如果碳链从不同方向编号得到两种(或两种以上)不同编号系列时,则采用最低系列原则,即顺次逐项比较各系列的不同位次,最先遇到的位次最小者为最低系列。例如:

$$\overset{1}{C}H_3-\overset{2}{C}(CH_3)_2-\overset{3}{C}H_2-\overset{4}{C}H(CH_2CH_3)-\overset{5}{C}H(CH_3)-\overset{6}{C}H_3$$

2,2,5-三甲基-4-乙基己烷

有两种编号方法,从左向右编号,取代基的位次为 2,2,4,5;从右向左编号,取代基的位次为 2,3,5,5。逐个比较每个取代基的位次,第一个均为 2,第二个取代基编号分别为 2 和 3,因此应该从左向右编号。

(3)如果碳链从不同方向编号得到两种相同编号系列时,则使次序规则中“优先”的基团编号位次大,即小的编号给小的取代基。

```
 1      2     3    4    5      6
CH3—CH2—CH—CH—CH2—CH3
              |     |
            CH3  CH2
                    |
                  CH3
```

3 -甲基- 4 -乙基己烷

2.3　甲烷分子的正四面体构型——sp^3杂化轨道

构型是指具有一定构造的分子中原子在空间的排列状况。

甲烷是最简单的烷烃。分子式为 CH_4，甲烷分子的立体形象是正四面体构型。碳原子位于正四面体的中心，四个氢原子位于正四面体的四个顶点，四个 C—H 键的键长均相等，为 0.109 nm，任两个 C—H 键之间的夹角均为 109.5°。甲烷分子的正四面体构型如图 2－1 所示。

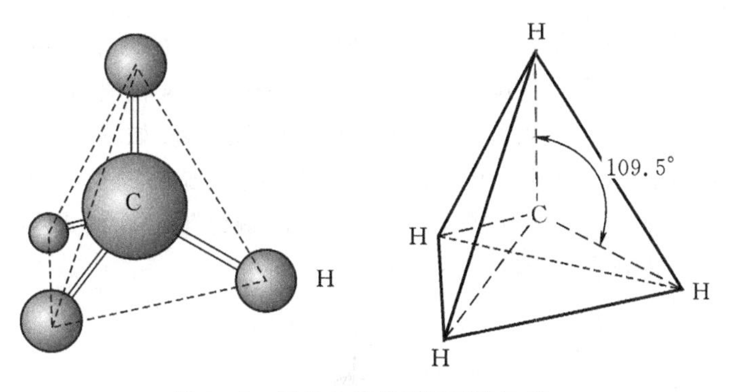

图 2－1　甲烷分子的正四面体构型

C 原子的价层电子为 $2s^2 2p_x^1 2p_y^1$，只有两个未成对电子，按照价键理论，只能与两个 H 原子形成两个 C—H 键。但实际上在甲烷分子中有 4 个等同的 C—H 键，那么，用传统的价键理论已经不能解释甲烷分子的结构了，1931 年鲍林和斯莱特提出了杂化轨道理论。杂化轨道理论不但解释了甲烷分子的正四面体结构，而且还解释了乙烯分子的平面形结构，乙炔分子的直线形结构，以及许多无机化合物分子的几何形状问题。

甲烷分子中的四个 C—H 键为什么是等同的？甲烷分子为什么是正四面体结构？杂化轨道理论认为：当 C 原子与其他原子结合时，核外电子的排布及轨道的形状均发生了变化，首先是一个 2s 轨道电子激发后跃迁到 2p 轨道上，使 C 原子具有 4 个未成对的电子（即 $2s^1 2p_x^1 2p_y^1 2p_z^1$），然后是一个 2s 轨道和 3 个 2p 轨道进行杂化，重新组合形成 4 个等同的 sp^3 杂化轨道（简称 sp^3 轨道）。杂化可以形象地看成是“混合然后均分”的意思——一个 s 轨道和三个 p 轨道“混合然后均分”成为四个等同的 sp^3 杂化轨道。在 sp^3 杂化轨道中，s 轨道成分占 1/4，p 轨道成分占 3/4。因此，sp^3 轨道也可以形象地看作是由 1/4 的 s 轨道和 3/4 的 p 轨道“混合”而成的。

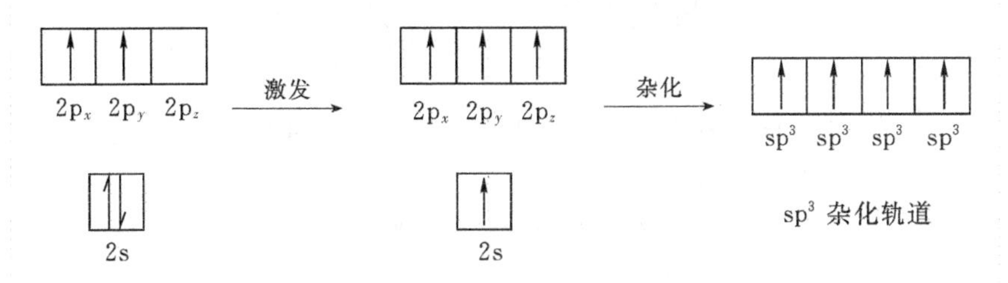

sp^3轨道的形状与 s 轨道和 p 轨道不同，一头(一瓣)很大，像个部分凹进去的大球，而另一头(另一瓣)甚小，像个小球。轨道的对称轴经过 C 原子核，如图 2-2(a)所示。为了画图方便，把 sp^3轨道简化为图 2-2(b)。

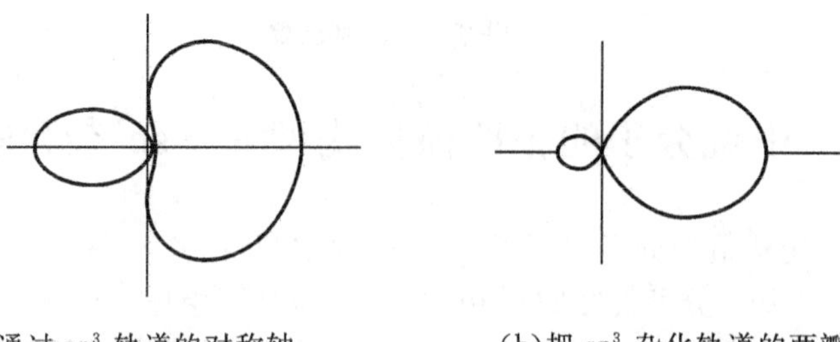

(a)通过 sp^3 轨道的对称轴所作截面的形状　(b)把 sp^3 杂化轨道的两瓣简化为一瓣大、一瓣小

图 2-2　sp^3 杂化轨道

C 原子的四个等同的 sp^3轨道大头一瓣分别指向正四面体的四个顶角，如图 2-3(a)所示。每个 sp^3轨道上具有一个未成对的电子，四个 H 原子是以其 1s 轨道沿着 C 原子 sp^3轨道对称轴的方向分别与四个等同的 sp^3轨道大头一瓣“头顶头”地重叠，如图 2-3(b)所示。每个 1s 轨道上也有一个未成对的电子，这样在重叠的轨道上有两个自旋方向相反的电子配对成键，形成四个等同的 C—H 键，如图 2-3(c)所示。四个 C—H 键键轴之间的夹角(键角)是正四面体角，109.5°。这就是甲烷分子的正四面体结构。

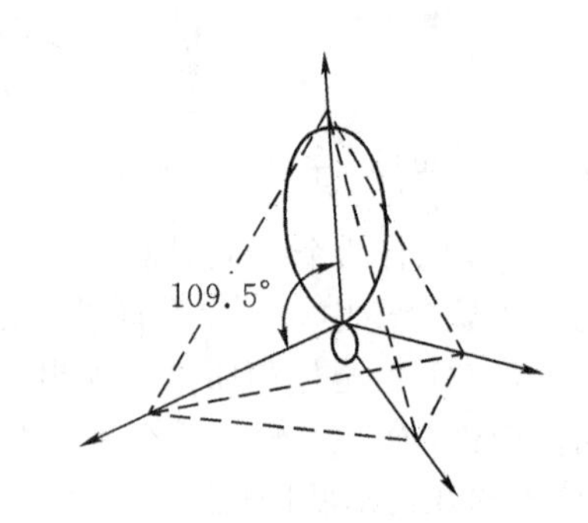

(a)C 原子的四个 sp^3 轨道在空间的分布

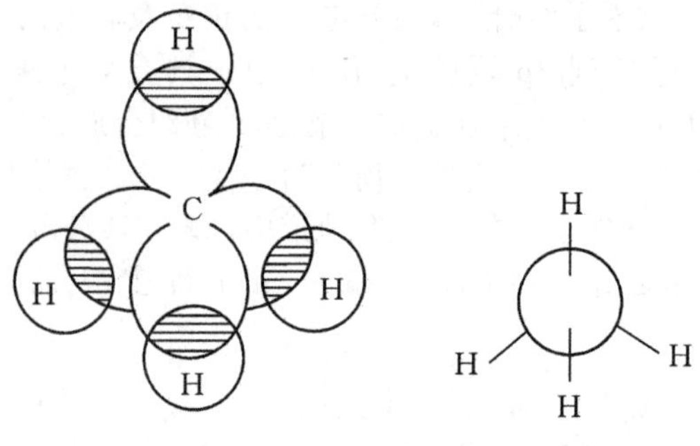

(b)C 原子的四个 sp^3 轨道与四个 H 原子的 s 轨道重叠　(c)甲烷的四个 C—H 键

图 2-3　甲烷分子的形成

在甲烷分子中，连接C和H两个原子核的直线叫做C—H键的键轴。从图2-3(b)中可以看出，形成C—H时，H原子的1s轨道与C原子的sp^3轨道大头一瓣沿着键轴方向"头顶头"地重叠——σ重叠，形成σ键。所以甲烷的四个C—H键都是σ键。σ键的特点：①比较牢固。这是因为形成σ键时电子云达到了最大的重叠，而且通过轴向重叠形成的键，电子云集中在两个原子核之间，核对它们的吸引力较大，因此键牢固。②能围绕对称轴自由旋转。这是因为旋转不会影响电子云的重叠程度，因而不会影响轴间夹角和键的强度。

CH_4、CCl_4、$C(CH_3)_4$等分子中C原子上的四个原子或基团是等同的，所以C原子的四个σ键也是等同的。这些分子都是正四面体结构，键角(∠HCH、∠ClCCl和∠CCC)是109.5°。CH_3Cl、CH_2Cl_2、$CH(CH_3)_3$等分子中C原子上的四个原子或基团不是等同的，所以C原子的四个σ键也就不是等同的。这些分子的结构虽然是四面体，但不是正四面体，键角也不是109.5°，而是接近109.5°。

其他烷烃的结构与甲烷相似，它们中的每一个碳原子也都是sp^3杂化。例如在乙烷中，两个C原子各以一个sp^3轨道互相重叠，形成一个C—Cσ键，每个C原子剩余的三个sp^3轨道，分别与三个H原子的1s轨道重叠，形成六个等同的C—Hσ键，这就是乙烷的结构(图2-4)。对于有三个以上碳原子的烷烃，也都和乙烷类似，它们的C—C—C键角都接近于109.5°。烷烃都具有四面体的结构特征。

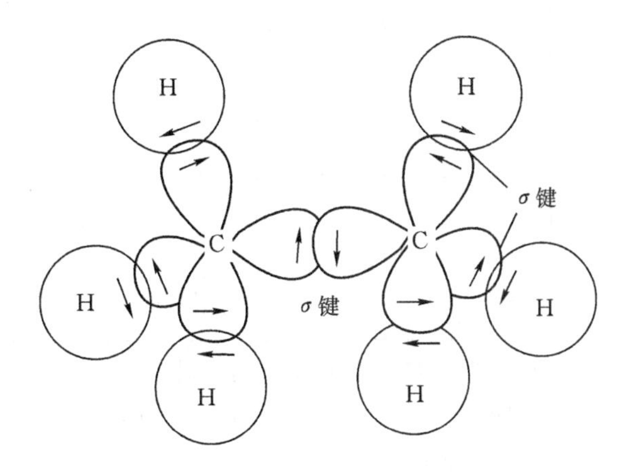

图2-4 乙烷的结构

2.4 烷烃的物理性质

物质的物理性质通常是指它们的状态、颜色、气味、熔点、沸点、折射率、溶解性、相对密度等。纯的有机化合物的物理性质，在一定条件下是不变的，其数值一般为常数。因此可以利用测定物理常数来鉴别有机化合物或检验其纯度。同系列的有机化合物，其物理性质往往随相对分子质量的增加而呈现规律性变化。

常温常压下，C_1 ~ C_4直链烷烃是气体，C_5 ~ C_{17}直链烷烃是液体，C_{18}及C_{18}以上直链烷烃是固体。烷烃是无色物质，具有一定的气味。直链烷烃的物理性质，例如熔点、沸点、相对密度等，随着分子中碳原子数(或相对分子质量)的增大，而呈现规律性的变化。表2-2给出一些直链烷烃的物理常数。

表 2-2 一些直链烷烃的物理常数

名称	分子式	熔点/℃	沸点/℃	相对密度(d_4^{20})	折射率(n_D^{20})
甲烷	CH_4	−182.6	−161.7	0.424	
乙烷	C_2H_6	−172	−89	0.456	
丙烷	C_3H_8	−187	−42	0.501	
丁烷	C_4H_{10}	−138	0	0.579	
戊烷	C_5H_{12}	−130	36	0.626	1.3577
己烷	C_6H_{14}	−95	69	0.659	1.3750
庚烷	C_7H_{16}	−90.5	98	0.684	1.3877
辛烷	C_8H_{18}	−57	126	0.703	1.3976
壬烷	C_9H_{20}	−54	151	0.718	1.4056
癸烷	$C_{10}H_{22}$	−30	174	0.730	1.4120
十一烷	$C_{11}H_{24}$	−26	196	0.740	1.4173
十二烷	$C_{12}H_{26}$	−10	216	0.749	1.4216
十三烷	$C_{13}H_{28}$	−6	234	0.756	
十四烷	$C_{14}H_{30}$	5.5	252	0.763	
十五烷	$C_{15}H_{32}$	10	266	0.769	
十六烷	$C_{16}H_{34}$	18	280	0.773	
十七烷	$C_{17}H_{36}$	22	292	0.778	
十八烷	$C_{18}H_{38}$	28	308	0.777	
十九烷	$C_{19}H_{40}$	32	320	0.777	
二十烷	$C_{20}H_{42}$	36	343	0.786	

直链烷烃的沸点随分子中碳原子数的增大而升高，如图 2-5 所示。这是因为烷烃是非极性分子，随着分子中碳原子数的增大，相对分子质量增大，分子间的相互作用力增大，若要使其沸腾汽化，就需要提供更多的能量，所以烷烃的相对分子质量越大，沸点越高。其他各类有机化合物，例如醇、醛、酮、羧酸等，也是这样。

碳原子数相同的烷烃各异构体的沸点不同。其中直链烷烃的沸点较高，支链烷烃的沸点较低，支链越多，沸点越低，这也是个一般规律。其他各类有机化合物，例如醇、醛、酮、羧酸等，也是这样。例如，戊烷的三种异构体的沸点如下：

	$CH_3—CH_2—CH_2—CH_2—CH_3$	$CH_3—CH(CH_3)—CH_2—CH_3$	$CH_3—C(CH_3)_2—CH_3$
	正戊烷	异戊烷	新戊烷
沸点/℃	36.1	28	9.5

这主要是由于烷烃的支链产生了空间阻碍作用，使得烷烃分子间难以靠得很近，分子间作用力大大减弱。支链越多，空间阻碍作用越大，分子间作用力越小，沸点就越低。

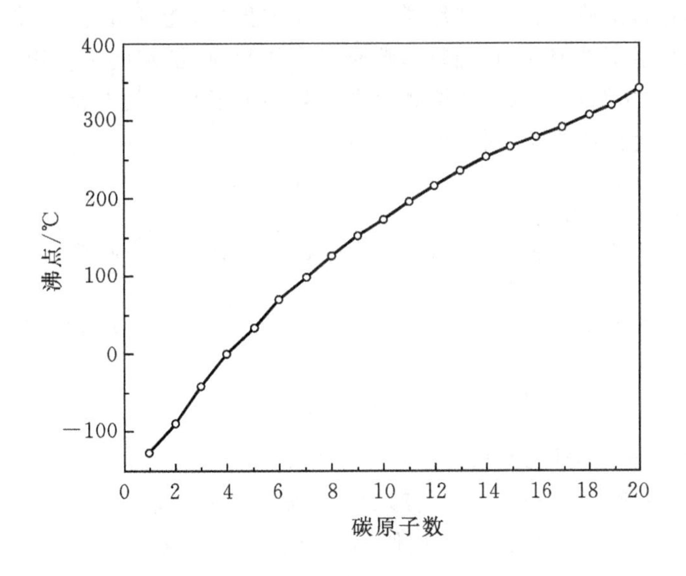

图 2-5　直链烷烃的沸点曲线

直链烷烃的熔点基本上是随着碳原子数的增大而升高的(甲烷到丙烷的熔点变化不规律)。其中含偶数碳原子烷烃的熔点比相邻奇数碳原子烷烃的熔点升高多一些。所以直链烷烃的熔点曲线不是一条平滑的曲线,而是一条折线。但是,若将偶数碳原子直链烷烃的熔点连接起来,则得到一条较平滑的曲线;若将除甲烷外的奇数碳原子直链烷烃的熔点连接起来,得到的也是一条较平滑的曲线。偶数碳原子直链烷烃的熔点曲线在上,奇数碳原子直链烷烃的熔点曲线在下,如图 2-6 所示。

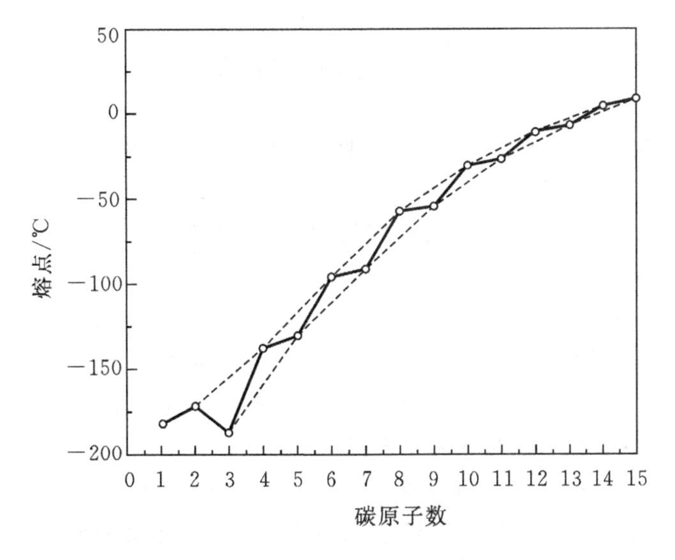

图 2-6　直链烷烃的熔点曲线

这是因为在晶体中,分子之间的引力不仅取决于分子的大小,还取决于它们在晶格中的排列情况。用物理方法研究直链烷烃晶体结构时发现,在这些晶体中,直链烷烃分子中的碳链是处在同一个平面内的，是伸长的，呈锯齿形——平面锯齿形（能量最低，最稳定）。当碳原子为奇数时，链端的两个甲基排列在同一侧；当碳原子为偶数时，链端的两个甲基排列在不同的两侧，如图 2-7 所示。含偶数碳原子的烷烃比含奇数碳原子烷烃的对称性高，碳链之间排列得比较紧密，分子间作用力比较大，因此熔点也较高。

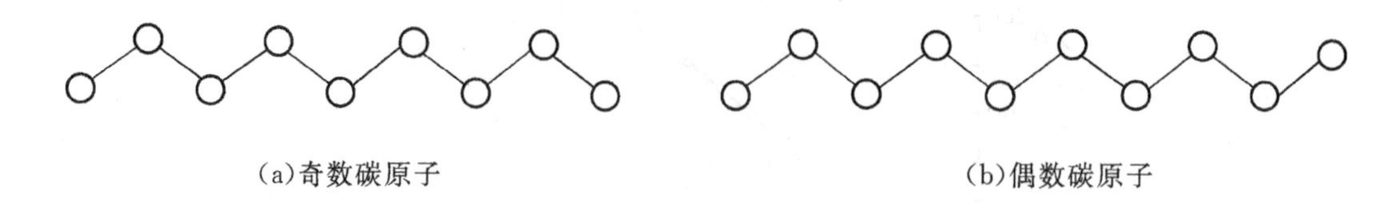

(a)奇数碳原子　　(b)偶数碳原子

图 2-7　晶体中直链烷烃分子中的碳链——平面锯齿形

随着分子中碳原子数的增大，这种差异逐渐变小，以致最后消失。这是因为在较长的碳链中，甲基的空间位置对整个分子对称性的影响已经显得微不足道了。

物质的溶解性能与溶剂有关，结构相似的化合物彼此互溶，即“相似相溶”原理。由于 σ 键极性很小，以及分子偶极矩为零，所有烷烃都是非极性分子。根据“相似相溶”原理，烷烃可溶于非极性溶剂如四氯化碳、烃类化合物中，不溶于极性溶剂如水中。

烷烃的相对密度（液态）都小于 1，比水轻。随分子中碳原子数的增大而增大，这也是分子间相互作用力的结果，密度增大到一定数值后，碳原子数增大而密度变化很小。支链烷烃的密度比直链烷烃略低些。

折射率是光通过空气和介质的速率比，它是物质的特性常数，即当入射光的波长和温度一定时，物质的折射率是一个常数，一般使用的入射光为钠光谱的 D 线（λ=589.3 nm），温度为 20 ℃时，测得的折射率以 n_D^{20} 表示。直链烷烃的折射率随碳原子数的增加而增大，见表 2-2。

2.5　烷烃的化学性质

在一般情况下，烷烃具有极大的化学稳定性，与强酸、强碱及常用的氧化剂、还原剂都不发生反应。这主要是由于形成这类化合物的 C—C 键和 C—H 键的稳定性都很强，需要较高的能量才能使之断裂，如断裂 C—C 键需要的能量约为 347 kJ · mol^{-1}。另外碳和氢的电负性差别很小，因而烷烃的 σ 键电子不易偏向某一原子，整个分子中电子分布较均匀，没有电子云密度很大或很小的部位，故对亲核试剂或亲电试剂都没有特殊的亲和力。由于烷烃有这样的特征，某些石油产品，例如石油醚（含 C_5～C_6 的烷烃）、汽油、煤油等都可以作为溶剂，凡士林（含 C_{18}～C_{34} 的烷烃）可以作为润滑剂。但在另一方面，烷烃在光或热作用下，可发生键均裂的自由基型的取代反应；高温时，特别是在催化剂存在的情况下，烷烃能发生一系列化学反应。正是这些化学反应使人们得以对石油和石油产品进行化学加工和利用。

烷烃分子中只含有 C—C 键和 C—H 键，所以烷烃的反应也就表现在 C—C 键和 C—H 键上——C—C 键和 C—H 键的断裂，以及 H 原子被其他原子或基团取代。

2.5.1　卤化反应

烷烃分子中的氢原子被卤素取代的反应称为卤化反应。卤化反应包括氟化、氯化、溴化和碘化。但有实用意义的卤化反应是氯化和溴化。因为氟化反应过于激烈，难于控制，而碘化反应又难以发生。

1. 甲烷的氯化

甲烷与氯常温时在黑暗处并不反应，在日光或紫外光照射下，或在温度高于 250 ℃的条件下发生反应。反应有时很剧烈，控制不好甚至会爆炸。例如，甲烷和氯的混合物，当比例适当时，在强烈日光照射下，会发生爆炸生成游离碳和氯化氢。

$$CH_4 + 2Cl_2 \xrightarrow{\text{强烈日光}} C + 4HCl$$

但是，控制好反应条件，例如，在光照（日光或紫外光）或温度为 300～400 ℃的条件下，甲烷分子中的氢原子可逐渐被氯原子取代，生成一氯甲烷、二氯甲烷、三氯甲烷（氯仿）和四氯甲烷（四氯化碳）。

$$CH_4 + Cl_2 \xrightarrow{\text{光照}/300\sim400\ ℃} \underset{\text{一氯甲烷(沸点}-24℃)}{CH_3Cl} + HCl$$

$$CH_3Cl + Cl_2 \xrightarrow{\text{光照}/300\sim400\ ℃} \underset{\text{二氯甲烷(沸点 }40℃)}{CH_2Cl_2} + HCl$$

$$CH_2Cl_2 + Cl_2 \xrightarrow{\text{光照}/300\sim400\ ℃} \underset{\text{三氯甲烷(沸点 }61℃)}{CHCl_3} + HCl$$

$$CHCl_3 + Cl_2 \xrightarrow{\text{光照}/300\sim400\ ℃} \underset{\text{四氯甲烷(沸点 }77℃)}{CCl_4} + HCl$$

一般情况下，甲烷氯化反应得到的是这四种氯化物的混合物。调节甲烷和氯气的比例，当甲烷过量到一定程度（甲烷与氯气的体积比为 10∶1）时，主要得到一氯甲烷；当氯气过量到一定程度（甲烷与氯气的体积比为 0.26∶1）时，主要得到四氯化碳。利用沸点的不同，工业上采用精馏的方法，使混合物一一分开，便可得到一氯甲烷、二氯甲烷、三氯甲烷和四氯化碳，它们均是重要的溶剂与试剂。这是工业上生产这些化合物的一种方法。

2. 氯化的反应机理

反应物转变为产物所经过的途径叫做反应机理或反应历程。烷烃的氯化是一个自由基型的取代反应。反应机理是自由基链反应。自由基链反应一般分为链引发、链传递和链终止三个阶段。

链引发：

① $Cl_2 \xrightarrow{\text{光或热}} 2Cl\cdot$　　产生高能量的自由基 Cl·，引发反应。

链传递：

② $Cl\cdot + CH_4 \longrightarrow CH_3\cdot + HCl$

③ $CH_3\cdot + Cl_2 \longrightarrow CH_3Cl + Cl\cdot$

一个自由基消失，产生另一个自由基，反复循环②和③，直到链终止。

链终止：

④ $Cl\cdot + Cl\cdot \longrightarrow Cl_2$

⑤ $CH_3\cdot + CH_3\cdot \longrightarrow CH_3CH_3$

⑥ $CH_3\cdot + Cl\cdot \longrightarrow CH_3Cl$

反应物浓度降低，自由基碰撞机会增加，自由基结合生成分子，在此过程中，自由基消失，链传递终止，反应终止。

反应②和③相加，得到的恰好是甲烷一元氯化反应的结果：

$$CH_4 + Cl_2 \longrightarrow CH_3Cl + HCl$$

在链传递反应②中，Cl·原子夺取的如果不是 CH_4 分子中的 H 原子，而是 CH_3Cl、CH_2Cl_2 和 $CHCl_3$ 分子中的 H 原子，那么，生成的产物则分别是 CH_2Cl_2、$CHCl_3$ 和 CCl_4。由于 Cl·原子夺取 CH_4、CH_3Cl、CH_2Cl_2 和 $CHCl_3$ 分子中的 H 原子的难易程度相差并不悬殊，所以甲烷氯化的产物经常是 CH_3Cl、CH_2Cl_2、$CHCl_3$ 和 CCl_4 的混合物。

3. 链反应中的能量变化

上述反应中，反应①、②、③的反应热和活化能数据如下所示：

① $Cl—Cl \xrightarrow{光或热} 2Cl·$ $\qquad \Delta H^0 = +242.7\ kJ \cdot mol^{-1}$

② $Cl· + CH_3—H \longrightarrow CH_3· + H—Cl$ $\qquad \Delta H^0 = +7.5\ kJ \cdot mol^{-1}$

$E_{a1} = +16.7\ kJ \cdot mol^{-1}$

③ $CH_3· + Cl—Cl \longrightarrow CH_3—Cl + Cl·$ $\qquad \Delta H^0 = -112.9\ kJ \cdot mol^{-1}$

$E_{a2} = +8.3\ kJ \cdot mol^{-1}$

从反应热分析，1 mol 的 Cl_2 发生反应①需要吸收 242.7 kJ 的能量，将 Cl_2 断键形成 Cl·，吸收的热量相当于 Cl—Cl 键的离解能——242.7 $kJ \cdot mol^{-1}$。反应②是吸热反应，需 7.5 kJ 的热量使 1 mol CH_4 与 1 mol Cl·反应产生 CH_3·与 HCl。相当于生成 H—Cl 键，放热 431.8 $kJ \cdot mol^{-1}$；断裂 $H_3C—H$ 键，吸热 439.3 $kJ \cdot mol^{-1}$；净结果是吸热 7.5 $kJ \cdot mol^{-1}$。反应③是放热反应，当 1 mol CH_3·与 1 mol Cl_2 反应生成 CH_3Cl 和 Cl·时，放热 112.9 kJ。相当于生成 $H_3C—H$ 键，放热 355.6 $kJ \cdot mol^{-1}$；断裂 Cl—Cl 键，吸热 242.7 $kJ \cdot mol^{-1}$；净结果是放热 112.9 $kJ \cdot mol^{-1}$。②+③共放热 105.4 $kJ \cdot mol^{-1}$，即是 CH_4 氯化的反应热。因此从反应热看，反应是可以进行的。

②+③ $\quad CH_4 + Cl_2 \longrightarrow CH_3Cl + HCl \qquad \Delta H^0 = -105.4\ kJ \cdot mol^{-1}$

由于反应②和③的活化能较小（反应②的活化能 $E_{a1} = +16.7\ kJ \cdot mol^{-1}$，反应③的活化能 $E_{a2} = +8.3\ kJ \cdot mol^{-1}$），所以，在光或热的作用下，$Cl_2$ 分子吸收光能或热能，一旦离解为 Cl·，引发 CH_4 自由基氯化链反应的反应速率则是较快的。另外，反应②的活化能比③大，②是慢的一步，是甲烷氯化反应中决定反应速率的一步。

链终止反应④、⑤和⑥是两个自由基的结合，放出的热量分别等于相应的共价键的离解能：④$-242.7\ kJ \cdot mol^{-1}$，⑤$-376.6\ kJ \cdot mol^{-1}$，⑥$-355.6\ kJ \cdot mol^{-1}$。

4. 氯化反应的取向

丙烷和三个碳以上的烷烃发生一元氯化时，生成的氯代烷一般是两种或两种以上的构造异构体。例如：

$$\underset{丙烷}{CH_3CH_2CH_3} \xrightarrow[h\nu,\ 25\ ^\circ C]{Cl_2} \underset{(45\%)}{CH_3CH_2CH_2—Cl} + \underset{(55\%)}{CH_3\underset{|}{\overset{}{C}}HCH_3\ (Cl)}$$

$$\underset{异丁烷}{(CH_3)_2CH—CH_3} \xrightarrow[h\nu,\ 25\ ^\circ C]{Cl_2} \underset{(37\%)}{CH_3—\underset{Cl}{\overset{CH_3}{C}}—CH_3} + \underset{(63\%)}{CH_3—\underset{H}{\overset{CH_3}{C}}—CH_2Cl}$$

丙烷分子中有六个伯氢原子和两个仲氢原子。上述实验表明，在给定的氯化条件下，仲氢原子与伯氢原子的活性(指的是反应速率)之比为

$$\text{仲氢}:\text{伯氢}=\frac{55}{2}:\frac{45}{6}\approx 4:1$$

异丁烷分子中有九个等同的伯氢原子和一个叔氢原子。同样，叔氢原子与伯氢原子的活性之比为

$$\text{叔氢}:\text{伯氢}=\frac{37}{1}:\frac{63}{9}\approx 5:1$$

因此，对于自由基氯化，烷烃中氢原子的活性顺序为

叔氢原子＞仲氢原子＞伯氢原子

上述活性顺序与这三种类型 C—H 键的离解能 E_d^θ 的大小有关。例如：

$$CH_3—H \longrightarrow H_3C\cdot + \cdot H \qquad \Delta H^\theta = E_d^\theta = +439.3\ kJ\cdot mol^{-1}$$

$$CH_3CH_2—H \longrightarrow CH_3CH_2\cdot + \cdot H \qquad \Delta H^\theta = E_d^\theta = +410.0\ kJ\cdot mol^{-1}$$

$$CH_3CH_2CH_2—H \longrightarrow CH_3CH_2CH_2\cdot + \cdot H \qquad \Delta H^\theta = E_d^\theta = +410.0\ kJ\cdot mol^{-1}$$

$$(CH_3)_2CH—H \longrightarrow (CH_3)_2CH\cdot + \cdot H \qquad \Delta H^\theta = E_d^\theta = +397.5\ kJ\cdot mol^{-1}$$

$$(CH_3)_3C—H \longrightarrow (CH_3)_3C\cdot + \cdot H \qquad \Delta H^\theta = E_d^\theta = +389.1\ kJ\cdot mol^{-1}$$

C—H 键的离解能越小，越易断裂，从而导致其氢原子越易被 Cl· 夺取。

键的离解能越小，即 C—H 键断裂所需的能量越低，则自由基越容易生成，生成的自由基能量也较低，较稳定。于是，碳自由基的稳定性顺序为

$$3°C\cdot > 2°C\cdot > 1°C\cdot > H_3C\cdot$$

即越稳定的自由基越容易产生。

2.5.2 氧化反应

1. 完全氧化

物质的燃烧是一种强烈的氧化反应。烷烃在空气中完全燃烧时，生成二氧化碳和水，同时放出大量的热。例如：

$$CH_4 + 2O_2 \xrightarrow{\text{点燃}} CO_2 + 2H_2O$$

$$C_3H_8 + 5O_2 \xrightarrow{\text{点燃}} 3CO_2 + 4H_2O$$

石油产品如汽油、煤油、柴油等作为内燃机燃料就是利用它们燃烧时放出的热能。天然气和液化石油气则是主要的民用燃料。烷烃燃烧不完全时会产生游离碳，汽油、煤油、柴油等燃烧时带有黑烟(游离碳)就是因为空气不足燃烧不完全。

2. 控制氧化

在特定的条件下，用空气氧化烷烃可以生成醇、醛、酮和羧酸等含氧有机化合物。由于原料(烷烃和空气)便宜，这类氧化反应在有机化学工业上具有重要性。例如，工业上以天然气中的甲烷为原料，在 NO 的催化作用下，用空气控制氧化来生产甲醛：

$$CH_4 + O_2 \xrightarrow[600\ ℃]{NO} HCHO + H_2O$$

又如，在催化剂作用下，用空气氧化石蜡($C_{20}\sim C_{30}$)等高级烷烃，可制得高级脂肪酸：

$$R—CH_2—CH_2—R' + O_2 \xrightarrow[\triangle]{MnO_2} RCOOH + R'COOH$$

甲醛是常用的消毒剂和防腐剂，也是重要的化工原料。C_{12}～C_{18}的高级脂肪酸可代替动、植物油脂制造肥皂，节约大量食用油脂。

在无机化学中，是用电子得失，也就是氧化数升降，来描述、判断氧化还原反应。而在有机化学中，通常把有机化合物分子中引入氧原子或脱去氢原子的反应叫做氧化，引入氢原子或脱去氧原子的反应叫做还原。这样定义的氧化还原反应，与以碳原子氧化数的升降描述、判断有机化合物的氧化还原反应是一致的。

最后应该指出，烷烃是易燃易爆物质。烷烃（气体或蒸气）与空气混合达到一定比例时（爆炸范围内）遇到火花就发生爆炸。这个比例叫做爆炸极限。例如，甲烷的爆炸极限为5.53%～14%（体积分数），在生产上和实验中处理烷烃时必须注意。

2.5.3 裂化、裂解反应

裂化、裂解反应

2.5.4 异构化反应

异构化反应

2.6 烷烃的来源、制法和用途

2.6.1 烷烃的来源

烷烃主要来源于天然气和石油。天然气中含有大量C_1～C_4的低级烷烃，其中主要成分是甲烷。我国是最早开发和利用天然气的国家，天然气资源也十分丰富，在四川、甘肃等地都有丰富的储藏量。沼泽地的植物腐烂时，经细菌分解也会产生大量的甲烷，所以甲烷俗称沼气。目前我国农村许多地方就是利用农产品的废弃物、人畜粪便及生活垃圾等经过发酵来制取沼气作为燃料的。

石油主要是烃类的混合物。从地下开采出来的石油一般是深褐色液体，叫做原油。原油的组成与质量因油田不同而有显著的差异。有些地区的原油含有大量的烷烃，甚至几乎全部是烷烃；有些地区的原油含有环烷烃；有些地区的原油含有芳烃。此外，在原油中还含有少量的含氧、含硫、含氮的化合物。石油经炼制可生产汽油、煤油、柴油等轻质燃料，以及润滑油、石油沥青、石蜡、石油焦等产品。此外,还可得到烯烃(乙烯、丙烯和丁二烯等)、炔烃(乙炔等)和芳香烃(苯、甲苯、二甲苯和萘等)等基础有机化工原料。

某些植物和动物体内也含有少量烷烃。例如,白菜叶中含有二十九烷,菠菜叶中含有三十三烷、三十五烷和三十七烷,烟草叶中含有二十七烷和三十一烷,成熟的水果中含有 C_{27}～C_{33} 的烷烃,一些昆虫体内用来传递信息而分泌的信息素中也含有烷烃。

2.6.2　烷烃的制法

实验室中常用醋酸钠和碱石灰共热来制备甲烷。

工业上常采用烯烃加氢、卤代烷与金属有机试剂反应等方法来制备烷烃。例如:

$$\underset{\text{十一烯一烷}}{CH_2{=}CH(CH_2)_8CH_3} + H_2 \xrightarrow{\text{催化剂}} \underset{\text{十一烷}}{CH_3(CH_2)_9CH_3}$$

2.6.3　烷烃的用途

甲烷等低级烷烃是常用的民用燃料,也用作化工原料。中级烷烃如汽油、煤油、柴油等是常用的工业燃料,石油醚、液体石蜡等是常用的有机溶剂,润滑油则是常用的润滑剂和防锈剂。

第 2 章习题

学习总结

第3章 烯 烃

学习目标

【掌握】烯烃的同分异构和命名法；乙烯的结构和 sp^2 杂化；烯烃的加成、氧化反应。

【理解】原子或基团的电子效应和立体效应；亲电加成反应机理；马尔科夫尼科夫规则；过氧化物效应；α - H 原子的反应。

【了解】烯烃的物理性质、制法、聚合反应。

脂肪烃分子中含有一个 C ═ C 双键的，叫做烯烃。C ═ C 双键是烯烃的官能团。烯烃是不饱和脂肪烃。烯烃也形成了一个同系列。烯烃比相对应的烷烃少了两个氢原子，因此，烯烃的通式是 C_nH_{2n}（n 表示 C 原子数）。下面是 C_2～C_4 烯烃的分子构造和名称。

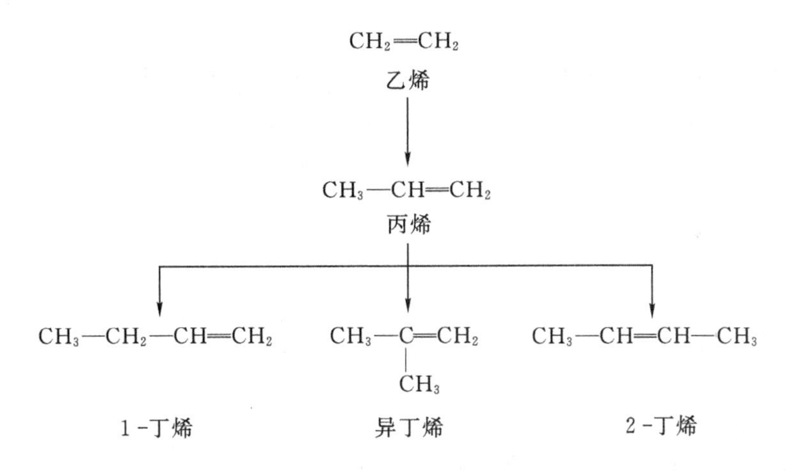

C ═ C 双键位于末端的烯烃通常叫做末端烯烃或 α -烯烃。例如，上述的 1 -丁烯即是 α -烯烃。

从烯烃分子中去掉 1 个氢原子后所剩下的基团叫做烯基。乙烯只能生成 1 个烯基：

$CH_2{=}CH{-}$ 乙烯基

丙烯（$CH_3{-}CH{=}CH_2$）则可生成 3 个烯基：

$CH_3{-}CH{=}CH{-}$	$CH_3{-}\underset{\vert}{C}{=}CH_2$	$CH_2{=}CH{-}CH_2{-}$
丙烯基	异丙烯基	烯丙基

其中最常遇到的是烯丙基。

3.1 烯烃的命名法

烯烃通常是以衍生命名法和系统命名法来命名的。只有个别烯烃才具有习惯名称，例如：

$$H_2C{=}C(CH_3){-}CH_3 \quad \text{异丁烯}$$

烯烃的衍生命名法的规则是以乙烯作为母体，把其他烯烃看作是乙烯的烷基衍生物。例如：

$$H_2C{=}CH{-}CH(CH_3){-}CH_3$$

异丙基乙烯

$$H_2C{=}CH{-}CH(CH_3){-}CH_2{-}CH_3$$

仲丁基乙烯

$$H_3C{-}HC{=}CH{-}CH_3$$

对称二甲基乙烯

$$H_2C{=}C(CH_3){-}CH_3$$

不对称二甲基乙烯

烯烃的系统命名法的规则是以含有双键的最长碳链作为主链，把支链作为取代基。烯烃的名称依主链中所含有的碳原子数而定。碳原子少于 10 个时，称为某烯，碳原子多于 10 个时，“烯”字前要缀一“碳”字。由于双键的存在，必须指出双键的位置。从靠近双键的一端开始，将主链中的碳原子依次编号。双键的位置，以双键上位次最小的碳原子号数来表明，写在烯烃名称的前面。按照较优基团后列出的原则将取代基的位置、数目和名称，也写在烯烃名称的前面。例如：

$$\overset{1}{H_2C}{=}\overset{2}{CH}{-}\overset{3}{CH}(CH_3){-}\overset{4}{CH_2}{-}\overset{5}{CH_3}$$

3-甲基-1-戊烯

$$\overset{1}{CH_3}{-}\overset{2}{C}(CH_3){=}\overset{3}{CH}{-}\overset{4}{CH}(CH_3){-}\overset{5}{CH_2}{-}\overset{6}{CH_3}$$

2,4-二甲基-2-己烯

$$\overset{4}{CH_3}{-}\overset{3}{CH}(CH_3){-}\overset{2}{C}(CH_2CH_3){=}\overset{1}{CH_2}$$

3-甲基-2-乙基-1-丁烯

$$H_2C{=}CH{-}(CH_2)_{15}CH_3$$

1-十八碳烯

如果命名的是环烯烃，则把 1，2 位次留给双键碳原子，并使取代基的位次尽可能地小。例如：

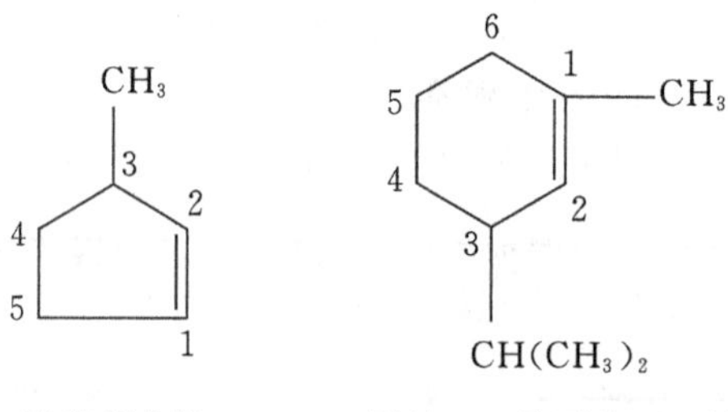

3-甲基环戊烯　　1-甲基-3-异丙基环己烯

在烯烃中，最简单的烯烃是乙烯，最简单的环烯烃是环丙烯。

3.2　乙烯分子的平面形结构——sp^2杂化轨道

乙烯($CH_2=CH_2$)分子是平面结构，键长和键角如图 3-1 所示。

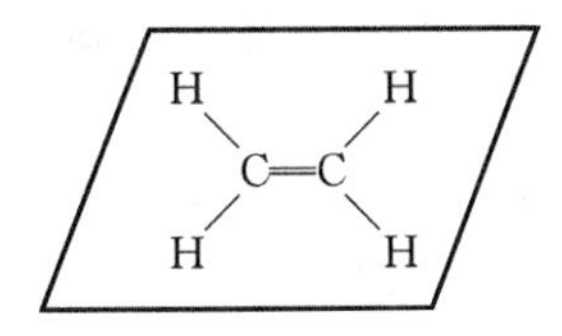

∠HCC=121.6°
∠HCH=116.7°
C═C 键键长=0.1339 nm
C—H 键键长=0.1086 nm

图 3-1　乙烯分子的平面形结构

在乙烯分子中，C 原子是以两个单键和一个双键分别与两个 H 原子和另一个 C 原子相连接的。按照杂化轨道理论，以两个单键和一个双键分别与三个原子相连接的 C 原子是以 sp^2 杂化轨道成键的。C 原子的一个 s 轨道和两个 p 轨道(例如 p_x 和 p_y 轨道)杂化生成三个等同的 sp^2 杂化轨道(简称 sp^2 轨道)，另一个 p 轨道(例如 p_z 轨道)未参与杂化。

在 sp^2 轨道中，s 轨道成分占 1/3，p 轨道成分占 2/3。因此，sp^2 轨道可以形象地看成是由 1/3 的 s 轨道和 2/3 的 p 轨道“混合”而成的。sp^2 轨道的形状与 sp^3 轨道相似(图 3-2)。

在乙烯分子中，C 原子的三个 sp^2 轨道在空间的分布如图 3-2(a)所示。三个 sp^2 轨道的对称轴经过 C 原子核，处在同一个平面内，互成 120°角，大头一瓣指向正三角形的三个角顶。另一个未杂化的 p 轨道(例如 p_z 轨道)垂直于 sp^2 轨道对称轴所在的平面，如图 3-2(b)所示。

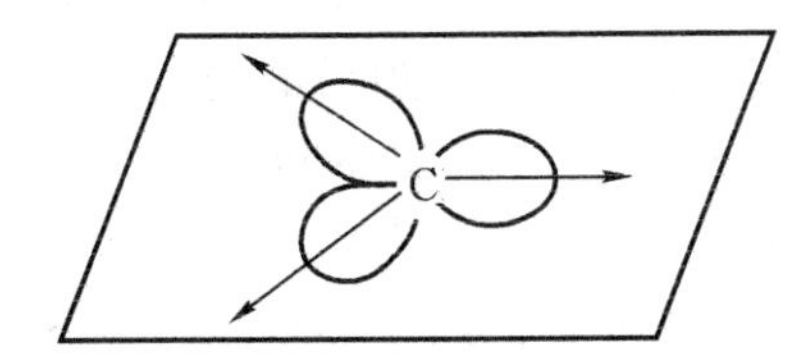

(a)C 原子的三个 sp^2 轨道在空间的分布(小头一瓣未画出)

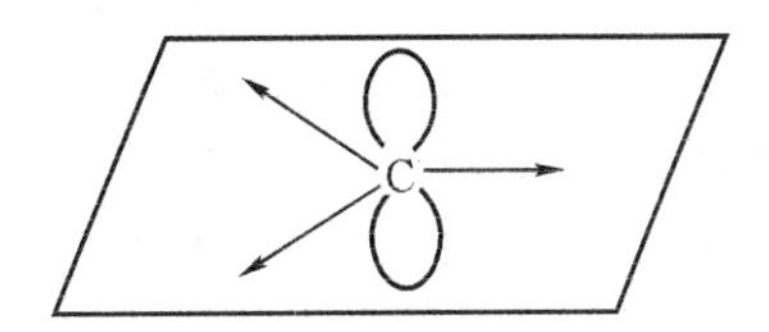

(b)C 原子的未杂化的 p_z 轨道

图 3-2　碳原子的 sp^2 轨道和 p_z 轨道

在乙烯分子中，两个 C 原子各以 sp^2 轨道大头一瓣沿着对称轴方向“头顶头”地重叠——σ 重叠，在重叠的轨道上有两个自旋相反的电子，形成 C—Cσ 键。两个 C 原子又各以两个 sp^2 轨道大头一瓣沿着对称轴方向分别与四个 H 原子的 s 轨道重叠——σ 重叠，在每一个重叠的轨道上有两个自旋相反的电子，形成四个 C—Hσ 键。这六个原子和五个 σ 键的键轴处在同一个平面内(图 3-3)。

每个碳原子上还各有一个未参与杂化的 p_z 轨道，它们的对称轴都垂直于乙烯分子所在的平面，互相平行，这样两个 p_z 轨道进行另一种方式的重叠——如图 3-4(a)所示的“肩并肩”重叠——π 重叠。π 重叠形成 π 轨道。轨道上有两个自旋相反的电子，这样，在两个 C 原子间又形成了一个共价键——π 键。π 轨道的大致形状如图 3-4(b)所示。

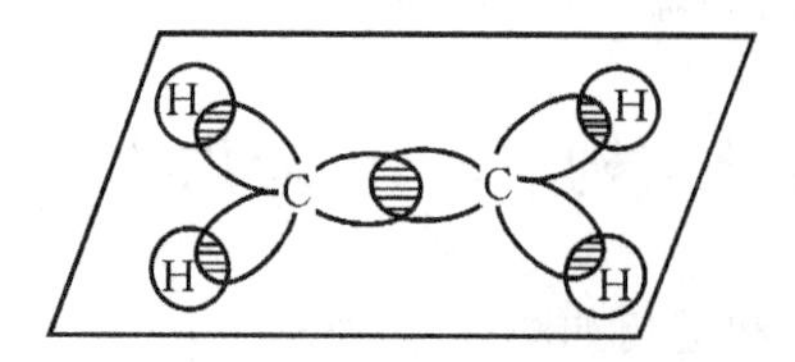

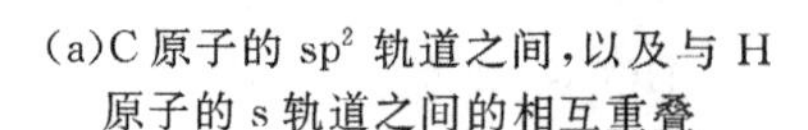
(a)C 原子的 sp^2 轨道之间，以及与 H 原子的 s 轨道之间的相互重叠

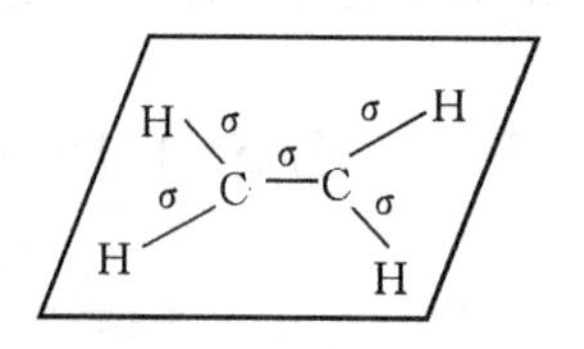

(b)乙烯分子中的 σ 键

图 3-3　乙烯分子中的 σ 键

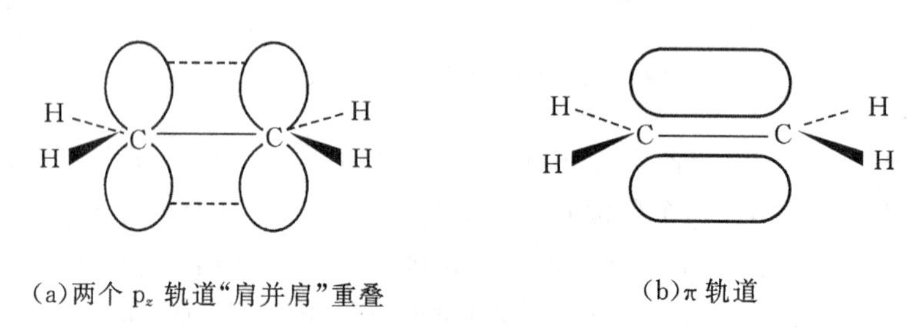

(a)两个 p_z 轨道“肩并肩”重叠　　(b)π 轨道

图 3-4　乙烯分子中的 π 键

从 p 轨道的形状可以看出，当两个 p 轨道相互平行时，轨道重叠得最多；互相垂直时，轨道不重叠。轨道重叠形成共价键，重叠得越多，键越牢固。为了使两个 p_z 轨道“肩并肩”地达到最大重叠，形成的 π 键最牢固，乙烯分子中的两个 C 原子的 p_z 轨道必须平行，也就是乙烯分子中的六个原子必须在同一平面内。这就是乙烯分子为什么是平面形结构的原因。乙烯分子中的键角为 121.6°和 116.7°，其键角与 C 原子的 sp^2 杂化理论所预示的键角并不完全相等。键角之间的这种差别是由键的不等同性(在 C═C 双键中，一个是 σ 键，另一个是 π 键，不是两个等同的共价键)引起的。C═C 双键是以 σ 键和 π 键相连的，故其两个 C 原子核比只以一个 σ 键相连的更为靠近，而且结合得也更牢固，因此，其键长比乙烷中的 C—Cσ 键(0.1540 nm)要短，为 0.1339 nm。

当 C═C 双键绕 σ 键轴转动时，由于两个 p_z 轨道重叠部分变小，C═C 双键中的 π 键就被破坏；转动 90°时，重叠部分变为零，π 键完全被破坏。实验测定，C—C 单键的键能是 347.3 $kJ \cdot mol^{-1}$，C═C 双键的键能是 610.9 $kJ \cdot mol^{-1}$，由此得出 C═C 双键中 π 键的键能是 263.6 $kJ \cdot mol^{-1}$。即 C═C 双键绕 σ 键为轴转动时，π 键遭到完全破坏，需要克服一个 263.6 $kJ \cdot mol^{-1}$ 的能垒。能垒较高，导致 C═C 双键绕 σ 键做轴转动严重受阻。因此，一般情况下不能转动。

上述 σ 键和 π 键的键能数据表明，σ 键较强，而 π 键较弱，因而 π 键较易断裂。此外，π 电子也不像 σ 电子那样集中在两个 C 原子核之间，而是分散成上下两方，故两个 C 原子核对 π 电子的“束缚力”就较小，所以 π 电子具有较大的流动性，在外界的影响下，例如当试剂进攻时，π 电子就比较容易被极化，导致 π 键断裂发生加成反应。

如果从与轨道相对应的电子云的观点来看，π 键的形成是来自两个互相平行的 p_z 电子云“肩并肩”的重叠，如图 3-5(a)所示。图 3-5(b)是 π 电子云的大致形状。两个 C 原子和四个

H 原子所在的平面是 π 电子云的对称面，即是通过 C ═ C 双键的 σ 键轴垂直于纸面的平面。在这个平面内 π 电子密度为零。在这个平面的上面和下面各有一片电子云，这两片电子云是不可分的，两片电子云在一起才表示一个 π 键。

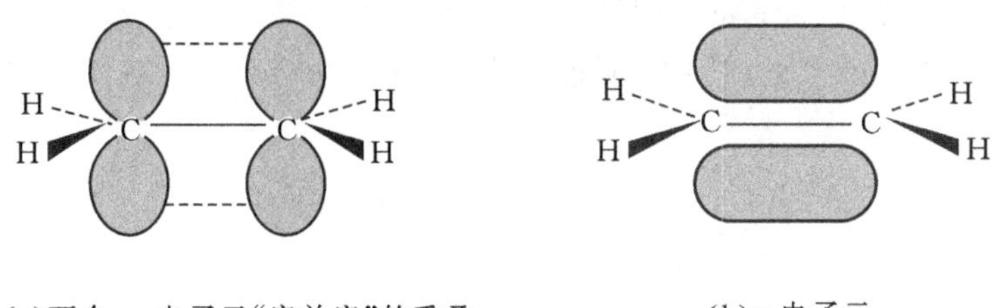

(a)两个 p_z 电子云“肩并肩”的重叠　　　(b)π 电子云

图 3-5　乙烯分子中的 π 电子云

3.3　烯烃的顺反异构

3.3.1　顺反异构

由于 π 键是通过侧面重叠形成的，双键碳原子不能再以碳碳 σ 键为轴“自由”旋转，否则将会导致 π 键的断裂。因此当两个双键碳原子上都与不同的原子或基团相连时，烯烃就会产生两种不同的空间排列方式。分子中原子在空间的排列叫构型。其中，两个相同的原子或基团处在 C ═ C 双键同侧的叫做顺式；两个相同的原子或基团处在 C ═ C 双键两侧的叫做反式。例如，2-丁烯的两种构型。

H_3C　　CH_3　　　　H　　CH_3
　C═C　　　　　　　C═C
H　　　H　　　　H_3C　　H

顺式　　　　　　　反式

这种由于原子或基团在空间的排列方式不同所引起的异构现象叫做顺反异构，这两种异构体叫做顺反异构体。

并不是所有的烯烃都存在顺反异构体。只有当分子中具有下列结构时，才会产生顺反异构现象：

a　a　　　　a　a　　　　a　c
 ═ 　　或　　 ═ 　　或　　 ═
b　b　　　　b　d　　　　b　d

也就是说，同一个双键碳原子上连接的两个原子或基团互不相同时，才存在顺反异构体。只要有一个碳原子上连接两个相同的原子或基团，就没有顺反异构体，例如，下列两式实际上是同一化合物。

H　　CH_2CH_3　　　　　H　　CH_3
 ═ 　　　　　≡　　　　 ═
H　　CH_3　　　　　　H　　CH_2CH_3

3.3.2 顺反异构体的命名法

1. 顺-反命名法

对于 abC=Cab 和 abC=Cac 这两类化合物，经常采用顺-反命名法命名。如上所述，相同的两个原子或基团在碳碳双键的同侧，叫做顺式；相同的两个原子或基团在碳碳双键的两侧，叫做反式。例如：

$$\underset{H}{\overset{CH_3}{}}\!\!\diagdown C{=}C \diagup\!\!\underset{H}{\overset{CH_2CH_3}{}} \qquad \underset{CH_3}{\overset{H}{}}\!\!\diagdown C{=}C \diagup\!\!\underset{H}{\overset{CH_2CH_3}{}}$$

顺-反命名法显然不适用于命名 abC=Ccd 这类化合物的顺反异构体。由此可见，顺-反命名法不是一个普遍适用的方法。顺反异构体普遍适用的命名方法是 Z-E 命名法。

2. Z-E 命名法

在讲述 Z-E 命名法之前，必须先介绍次序规则。

次序规则是按照优先的次序排列原子或基团的几项规定。优先的原子或基团排列在前面。次序规则的要点：

(1)按直接与双键碳原子相连的原子的原子序数减小的次序排列原子或基团；对于同位素，按质量数减小的次序排列；孤对电子排在最后。例如：

$$I > Br > Cl > S > O > N > C > D > H > :\ (\text{“}>\text{”表示“优先于”})$$

(2)如果与双键碳原子直接相连的原子的原子序数相同，就要从这个原子起向外进行比较，依次外推，直到能够比较出它们的优先次序为止。例如，$—CH_3$ 和 $—CH_2CH_3$ 直接相连的都是碳原子，但是，在 $—CH_3$ 中与这个碳原子相连的是三个氢原子(H,H,H)；而在 $—CH_2CH_3$ 中则是一个碳原子和两个氢原子(C,H,H)，外推比较，C 的原子序数大于 H，所以 $—CH_2CH_3 > —CH_3$。

依此，一些烷基的优先次序为

$$—C(CH_3)_3 > —CH(CH_3)_2 > —CH_2CH_3 > —CH_3$$

同理，$—CH_2OH > —CH_2CH_3$，$—CH_2OCH_3 > —CH_2OH$，$—CH_2Br > —CCl_3$，等等。

(3)如果基团是不饱和的，即含有双键或三键，则把双键分开成为两个单键，每个键合原子重复一次，三键分开成为三个单键，每个键合原子重复两次，然后进行比较。例如：

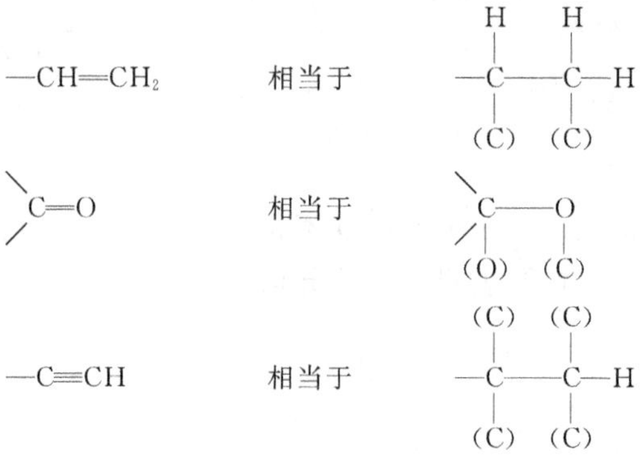

$—CH{=}CH_2$ 相当于 $—\underset{(C)}{\overset{H}{C}}—\underset{(C)}{\overset{H}{C}}—H$

$>C{=}O$ 相当于 $>\underset{(O)}{C}—\underset{(C)}{O}$

$—C{\equiv}CH$ 相当于 $—\underset{(C)}{\overset{(C)}{C}}—\underset{(C)}{\overset{(C)}{C}}—H$

$-C{\equiv}N$ 相当于 $-\overset{(N)}{\underset{(N)}{C}}-\overset{(C)}{\underset{(C)}{N}}$

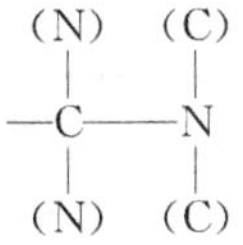

芳香环则按照凯库勒构造式处理，例如：

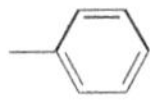

$-C_6H_5$ 相当于 （凯库勒式，每个双键碳上加复制的(C)）

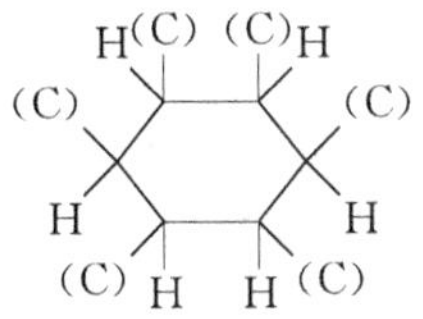

这样处理后，再进行比较，可得

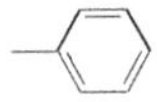

$-C_6H_5 > -C{\equiv}CH > -CH{=}CH_2$

采用Z-E命名法命名时，按照次序规则，比较双键碳原子上所连接的两个原子或基团哪一个优先，优先的两个原子或基团如果位于双键的同侧，称为Z式（德文，Zusammen，在一起之意）；如果位于双键的两侧，则称为E式（德文，Entgegen，相反之意）。Z、E写在括号里放在化合物名称的前面。例如：

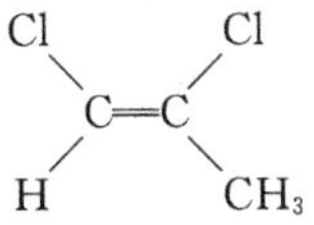

$Cl(H)C{=}C(Cl)CH_3$ 顺-1,2-二氯丙烯 或(Z)-1,2-二氯丙烯

$Cl > CH_3$ $Cl > H$

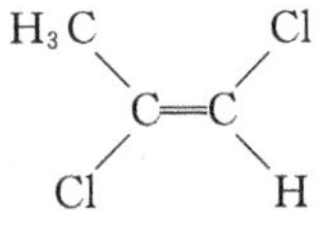

$H_3C(Cl)C{=}C(Cl)H$ 反-1,2-二氯丙烯 或(E)-1,2-二氯丙烯

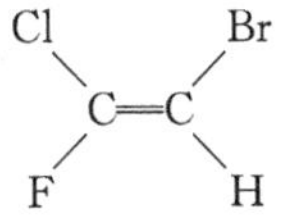

$Cl(F)C{=}C(Br)H$ (Z)-1-氟-1-氯-2-溴乙烯

$Br > H$ $Cl > F$

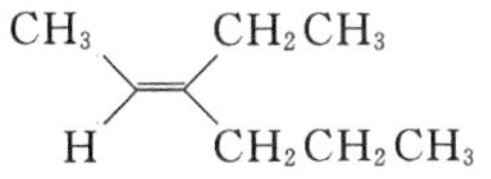

$CH_3(H)C{=}C(CH_2CH_3)CH_2CH_2CH_3$ (E)-3-乙基-2-己烯

$CH_2CH_2CH_3 > CH_2CH_3$ $CH_3 > H$

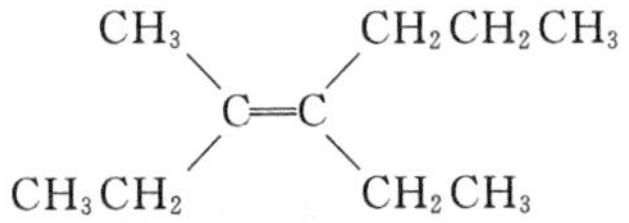

$CH_3(CH_3CH_2)C{=}C(CH_2CH_2CH_3)CH_2CH_3$ 顺-3-甲基-4-乙基-3-庚烯 或(E)-3-甲基-4-乙基-3-庚烯

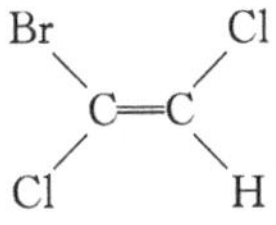

$Br(Cl)C{=}C(Cl)H$ 反-1,2-二氯-1-溴乙烯 或(Z)-1,2-二氯-1-溴乙烯

从上面的命名中可以看出，顺、反与Z-E在命名时并不完全一致，即顺式不一定是Z式，反式也不一定是E式。

3.4 烯烃的物理性质

烯烃的物理性质与烷烃相似。常温下，$C_2\sim C_4$的烯烃为气体，$C_5\sim C_{19}$的烯烃为液体，从C_{20}开始为固体。烯烃都是无色的，具有一定的气味，乙烯略带甜味，液态烯烃具有汽油的气味。烯烃的沸点和熔点随分子中碳原子数（或相对分子质量）的增大而升高。烯烃的相对密度（液态）小于1，随分子中碳原子数（或相对分子质量）的增大而逐渐增大。烯烃难溶于水，易溶于有机溶剂，例如苯、乙醚、氯仿、四氯化碳等。一些直链α-烯烃的物理常数见表3-1。

表 3-1 一些直链 α-烯烃的物理常数

名称	构造式	熔点/℃	沸点/℃	相对密度(d_4^{20})
乙烯	$CH_2=CH_2$	−169	−102	0.570
丙烯	$CH_3CH=CH_2$	−185	−48	0.610
1-丁烯	$CH_3CH_2CH=CH_2$	−130	−6.5	0.625
1-戊烯	$CH_3(CH_2)_2CH=CH_2$	−166	3.0	0.643
1-己烯	$CH_3(CH_2)_3CH=CH_2$	−138	63.5	0.675
1-庚烯	$CH_3(CH_2)_4CH=CH_2$	−119	93	0.698
1-辛烯	$CH_3(CH_2)_5CH=CH_2$	−104	122.5	0.716

3.5 烯烃的化学性质

C═C 双键是烯烃的官能团。在有机化合物分子中，与官能团直接相连的碳原子，叫做 α-碳原子，α-碳原子上的氢原子叫做 α-氢原子。例如，丙烯分子中有一个 α-碳原子和三个 α-氢原子。

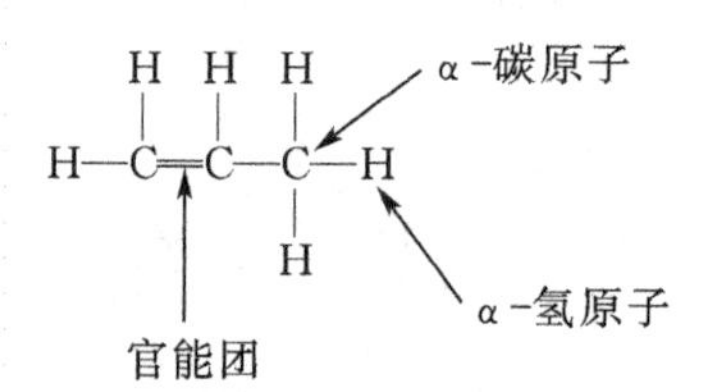

烯烃的化学性质主要表现在官能团 C═C 双键上，以及受 C═C 双键影响较大的 α-碳原子上。

3.5.1 加成反应

C═C 双键中 π 键不牢固，较易断裂，在双键的两个碳原子上各加一个原子或基团，形成两个 σ 键，这种反应称为加成反应。这是 C═C 双键最普遍、最典型的一种反应。

$$>C=C< \; + X—Y \longrightarrow —\underset{X}{\overset{|}{\underset{|}{C}}}—\underset{Y}{\overset{|}{\underset{|}{C}}}—$$

烯烃　　　试剂　　　加成产物

1. 催化加氢

在催化剂铂、钯或雷尼镍的催化下，烯烃能与氢加成生成烷烃，同时放出大量的热。例如：

$$CH_2=CH_2 + H_2 \xrightarrow{催化剂} CH_3—CH_3$$

$$R—CH=CH_2 + H_2 \xrightarrow{催化剂} R—CH_2—CH_3$$

催化加氢的过程，一般认为是氢和烯烃都被吸附在催化剂的表面上，减弱了 H—H 键和 π 键，从而使加氢反应较易进行。

催化加氢可以在气相，也可以在液相进行。在液相进行时，实验室中常用乙醇作为溶剂。

由于催化加氢反应能定量地进行，因此在分析上可利用催化加氢反应，根据吸收氢气的体积，计算出混合物中不饱和化合物的含量。

烯烃加氢放出的热量叫做氢化热。所以可通过测定反应的氢化热来比较不同烯烃的稳定性。氢化热越高，说明烯烃体系能量越高，越不稳定。

汽油中含有少量烯烃，性能不稳定，可通过催化加氢使烯烃转变为烷烃，从而提高汽油质量。液态油脂中含有少量烯烃，容易变质，可通过催化加氢，将液态油脂转变为固态油脂，便于保存与运输。

2. 加卤素

氟与烯烃反应太剧烈，而碘与烯烃难以反应，所以一般所谓烯烃的加卤，实际上是指加氯或加溴。

烯烃能与氯或溴加成，生成连二氯代烷或连二溴代烷。

$$CH_3—CH═CH_2 + Br_2 \longrightarrow \underset{\text{1,2-二溴丙烷}}{CH_3—\underset{Br}{\underset{|}{CH}}—\underset{Br}{\underset{|}{CH_2}}}$$

C ═C 双键与氯或溴的加成，可以在气相，也可以在液相进行。在液相进行时，四氯化碳、1,2 -二氯乙烷等是常用的溶剂，有时也加入一些催化剂，如无水氯化铁。

$$CH_2═CH_2 + Cl_2 \xrightarrow[\text{在 } CH_2Cl—CH_2Cl \text{ 中}]{FeCl_3,\sim 40℃} CH_2Cl—CH_2Cl$$

这是工业上和实验室制备连二氯和连二溴化合物最常用的一个方法。

在常温、常压、不加催化剂的情况下，烯烃与溴可迅速发生加成反应，生成 1,2 -二溴代烷烃。例如，将乙烯通入溴水或溴的四氯化碳溶液中，溴的红棕色很快褪去，生成 1,2 -二溴乙烷。

$$CH_2═CH_2 + \underset{\text{(红棕色)}}{Br—Br} \longrightarrow \underset{\text{1,2-二溴乙烷(无色)}}{\underset{Br}{\underset{|}{CH_2}}—\underset{Br}{\underset{|}{CH_2}}}$$

烯烃与溴的加成反应前后有明显的现象变化，因此可用来鉴别烯烃。工业上常用此法检验汽油、煤油中是否含有不饱和烃。

C ═C 双键与氯或溴加成时，烯烃的加成反应活性如下：

$$(H_3C)_2C═CH_2 > H_3C—CH═CH_2 > H_2C═CH_2$$

卤素的活性顺序：

$$Cl_2 > Br_2$$

3. 加卤化氢

烯烃能与卤化氢（氯化氢、溴化氢、碘化氢）加成生成卤代烷。例如：

$$H_2C═CH_2 + HBr \longrightarrow \underset{\text{溴乙烷}}{\underset{H}{\underset{|}{H_2C}}—\underset{Br}{\underset{|}{CH_2}}}$$

不对称烯烃与卤化氢加成时显然可以生成两种产物。例如：

$$H_3C\text{—}CH\text{=}CH_2 + HBr \longrightarrow \begin{cases} H_3C\text{—}\underset{\displaystyle Br}{\underset{|}{CH}}\text{—}\underset{\displaystyle H}{\underset{|}{CH_2}} & \text{1-溴丙烷} \\ H_3C\text{—}\underset{\displaystyle Br}{\underset{|}{CH}}\text{—}\underset{\displaystyle H}{\underset{|}{CH_2}} & \text{2-溴丙烷} \end{cases}$$

实验发现，生成的产物是 2-溴丙烷。也就是说，烯烃与卤化氢加成时，卤化氢分子中的氢原子主要加在碳碳双键中含氢较多的那个碳原子上，卤原子则加在含氢较少的那个碳原子上。这是 1869 年马尔科夫尼科夫根据一些实验结果总结出来的一条经验规则，叫做马尔科夫尼科夫规则，简称马氏规则。加成产物符合马尔科夫尼科夫规则的，叫做马尔科夫尼科夫加成。利用马氏规则可预测烯烃加成反应的主要产物。

C ═ C 双键与卤化氢加成时，烯烃的活性顺序与加卤素相同。卤化氢的活性顺序：HI > HBr > HCl

反马尔科夫尼科夫加成——过氧化物效应

烯烃与溴化氢加成，如果是在过氧化物的存在下进行，得到的产物与马氏规则不一致，是反马氏加成。例如：

$$CH_3\text{—}CH\text{=}CH_2 + HBr \begin{cases} \xrightarrow{\text{无过氧化物}} CH_3\text{—}\underset{\displaystyle Br}{\underset{|}{CH}}\text{—}\underset{\displaystyle H}{\underset{|}{CH_2}} & \text{马氏加成} \\ \xrightarrow{\text{有过氧化物}} CH_3\text{—}\underset{\displaystyle H}{\underset{|}{CH}}\text{—}\underset{\displaystyle Br}{\underset{|}{CH_2}} & \text{反马氏加成} \end{cases}$$

这是由于存在过氧化物而引起的加成定位的改变，叫做过氧化物效应。烯烃与卤化氢的加成，只有溴化氢有过氧化物效应。

4. 加硫酸

烯烃能与硫酸加成生成硫酸氢酯。例如：

$$H_2C\text{=}CH_2 + HO\text{—}SO_2\text{—}OH \longrightarrow \underset{\displaystyle H}{\underset{|}{H_2C}}\text{—}\underset{\displaystyle O\text{—}SO_2\text{—}OH}{\underset{|}{CH_2}}$$

硫酸氢乙酯

$$H_3C\text{—}CH\text{=}CH_2 + HO\text{—}SO_2\text{—}OH \longrightarrow \underset{\displaystyle H}{\underset{|}{H_2C}}\text{—}\underset{\displaystyle O\text{—}SO_2\text{—}OH}{\underset{|}{CH}}\text{—}CH_3$$

硫酸氢异丙酯

从丙烯与硫酸的加成产物可以看出，不对称烯烃与硫酸的加成符合马氏规则。

烯烃与硫酸的加成产物硫酸氢酯溶于硫酸。利用这一性质，可将混在烷烃中的少量烯烃分离除去。

烯烃与硫酸的加成产物硫酸氢酯与水共热则水解生成醇，并重新给出硫酸。例如：

$$\underset{\text{硫酸氢乙酯}}{CH_3CH_2O\text{—}SO_2\text{—}OH} + H_2O \xrightarrow{\triangle} \underset{\text{乙醇}}{H_3C\text{—}CH_2\text{—}OH} + H_2SO_4$$

$$\underset{\text{硫酸氢异丙酯}}{(CH_3)_2CHO\text{—}SO_2\text{—}OH} + H_2O \xrightarrow{\triangle} \underset{\text{异丙醇}}{H_3C\text{—}\underset{\displaystyle CH_3}{\underset{|}{CH}}\text{—}OH} + H_2SO_4$$

烯烃与硫酸加成产物再水解生成醇，相当于在烯烃分子中加入了一分子水。因此这一反应又叫做烯烃的间接水合法。

工业上利用间接水合法制取乙醇、异丙醇等低级醇。此法的优点是对烯烃的纯度要求不高，对于回收利用石油炼厂气中的烯烃是一个好办法。但缺点是水解后产生的硫酸对生产设备有腐蚀作用。

5. 加水

在酸催化下，烯烃直接与水加成生成醇。例如：

$$H_2C{=}CH_2 + H_2O \xrightarrow[\text{约 300℃，约 7 MPa}]{\text{磷酸-硅藻土}} H_3C{-}CH_2{-}OH$$

乙醇

不对称烯烃与水的加成符合马氏规则。例如：

$$H_3C{-}CH{=}CH_2 + H_2O \xrightarrow[\text{约 250℃，约 4 MPa}]{\text{磷酸-硅藻土}} H_3C{-}\underset{\displaystyle CH_3}{\underset{|}{CH}}{-}OH$$

异丙醇

烯烃直接加水制备醇叫做烯烃直接水合法。这是工业上生产乙醇、异丙醇的重要方法。直接水合法的优点是避免了硫酸对设备的腐蚀，而且省去稀硫酸的浓缩回收过程。这既节约设备投资和减少能源消耗，又避免酸性废水的污染。但直接水合法对烯烃的纯度要求较高，需要达到 97%以上。

6. 加次氯酸

烯烃能与次氯酸加成生成卤代醇。例如：

$$H_2C{=}CH_2 + \underset{\text{次氯酸}}{HO{-}Cl} \longrightarrow \underset{\text{2-氯乙醇}}{\underset{\displaystyle Cl}{\underset{|}{H_2C}}{-}\underset{\displaystyle OH}{\underset{|}{CH_2}}}$$

在实际生产中，常用氯气和水代替次氯酸。

不对称烯烃与次氯酸的加成符合马氏规则。例如丙烯与次氯酸加成时，带正电的 Cl^+ 加到含氢较多的双键碳原子上，而带负电的 OH^- 加到含氢较少的双键碳原子上：

$$H_3C{-}CH{=}CH_2 + HO^-{-}Cl^+ \longrightarrow H_3C{-}\underset{\displaystyle OH}{\underset{|}{CH}}{-}\underset{\displaystyle Cl}{\underset{|}{CH_2}}$$

1-氯-2-丙醇

乙烯与次氯酸加成，是合成氯乙醇的一个方法。丙烯与次氯酸加成，是合成甘油的一个步骤。

综上所述，烯烃与卤素（Cl_2，Br_2）、卤化氢（HCl，HBr，HI）、硫酸、水、次氯酸等的加成，都是亲电加成。由于 π 电子受碳原子核的束缚力较小，易极化给出电子，因此易受缺电子的亲电试剂进攻而发生亲电加成反应。不对称烯烃与上述试剂所进行的亲电加成反应的定位均遵循马氏规则。

烯烃与溴化氢在过氧化物存在下进行的加成反应是自由基加成。它是自由基试剂进攻 C═C 双键的碳原子而发生的加成反应（本书不作介绍）。不对称烯烃与溴化氢在过氧化物存在下的自由基加成定位是反马氏规则的。

3.5.2 聚合反应

烯烃分子中的 C═C 双键不但能与许多试剂加成，而且还能在引发剂或催化剂的作用下，断裂 π 键，通过加成反应自身结合起来生成聚合物，这类反应叫做聚合反应。能发生聚合反应的相对分子质量较小的化合物叫做单体，聚合生成的相对分子质量较大的产物叫做聚合物。例如乙烯在过氧化物引发下聚合生成聚乙烯，用 $\text{+}CH_2—CH_2\text{+}_n$ 表示。其中 $—CH_2—CH_2—$ 叫做重复结构单元(链节)，n 叫做聚合度。

$$n\ CH_2{=}CH_2 \xrightarrow[200\sim300^\circ C,100\ MPa]{\text{少量过氧化物}} \text{+}CH_2—CH_2\text{+}_n$$

乙烯（单体）　　　　聚乙烯（聚合物）

常温时聚乙烯为乳白色半透明物质，熔化后是无色透明液体。聚乙烯广泛用于农业、工业及国防上，可用于制造薄膜、管件、容器及各种绝缘、防腐和防潮材料等。

3.5.3 氧化反应

烯烃的 C═C 双键非常活泼，比较容易被氧化。常用的氧化剂(如高锰酸钾、重铬酸钾-硫酸、过氧化物等)都能把烯烃氧化生成含氧化合物。氧化剂和氧化条件不同，氧化产物各异。

1. 氧化剂氧化

在非常缓和的情况下，例如，使用适量的稀高锰酸钾冷溶液(1%～5%，或更稀)，烯烃被氧化成连二醇，高锰酸钾则被还原成棕褐色的二氧化锰从溶液中析出。

$$3RCH{=}CHR' + 2KMnO_4 + 4H_2O \longrightarrow 3RCH(OH)—CH(OH)R' + 2MnO_2\downarrow + 2KOH$$

连二醇

该反应速度较快，现象明显：紫色逐渐消失，并生成棕褐色的沉淀。因此，常用于检验 C═C双键。

如果用酸性高锰酸钾，氧化反应进行得更快，得到低级酮或羧酸。该反应可以用于鉴别烯烃；制备一定结构的有机酸和酮；推测原烯烃的结构。例如：

$$R—CH{=}CH—R' \xrightarrow{[O]} R—\overset{O}{\overset{\|}{C}}—OH + R'—\overset{O}{\overset{\|}{C}}—OH$$

羧酸　　羧酸

$$R—\underset{R'}{\underset{|}{C}}{=}CH_2 \xrightarrow{[O]} R—\overset{O}{\overset{\|}{C}}—R' + H—\overset{O}{\overset{\|}{C}}—OH \xrightarrow{[O]} H_2O + CO_2$$

酮　　甲酸

采用过氧化物作为氧化剂，如过氧羧酸，能将烯烃氧化成环氧化合物。例如：

$$H_3C—CH{=}CH_2 + R—\overset{O}{\overset{\|}{C}}—O—OH \longrightarrow H_3C—\underset{\diagdown O \diagup}{CH—CH_2} + RCOOH$$

过氧羧酸　　环氧丙烷

2. 催化氧化

烯烃催化氧化可以生成不同的产物。例如：

$$H_2C{=}CH_2 + \frac{1}{2}O_2(\text{空气}) \xrightarrow[100\ ℃,1\ MPa]{PdCl_2\text{-}CuCl_2} CH_3CHO$$

乙醛

$$H_2C{=}CH_2 + \frac{1}{2}O_2(\text{空气}) \xrightarrow[200\sim300\ ℃]{Ag} \underset{\text{O}}{H_2C{-}CH_2}$$

环氧乙烷

乙烯催化氧化是工业上制取环氧乙烷和乙醛的主要方法。环氧乙烷和乙醛都是十分重要的化工产品。

3.5.4　α-氢原子的反应

由于受 C＝C 双键的影响，烯烃分子中的 α-氢原子比较活泼。容易发生取代反应和氧化反应。

1. 取代反应

在较高温度下，烯烃分子中的 α-氢原子容易被卤素原子取代，生成 α-卤代烯烃。例如丙烯与氯气反应时，在较低温度下，主要发生 C＝C 双键的加成反应，生成 1,2-二氯丙烷；而在较高温度下，则主要发生 α-氯代反应，生成 3-氯丙烯：

$$H_3C{-}CH{=}CH_2 + Cl_2 \xrightarrow{\text{小于 }300\ ℃,\text{加成}} H_3C{-}\underset{Cl}{CH}{-}\underset{Cl}{CH_2}\quad(\text{主要反应})$$

$$H_3C{-}CH{=}CH_2 + Cl_2 \xrightarrow{\text{大于 }300\ ℃,\text{取代}} \underset{Cl}{H_2C}{-}CH{=}CH_2\quad(\text{主要反应})$$

提高温度，将有利于取代反应进行，例如工业上就是在 500～530 ℃的条件下，用丙烯与氯反应制取 3-氯丙烯。

2. 氧化反应

在催化剂的作用下，烯烃的 α-氢原子可被空气或氧气氧化。在不同的催化条件下，氧化产物不同。例如，丙烯在氧化亚酮的催化下，被空气氧化，生成丙烯醛：

$$H_3C{-}CH{=}CH_2 + O_2 \xrightarrow[300\sim400\ ℃]{Cu_2O} OHC{-}CH{=}CH_2 + H_2O$$

丙烯醛

这是工业上生产丙烯醛的主要方法。

如果用钼酸铋或磷钼酸铋作催化剂，丙烯则氧化成丙烯酸：

$$H_3C{-}CH{=}CH_2 + \frac{3}{2}O_2 \xrightarrow[300\sim400\ ℃]{\text{磷钼酸铋}} HOOC{-}CH{=}CH_2 + H_2O$$

丙烯酸

这是工业上生产丙烯酸的一个方法。

3.6 C═C 双键亲电加成反应机理

3.6.1 原子或基团的电子效应和立体效应

在有机化合物分子中，氢原子被其他原子或基团取代后，这些原子或基团会对整个分子的性质产生影响。这种影响主要取决于取代基的两类不同效应：一类是电子效应，另一类是立体效应。立体效应也叫空间效应。电子效应一般分为诱导效应和共轭效应两种类型。

1. 电子效应

1）诱导效应

因分子中原子或基团的极性（电负性）不同而引起成键电子沿着原子链向某一方向移动的效应称为诱导效应。如氯代乙酸中的电子沿着 σ 键向氯原子移动，这是由于氯的电负性比碳强。

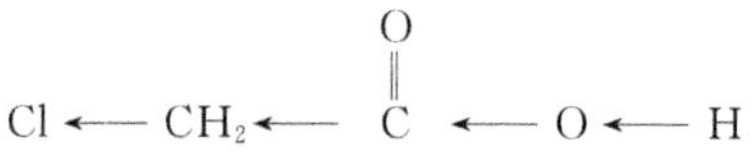

$$Cl \longleftarrow CH_2 \longleftarrow \overset{\overset{\displaystyle O}{\|}}{C} \longleftarrow O \longleftarrow H$$

诱导效应的特点：①电子是沿着原子链传递的；②其作用随着距离的增长迅速下降，一般只考虑三根键的影响。

$$\overset{\delta-}{Cl} \longleftarrow \overset{\delta+}{CH_2} \longleftarrow \overset{\delta\delta+}{CH_2} \longleftarrow \overset{\delta\delta\delta+}{CH_3}$$

诱导效应一般以氢为比较标准，如果取代基的吸电子能力比氢强，则称其具有吸电子诱导效应，用－I 表示。如果取代基的给电子能力比氢强，则称其具有给电子诱导效应，用＋I 表示。

$$X \longrightarrow CR_3 \qquad H—CR_3 \qquad Y \longrightarrow CR_3$$

吸电子诱导效应（－I）　　标准　　给电子诱导效应（＋I）

说明原子或基团的诱导效应的典型例子是脂肪酸和卤代脂肪酸的酸性强度。氯乙酸的酸性强度比乙酸强，就是来自氯原子的诱导效应。

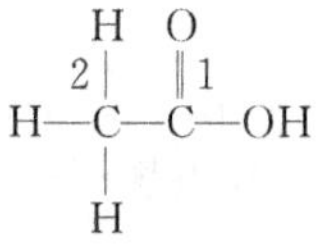

$$H-\underset{\underset{\displaystyle H}{|}}{\overset{\overset{\displaystyle H}{2|}}{C}}-\overset{\overset{\displaystyle O}{\|1}}{C}-OH \qquad Cl \longleftarrow \underset{\underset{\displaystyle H}{|}}{\overset{\overset{\displaystyle H}{2|}}{C}} \longleftarrow \overset{\overset{\displaystyle O}{1\|}}{C} \longleftarrow O \longleftarrow H$$

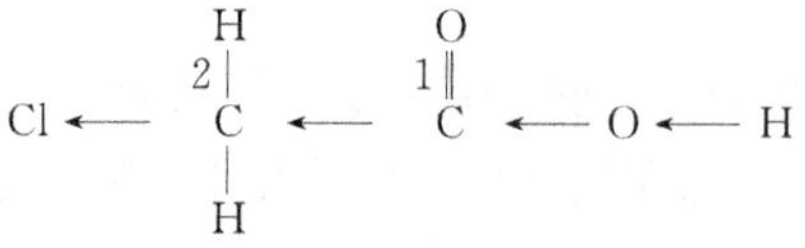

乙酸　　　　氯乙酸

$pK_a=4.74$　　　　$pK_a=2.86$

Cl 原子的电负性（3.0）明显的比 H 原子（2.1）的大，吸电子的能力明显比 H 原子的强。在氯乙酸分子中，由于 Cl 原子的诱导效应是吸电子的，Cl—C 键 σ 电子就向 Cl 原子方向偏移（偏移的方向用箭头←—表示），从而使氯乙酸分子中的 C^2 原子与乙酸分子中相应的 C^2 原子相比电性变得较正。在氯乙酸分子中，Cl 原子的这种吸电子诱导效应，通过 C^2 原子影响 C^1 原子，再通过 C^1 原子影响 O 原子，结果是，O—H 键 σ 电子如箭头所示偏向 O 原子，从而有利于 H 原子离解为质子，导致氯乙酸的酸性比乙酸的强。

对比 H—COOH（$pK_a=3.77$）和 CH_3—COOH（$pK_a=4.74$）的酸性强度可以看出，甲基的诱导效应与氯原子相反，是给电子的，即＋I 效应。甲基和其他烷基都表现出较弱的＋I 效应。

诱导效应的强弱可以通过测量偶极矩得知。也可以通过测量酸或碱的离解常数来估量这些基团诱导效应的大小。一个原子或基团取代了羧酸中的氢原子，可以改变该羧酸的离解常数，根据这些离解常数可以估量这些基团诱导效应的强弱次序，其一般规律如下：

(1)与碳原子直接相连的原子，如为同一族的原子，则随原子序数增加而吸电子诱导效应降低，如为同一周期的原子，则自左向右吸电子诱导效应增加。

吸电子诱导效应：$-F>-Cl>-Br>-I$

$-OR>-SR$

$-F>-OR>-NR_2>-CR_3$

(2)与碳原子直接相连的基团不饱和程度越大，吸电子能力越强，这是由于不同的杂化轨道(sp,sp^2,sp^3)中s成分不同，s成分越多，吸电子能力越强。

吸电子诱导效应：

$-C\equiv CR > -CH=CR_2 > -CH_2-CR_3$

(3)带正电荷的基团具有吸电子诱导效应，带负电荷的基团具有给电子诱导效应。与碳直接相连的原子上具有配位键，亦有强的吸电子诱导效应。

(4)烷基有给电子的诱导效应，同时又有给电子的超共轭效应。

一些常见基团的诱导效应顺序如下。

①吸电子基团：

$\overset{+}{N}R_3 > \overset{+}{N}H_3 > NO_2 > CN > COOH > F > Cl > Br > I > OAr > COOR > OR > COR > SH > SR > OH > C\equiv CR > Ph > CH=CH_2 > H$

②给电子基团：

$O^- > COO^- > C(CH_3)_3 > CH(CH_3)_2 > CH_2CH_3 > CH_3 > H$

一般说来，取代基的+I效应是较小的。

上面各原子或基团的诱导效应大小，常常因为所连母体化合物的不同及取代后原子间的相互影响等一些复杂因素的存在而有所不同，因此在不同的母体化合物中，它们的诱导效应的顺序是不完全一样的。

2)共轭效应

原子或基团的共轭效应将在5.2中讲述。

2. 立体效应——范德华半径

一个原子对于非键连的其他原子都占有一个有效的“空间体积”，或者说“势力范围”。其他原子挤入这个“体积”或“范围”，便会受到这个原子的排斥。如果把这个“体积”或“范围”看成是球形，这个球形的半径就叫做该原子的范德华半径。上面所说的其他原子可以是另一个分子中的——分子间的，也可以是同一分子中的另一部分——分子内的。

分子间作用力也叫做范德华力，当分子间或分子内两个非键连原子互相接近时，如果它们之间的范德华引力超过斥力，就会促使它们进一步接近。当它们正好“接触”时，也就是它们的核间距离恰好等于它们的范德华半径之和时，它们之间的范德华引力和斥力恰好平衡。如果迫使它们再接近，挤入彼此有效的“空间体积”或“势力范围”之内，它们之间的范德华斥力就会超过引力，就会发生排斥。移去外力，它们之间的斥力将使它们恰好恢复到“接触”的情况。因此，可以这样说，非键连原子“愿意”互相“接触”，但是非常“不愿意”彼此“拥挤”。图3-6可能有助于理解范德华半径的涵义。

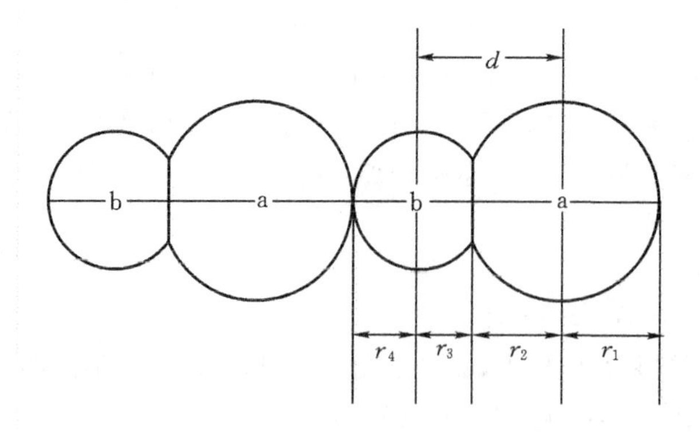

d＝a-b 键的键长
r_1＝a 原子的范德华半径
r_2＝a 原子的共价半径
r_3＝b 原子的共价半径
r_4＝b 原子的范德华半径

图 3－6　范德华半径

范德华半径可以用来衡量原子或基团“体积”的大小，它是研究原子或基团立体效应的重要数据。表 3－2 给出了一些原子和基团的范德华半径。

表 3－2　范德华半径　　单位：nm

原子和基团	范德华半径	原子和基团	范德华半径
H	0.12	S	0.185
$—CH_3$	0.20	F	0.135
苯环厚度的 1/2	0.170	Cl	0.180
N	0.15	Br	0.195
P	0.19	I	0.215
O	0.14		

有机化合物分子中原子或基团“体积”的大小，也就是范德华半径的大小，对有机化合物的性质也有影响。这是原子或基团的立体效应。烷基立体效应大小的顺序为

$$C(CH_3)_3 > CH(CH_3)_2 > CH_2CH_3 > CH_3 > H$$

3.6.2　C＝C 双键亲电加成反应机理

1. 碳正离子的相对稳定性

在阐述 C＝C 双键亲电加成反应机理之前，先介绍碳正离子的相对稳定性。

碳正离子的特征是缺电子碳上带有正电荷。根据静电学定律，带电体的稳定性随着电荷的分散而增大。因此，碳正离子的稳定性主要取决于缺电子碳上正电荷分散的情况。任何有利于分散缺电子碳上的正电荷使之转移到碳正离子其他部分的结构因素，都能降低碳正离子的能量，增大碳正离子的稳定性。

比较碳正离子的稳定性时，是以甲基正离子作为标准，把其他碳正离子看作是取代的甲基正离子。与氢比较，如果取代基 Y 是给电子的，那么由于给电子，取代基 Y 会降低缺电子碳上的正电荷，而把这部分正电荷转移到(或者说分散到)取代基 Y 上。电荷分散的结果，降低了碳正离子的能量，增大了碳正离子的稳定性。如果取代基 Y 是吸电子的，那么，取代基 Y 就会通过吸电子效应，增强、集中碳正离子缺电子碳上的正电荷，升高碳正离子的能量，降低碳正离子的稳定性。

$$Y\rightarrow\overset{+}{C}H_2 \qquad H-\overset{+}{C}H_2 \qquad Y\leftarrow\overset{+}{C}H_2$$

Y给电子　　　比较标准　　　Y吸电子

增大碳正离子的稳定性　　　　　减小碳正离子的稳定性

由于甲基是给电子的，烷基正离子稳定性大小的顺序是：

$$(CH_3)_3\overset{+}{C} > (CH_3)_2\overset{+}{C}H > CH_3\overset{+}{C}H_2 > \overset{+}{C}H_3$$

则

叔烷基正离子＞仲烷基正离子＞伯烷基正离子＞甲基正离子

2. 反应机理

实验表明，C═C双键与卤化氢的加成是分两步进行的(以溴化氢为例)：

$$>C{=}C< + H{-}Br \xrightarrow[\text{慢}]{①} -\overset{+}{C}-\overset{H}{C}- + :Br^-$$

$$-\overset{+}{C}-\overset{H}{C}- + :Br^- \xrightarrow[\text{快}]{②} -\overset{Br}{C}-\overset{H}{C}-$$

(反应式中的弯箭号⌒表示电子对转移的方向)

第一步是慢的一步，是控制反应速率的一步——速控步骤。这一步反应的结果是C═C双键与来自H－Br键的H^+加成，生成碳正离子和：Br^-。H^+是亲电试剂，提供H^+的H－Br也是亲电试剂，所以，C═C双键与H－Br(亲电试剂)的加成是亲电加成。这一步活化能较高，反应慢。第二步是碳正离子与：Br^-结合，生成产物。碳正离子是高活性物种，与：Br^-结合生成产物时，活化能很低，反应快。

C═C双键亲电加成机理的确立，解释了加成的定位问题——马尔科夫尼科夫规则。丙烯与卤化氢的亲电加成机理(以溴化氢为例)：

$$CH_3CH{=}CH_2 + H{-}Br \xrightarrow{\text{慢}} CH_3\overset{+}{C}HCH_3 + :Br^- \xrightarrow{\text{快}} CH_3CHBrCH_3 \quad (1)$$

仲烷基正离子

$$CH_3CH{=}CH_2 + H{-}Br \xrightarrow{\text{慢}} CH_3CH_2\overset{+}{C}H_2 + :Br^- \xrightarrow{\text{快}} CH_3CH_2CH_2Br \quad (2)$$

伯烷基正离子

与伯烷基正离子相比，仲烷基正离子的能量较低，稳定性较大，较易生成，结果(1)是主要产物，从而解释了马尔科夫尼科夫规则。

C═C双键亲电加成机理的确立，也解释了加成的速率问题——与卤化氢加成，丙烯比乙烯反应快。乙烯和丙烯与卤化氢加成慢的一步为(以溴化氢为例)

$$CH_2{=}CH_2 + H{-}Br \xrightarrow{\text{慢}} \overset{+}{C}H_2{-}CH_3 + :Br^-$$

伯烷基正离子，生成较难

$$CH_3—CH═CH_2 + H—Br \xrightarrow{慢} CH_3—\overset{+}{C}H—\underset{\displaystyle H}{\underset{|}{C}H_2} + :Br^-$$

仲烷基正离子，生成较易

与乙烯生成伯烷基正离子相比，丙烯生成仲烷基正离子较为容易，因此，与卤化氢加成，丙烯比乙烯反应快。

3.7 烯烃的制法

烯烃中最重要的是乙烯，其次是丙烯，它们都是有机化学工业的基础原料。

1. 从裂解气、炼厂气中分离

石油化工厂裂解石油得到的石油裂解气中含有乙烯、丙烯、丁烯、1,3-丁二烯等烯烃和二烯烃。炼油厂炼制石油时得到的炼厂气中含有乙烯、丙烯、丁烯等烯烃。经过一系列的步骤，可以从它们中分离出乙烯、丙烯等。这是工业上大规模生产乙烯、丙烯等的方法。

2. 醇脱水

醇脱水是实验室制备烯烃的一个重要方法。在催化剂的作用下，加热时，醇脱水可以生成烯烃。醇催化脱水一般分为两类：

(1)液相催化脱水。以浓硫酸为催化剂，加热时，醇脱水生成烯烃。例如：

$$\underset{乙醇}{CH_3—CH_2—OH} \xrightarrow[约\ 170\ ℃]{浓硫酸} \underset{乙烯}{CH_2═CH_2} + H_2O$$

(2)气相催化脱水。以氧化铝为催化剂，高温下，醇的蒸气即在氧化铝表面脱水生成烯烃。例如：

$$\underset{乙醇}{CH_3—CH_2—OH} \xrightarrow[300\sim400\ ℃]{Al_2O_3} \underset{乙烯}{CH_2═CH_2} + H_2O$$

$$\underset{异丙醇}{CH_3—\underset{\displaystyle CH_3}{\underset{|}{C}H}—OH} \xrightarrow[300\sim400\ ℃]{Al_2O_3} \underset{丙烯}{CH_3—CH═CH_2} + H_2O$$

3. 卤代烷脱卤化氢

卤代烷与浓的强碱溶液(如浓的氢氧化钾乙醇溶液)共热，则脱去一分子卤化氢生成烯烃。例如：

$$\underset{异丙基溴}{CH_3—\underset{\displaystyle CH_3}{\underset{|}{C}H}—Br} + KOH \xrightarrow[\triangle]{C_2H_5OH} \underset{丙烯}{CH_3—CH═CH_2} + H_2O + KBr$$

这是制备烯烃和生成 C═C 双键的一种方法。为了制备烯烃，最好用叔或仲卤代烷，因为伯卤代烷生成烯烃的产率一般较低。

第 3 章习题

学习总结

第4章 炔 烃

学习目标

【掌握】炔烃的命名法和同分异构体；乙炔的结构和 sp 杂化；炔烃的加成、炔氢和氧化反应。

【理解】马尔科夫尼科夫规则；过氧化物效应。

【了解】炔烃的物理性质、制法、聚合反应。

分子中含有碳碳三键(C≡C)的烃叫炔烃。C≡C 三键是炔烃的官能团，含有一个 C≡C 三键的开链单炔烃通式是 C_nH_{2n-2}(n 表示碳原子数)。在炔烃分子中，C≡C 三键处于末端的，例如 HC≡CH、RC≡CH，叫做末端炔烃；处于中间的，例如 RC≡CR'，叫做非末端炔烃。在末端炔烃分子中，C≡C 三键上的氢叫做炔氢。

4.1 炔烃的命名法

炔烃通常是以系统命名法和衍生命名法来命名的，和烯烃命名法相似。

炔烃的系统命名法命名原则如下：

(1)选择包含三键的最长碳链为母体，并使三键的位次处于最小，支链作为取代基。

(2)当分子中同时存在双键和三键时，以某烯炔表示，必须选择包含双键和三键的最长碳链为母体，编号时应使双键和三键所在位置的两个数字之和最小。

简单的炔烃可以采用衍生命名法，可以把它们看作是乙炔的衍生物，即以乙炔为母体，而把其他的炔烃看作乙炔的烃基衍生物命名。

$$CH_3CH_2\underset{\displaystyle CH_3}{\underset{|}{C}H}C{\equiv}CCH_2CH_3 \qquad CH_3{-}C{\equiv}C{-}\underset{\displaystyle CH_2CH_3}{\underset{|}{C}H}{-}CH_3$$

5-甲基-3-庚炔　　　　4-甲基-2-己炔

$$CH_3CH{=}CHC{\equiv}CH \qquad CH_2{=}CH{-}C{\equiv}CH$$

3-戊烯-1-炔　　　　1-丁烯-3-炔

简单的炔烃可以采用衍生命名法，可以把它们看作是乙炔的衍生物，即以乙炔为母体，而把其他的炔烃看作乙炔的烃基衍生物命名。

$$CH_3{-}C{\equiv}C{-}CH_2{-}CH_3 \qquad HC{\equiv}C{-}\underset{\displaystyle CH_3}{\underset{|}{C}H}{-}CH_3$$

系统命名法	2-戊炔	3-甲基-1-丁炔
衍生命名法	甲基乙基乙炔	异丙基乙炔

如果命名的是环炔烃，则把 1,2 位次留给三键碳原子，并使取代基的位次尽可能小。例如：

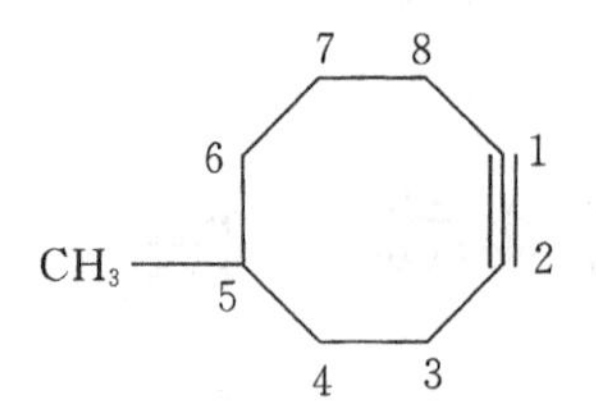

5-甲基环辛炔

4.2 乙炔分子的直线形结构 —— sp 杂化轨道

炔烃的结构特征是分子中具有碳碳三键，以乙炔为例，分子式为 C_2H_2，构造式为 H—C≡C—H。由 X 光衍射和电子衍射等物理方法测知，乙炔分子中的两个碳原子和两个氢原子都在同一条直线上，是直线形结构，其碳碳三键和碳氢键之间的夹角为 180 ℃。分子中各键的键长与键角如图 4-1 所示。

乙炔分子中的每个碳原子分别与一个碳原子和一个氢原子相连，碳原子用一个 2s 轨道和一个 2p 轨道重新组合，形成两个完全相同的新轨道，叫做 sp 杂化轨道。这两个 sp 杂化轨道对称轴同处在一条直线上，彼此成 180°角，其形状如图 4-2 所示。

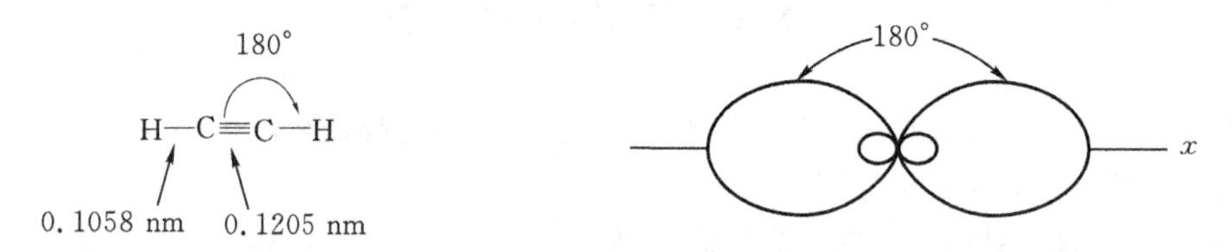

图 4-1 乙炔分子的直线形结构　　图 4-2 碳原子的 sp 杂化轨道

乙炔分子中的两个碳原子各以一个 sp 杂化轨道沿键轴方向重叠形成一个 C—Cσ 键，每个碳原子的另一个 sp 杂化轨道分别与氢原子的 s 轨道沿键轴方向重叠形成两个 C—Cσ 键。这三个 σ 键的对称轴同在一条直线上，键角为 180 ℃，如图 4-3 所示。

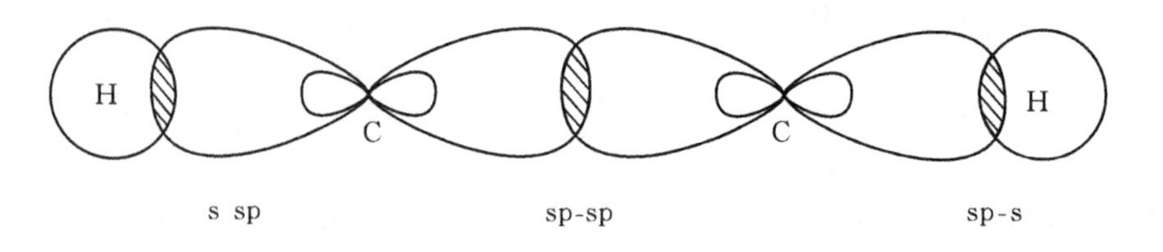

图 4-3 乙炔分子中的三个 σ 键

碳原子上没有参与杂化的两个 2p 轨道相互垂直，并与 sp 杂化轨道相垂直。每个碳上两个相互垂直的未经杂化的 2p 轨道在两个碳原子以 sp 杂化轨道形成 σ 键的同时也两两对应，从侧面“肩并肩”重叠形成两个相互垂直的π键，如图4-4所示。其电子云围绕在C—Cσ键的周围，对称分布，呈圆筒形，如图4-5所示。其他炔烃分子中碳碳三键的结构与乙炔完全相同。

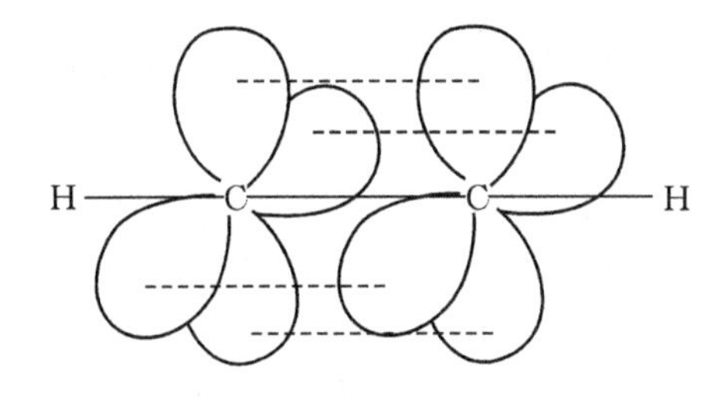

图4-4 乙炔分子中的π键

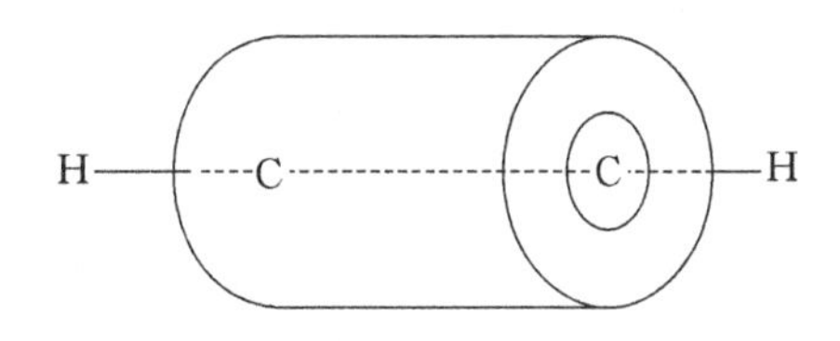

图4-5 乙炔分子的圆筒形π电子云

炔烃的异构现象为碳链构造异构和三键位置异构。由于三键碳原子上只能连接一个原子或基团，所以炔烃没有顺反异构体，比相应烯烃的异构体数目少。例如，戊炔(C_5H_8)只有三种异构体：

$$CH_3CH_2CH_2CH{\equiv}CH \qquad CH_3CH_2C{\equiv}CCH_3 \qquad \underset{\displaystyle CH_3}{CH_3\underset{|}{C}HC{\equiv}CH}$$

4.3 炔烃的制法

4.3.1 乙炔的制法

乙炔是最重要的炔烃，它是一种重要的有机合成基础原料，用于生产乙醛、乙酸、乙酐、聚乙烯醇及氯丁橡胶等。此外，乙炔在氧气中燃烧时生成的氧乙炔焰能达到3000 ℃以上的高温，工业上常用来焊接或切断金属材料。

工业上常以碳化钙或天然气为原料来生产乙炔。

1. 以碳化钙为原料生产乙炔

在高温电炉中加热生石灰和焦炭到2500～3000 ℃，得到碳化钙(电石)。电石与水反应即得乙炔，所以，乙炔俗名电石气。

$$3C + CaO \xrightarrow{2500\sim3000\ ℃} CaC_2 + CO$$

$$CaC_2 + 2H_2O \longrightarrow HC{\equiv}CH\uparrow + Ca(OH)_2$$

纯的乙炔是无色无臭味的气体。由于在生产电石的原料(生石灰和焦炭)中，经常混有少量含硫、磷等的杂质，而在生石灰和焦炭生成电石的条件下，这些含硫、磷等的杂质就转变成为硫化钙、磷化钙等混杂在电石中。当电石与水作用生成乙炔时，硫化钙、磷化钙等同时也与水作用生成硫化氢、磷化氢等混杂在乙炔中，从而使乙炔具有了难闻的臭味。

乙炔中含有的硫化氢、磷化氢等杂质在实验室或工业上一般可采用氧化法除去。即把乙炔通入次氯酸钠(NaClO)水溶液中，硫化氢、磷化氢等就被氧化成为硫酸盐、磷酸盐等，从而被除去。

此法得到的乙炔纯度较高，生产流程简单，但耗电量大，成本高，污染严重。

2. 以天然气为原料

天然气中的主要成分甲烷在 1500 ℃高温下裂解生成乙炔。

$$2CH_4 \xrightarrow[0.01\sim0.1\ s]{1500\ ℃} HC\equiv CH + 3H_2$$

该方法的优点是原料便宜,特别是在天然气资源丰富的国家,适宜大规模生产,但该法生产的乙炔纯度较低。

4.3.2 其他炔烃的制法

1. 由邻二卤代烷或偕二卤代烷制备

实验中制备炔烃可以通过烯烃加卤素得二卤代烷然后脱卤化氢的方式进行。

$$CH_3CH{=}CHCH_3 \xrightarrow[CCl_4]{Br_2} CH_3\overset{Br}{\underset{H}{C}}-\overset{Br}{\underset{H}{C}}CH_3 \xrightarrow{KOH,乙醇} CH_3C\equiv CCH_3$$

2. 由炔钠和伯卤代烷制备

炔钠与伯卤代烷反应可得到碳链增长的炔烃。

$$(CH_3)_2CHCH_2C\equiv CH \xrightarrow{NaNH_2} (CH_3)_2CHCH_2C\equiv CNa \xrightarrow{CH_3Br} \underset{81\%}{(CH_3)_2CHCH_2C\equiv C-CH_3}$$

4.4 炔烃的物理性质

炔烃是低极性化合物,物理性质类似于烷烃和烯烃。在常温常压下,$C_2\sim C_4$ 的炔烃为气体,$C_5\sim C_{15}$ 的炔烃为液体,C_{15} 以上为固体。

直链炔烃的沸点、熔点都随碳原子数的增加而增加,一般比相同碳原子数的烷烃、烯烃略高,这是由于炔烃分子较短小,在液态和固态时,分子彼此靠得较近,分子间范德华力较强。

相同碳原子数的烷烃、烯烃、炔烃的相对密度:炔烃>烯烃>烷烃,但它们都比水轻。炔烃易溶于石油醚、乙醚、丙酮、苯和四氯化碳等有机溶剂,难溶于水。低级的炔烃在水中的溶解度较对应的烷烃、烯烃略有增加。它们的物理常数见表 4-1。

表 4-1 炔烃的物理常数

名称	熔点/℃	沸点℃	相对密度 d_4^{20}
乙炔	−80.8	−84.0	0.618
丙炔	−101.5	−23.2	0.671
1-丁炔	−112.5	8.1	0.668
1-戊炔	−90.0	40.2	0.691
1-己炔	−124.0	71.4	0.716
1-庚炔	−81.0	99.7	0.733
1-辛炔	−79.3	125.2	0.747
1-壬炔	−50.0	150.8	0.760

炔烃中最重要的是乙炔。乙炔的临界温度是36.5 ℃,临界压力是6.17 MPa,常温是在乙炔的临界温度以下,所以常温时增大压力可以使乙炔液化。液态乙炔受到震动会发生爆炸,所以在乙炔钢瓶中既要填入多孔性物质,例如硅藻土、石棉等,又要加入丙酮作为溶剂,这样在储存、运输、使用时可以避免危险。

乙炔难溶于水。常温时1体积的水能溶解约1体积乙炔。乙炔易溶于丙酮和某些有机溶剂。

乙炔与空气组成爆炸性的混合气体。其爆炸极限为3%～81%(体积分数)。

乙炔与空气组成的爆炸气体的组成范围,比其他烃类要大得多。在生产、使用乙炔时必须注意这一点,防止发生爆炸事故。

4.5 炔烃的化学性质

炔烃的化学性质主要表现在碳碳三键官能团的反应上,碳碳三键中的π键不稳定,因此炔烃的化学性质比较活泼,与烯烃相似,容易发生加成、氧化和聚合反应。由于sp杂化碳原子的电负性比较大,因此与三键碳原子直接相连的氢原子具有一定酸性,比较活泼,容易被某些金属或金属离子取代,生成金属炔化物。

4.5.1 加成反应

炔烃含有C≡C三键,能与H_2、HX、X_2、H_2O、ROH等进行加成反应。

1. 催化加氢

炔烃在催化剂Pt、Pd、Ni等存在下加氢,先生成烯烃,再生成烷烃。在氢气过量的情况下,加氢反应不易停留在烯烃阶段,而是生成烷烃。

$$CH_3C{\equiv}CCH_3 \xrightarrow[\text{Pt,Pd 或 Ni}]{H_2} CH_3CH_2CH_2CH_3$$

若选用催化活性较低的林德拉催化剂(沉淀在$BaSO_4$或$CaCO_3$上的金属钯,加喹啉或醋酸铅使钯部分中毒,以降低其催化活性),可使炔烃的催化加氢反应停留在生成烯烃的阶段,得顺式烯烃。

$$R{-}C{\equiv}C{-}R' + H_2 \xrightarrow{Pd-Pb(COOCH_3)_2} \underset{H}{\overset{R}{}}\!>C{=}C<\!\underset{H}{\overset{R'}{}}$$

炔烃加氢反应比烯烃容易进行,工业上常利用这种方法,控制氢气用量,使石油裂解气中微量的乙炔转变为乙烯,以提高裂解气中乙烯的含量。

炔烃也可在液氨中用碱金属还原,生成反式烯烃。

$$R{-}C{\equiv}C{-}R' \xrightarrow[\text{液氨}]{\text{Na 或 Li}} \underset{H}{\overset{R}{}}\!>C{=}C<\!\underset{R'}{\overset{H}{}}$$

2. 亲电加成

1)和卤素的加成

炔烃可以和卤素加成,先生成二卤化物,若卤素过量可继续加成,生成四卤化物。工业上就是利用氯加成乙炔制得四氯乙烷。

$$HC\equiv CH \xrightarrow[Cl_2]{FeCl_3} \underset{\substack{| \quad |\\ Cl \quad Cl}}{HC=CH} \xrightarrow[Cl_2]{FeCl_3} \overset{\substack{Cl \quad Cl\\ | \quad |}}{\underset{\substack{| \quad |\\ Cl \quad Cl}}{HC-CH}}$$

炔烃与溴也可以进行加成反应。与烯烃相似，也可根据溴的褪色来检验三键的存在。如控制反应条件，可使反应停留在二卤化物阶段。

$$CH_3C\equiv CCH_3 \xrightarrow[-20℃]{Br_2,乙醚} (H_3C)(Br)C=C(Br)(CH_3)$$

$$CH_3C\equiv CCH_3 \xrightarrow[25℃]{2Br_2} CH_3CBr_2CBr_2CH_3$$

炔烃和碘的加成比较困难，主要得到一分子加成产物，生成二碘烯烃。例如：

$$HC\equiv CH + I_2 \longrightarrow (I)(H)C=C(H)(I)$$

炔烃与卤素的亲电加成不如烯烃活泼，当分子中兼有双键和三键时，首先在双键上发生加成反应。例如，低温条件下，缓慢地加入溴，如下式所示，三键可以不参与反应。这种加成叫选择性加成。

$$CH_2=CH-CH_2-C\equiv CH + Br_2 \xrightarrow{低温} \underset{Br}{\underset{|}{CH_2}}-\underset{Br}{\underset{|}{CH}}-CH_2-C\equiv CH$$

2)和卤化氢的加成

炔烃与烯烃一样，可以和卤化氢加成，不对称炔烃的加成反应也按马尔科夫尼科夫规律进行，但反应活泼性不如烯烃。

$$R-C\equiv CH \xrightarrow{HX} R-\underset{X}{\underset{|}{C}}=CH_2 \xrightarrow{HX} R-\overset{X}{\overset{|}{\underset{X}{\underset{|}{C}}}}-CH_3$$

例如，工业上用乙炔和 HCl 加成生产氯乙烯：

$$HC\equiv CH + HCl \xrightarrow[150\sim160\ ℃]{HgCl_2,活性炭} H_2C=CH-Cl$$

氯乙烯可以进一步和 HCl 加成，生成 1,1-二氯乙烷：

$$H_2C=CH-Cl + HCl \xrightarrow[220\ ℃]{HgCl_2,活性炭} CH_3CHCl_2$$

和烯烃的情况相似，在光或过氧化物的存在下，炔烃和 HBr 的加成，也是自由基加成反应，得到的是反马尔科夫尼科夫规律的产物。

$$CH_3-C\equiv CH + HBr \xrightarrow{过氧化物} (CH_3)(H)C=C(Br)(H)$$

3)和水加成

炔烃和水的加成也不如烯烃容易进行，必须在催化剂硫酸汞和稀硫酸的存在下才发生加成。例如：

$$HC\equiv CH + H_2O \xrightarrow[10\%H_2SO_4]{5\%HgSO_4} H_2C=CH(OH) \xrightarrow{分子重排} CH_3-CHO$$

反应中先生成烯醇，烯醇不稳定，立刻发生分子内重排，羟基上的氢原子转移到相邻的双键碳上，原来的碳碳双键转变为碳氧双键，形成醛或酮。

不对称炔烃加水时，反应也是按马尔科夫尼科夫规律进行的。除乙炔外，其他炔烃加水，最终的产物都是酮。末端炔烃与水加成的产物为甲基酮。例如：

$$CH_3-C\equiv CH + H_2O \xrightarrow[10\%H_2SO_4]{5\%HgSO_4} \left[CH_3-C(OH)=CH_2\right] \xrightarrow{分子重排} CH_3-CO-CH_3$$

上述是工业上合成乙醛和丙酮的重要方法之一，称为炔烃的直接水合法。

3. 亲核加成

1）和醇加成

在碱的存在下，炔烃可以和醇加成生成乙烯基醚。例如，乙炔与甲醇加成，生成甲基乙烯基醚。甲基乙烯基醚是工业上重要的单体，经聚合反应可生成高分子化合物，可用作塑料、增塑剂、黏合剂等。

$$HC\equiv CH + CH_3OH \xrightarrow[加热，加压]{KOH} CH_2=CHOCH_3$$

在此反应过程中，由带负电荷的甲氧基负离子 CH_3O^- 首先和炔烃作用，生成碳负离子中间体，然后再和醇分子反应，得到产物。这类由亲核试剂进攻而引起的加成反应叫做亲核加成反应。

2）和氢氰酸加成

乙炔在催化剂 Cu_2Cl_2 的作用下，于 80～90 ℃时与氰氢酸进行加成反应，生成丙烯腈。这是增长碳链的反应。

$$HC\equiv CH + HCN \xrightarrow[80\sim90\ ℃]{Cu_2Cl_2} CH_2=CH-CN$$

这是工业上早期生产丙烯腈的方法之一，目前已被丙烯的氨氧化法取代，丙烯腈是合成人造羊毛腈纶的单体。

③和羧酸加成

乙炔与乙酸在醋酸锌-活性炭的催化下，气相，170～230 ℃，进行加成反应得到重要的化工原料乙酸乙烯酯。

$$HC\equiv CH + CH_3COOH \xrightarrow[210\sim250\ ℃]{醋酸锌-活性炭} \underset{乙酸乙烯酯}{CH_2=CHCOOCH_3}$$

4.5.2 炔氢原子的反应——酸性

1. 炔钠的生成——炔烃的制备

炔烃中 C≡C 三键碳原子以 sp 杂化形式成键，对于 sp^n 杂化轨道上的电子来说，s 成分越多，离原子核就越近，被原子核拉得也就越紧，原子核拉电子能力也就越强，原子的电负性也就越大。C 原子电负性的顺序：C(sp)＞ C(sp^2)＞ C(sp^3)。在 C—H 键中，C 原子电负性越大，拉电子能力就越强，也就意味着 C—H 键 σ 电子被较强地拉向 C 原子，从而导致 C—H 键较易电离出来 H+，酸性强度较大。例如：乙炔（HC≡C—H，$pK_a=25$）的酸性强度比氨（H_2N—H，$pK_a=34$）大很多（大 10^9 倍），氨基负离子可以定量把乙炔转变成为乙炔基负离子。

$$HC{\equiv}CH + NH_2^- \longrightarrow HC{\equiv}C^- + NH_3$$

因此，末端炔烃可与强碱反应形成金属化合物，叫做炔化物。在液氨中，用氨基钠（1 mol）处理乙炔是实验室中制备乙炔钠普遍采用的方法。

$$\underset{}{HC{\equiv}CH} + \underset{\text{氨基钠}}{Na^+NH_2^-} \xrightarrow[-33\ ℃]{\text{液氨}} \underset{\text{乙炔钠}}{HC{\equiv}C^-Na^+} + NH_3$$

炔烃和加热熔融的金属钠反应也可以得到炔化钠。例如：

$$2RC{\equiv}CH + 2Na \xrightarrow[\triangle]{} 2RC{\equiv}CNa + H_2\uparrow$$

CH≡C∶⁻离子是一个很强的亲核试剂（碳上带有孤对电子），在液氨中可与伯卤代烷发生取代反应生成烷基乙炔——乙炔的烷基化。在炔烃的分子中引入烷基，这是增长炔烃碳链的重要方法。例如：

$$HC{\equiv}CH \xrightarrow[-33\ ℃]{NaNH_2,\text{液氨}} HC{\equiv}CNa \xrightarrow[\text{液氨},-33\ ℃]{CH_3CH_2CH_2Br} \underset{89\%}{CH_3CH_2CH_2C{\equiv}CH}$$

$$HC{\equiv}CCH_2CH_3 \xrightarrow[-33\ ℃]{NaNH_2,\text{液氨}} NaC{\equiv}CCH_2CH_3 \xrightarrow[\text{液氨},-33\ ℃]{CH_3CH_2Br} \underset{(75\%)}{CH_3CH_2C{\equiv}CCH_2CH_3}$$

这是实验室中用乙炔制备其他炔烃普遍采用的一种方法。

2. 炔银和炔亚铜的生成 ——末端炔烃的鉴定

末端炔烃分子中的炔氢（以质子的形式）可被 Ag^+ 或 Cu^+ 取代生成炔银或炔亚铜。例如，把乙炔通入硝酸银的氨溶液中，立即生成白色乙炔银沉淀。

$$CH{\equiv}CH + \underset{\text{硝酸银氨溶液}}{[Ag(NH_3)_2]NO_3} \longrightarrow \underset{\text{乙炔银(白色)}}{AgC{\equiv}CAg\downarrow} + NH_4NO_3 + NH_3$$

把乙炔通入氯化亚铜的氨溶液中，则立即生成棕红色乙炔亚铜沉淀。

$$CH{\equiv}CH + \underset{\text{氯化亚铜氨溶液}}{[Cu(NH_3)_2]Cl} \longrightarrow \underset{\text{乙炔亚铜(棕红色)}}{CuC{\equiv}CCu\downarrow} + NH_4Cl + NH_3$$

这是末端炔烃的一个特征反应。反应非常灵敏，现象很明显，在实验室中和生产上经常用于乙炔及其他末端炔烃的分析、鉴定。

$$RC{\equiv}CH + [Ag(NH_3)_2]NO_3 \longrightarrow RC{\equiv}CAg\downarrow$$

$$RC{\equiv}CR + [Ag(NH_3)_2]NO_3 \longrightarrow \text{不反应}$$

炔银（RC≡CAg）和炔亚铜（RC≡CCu）分子中的碳—金属键基本上是共价键。与基本上是离子键的炔钠（$RC\equiv C^- Na^+$）不同，它们不与水反应，也不溶于水。但是，它们可被稀盐酸分解，重新生成末端炔烃。这个性质在实验室中可用来分离、精制末端炔烃。

炔银、炔亚铜潮湿时比较稳定，干燥时，因撞击、震动或受热会发生爆炸。因此，实验后应立即用酸处理。

4.5.3　氧化反应

炔烃和氧化剂反应，往往可以使碳碳三键断裂，最后得到完全氧化的产物——羧酸或二氧化碳。

$$3HC\equiv CH + 10KMnO_4 + 2H_2O \longrightarrow 6CO_2\uparrow + 10KOH + 10MnO_2\downarrow$$

反应后高锰酸钾的紫红色褪去，析出棕红色的二氧化锰沉淀，可定性地检验三键的存在，还可根据氧化产物的不同来判断炔烃中三键的位置从而确定炔烃的结构。

$$RC\equiv CH \xrightarrow[H_2O]{KMnO_4} R\overset{O}{\overset{\|}{C}}—OK + CO_2$$

$$RC\equiv CH \xrightarrow[2.\ Zn,H_2O]{1.\ O_3} R\overset{O}{\overset{\|}{C}}—OH + CO_2$$

$$RC\equiv CR' \xrightarrow[H_2O]{KMnO_4} R\overset{O}{\overset{\|}{C}}—OK + R'\overset{O}{\overset{\|}{C}}—OK$$

$$RC\equiv CR' \xrightarrow[2.\ Zn,H_2O]{1.\ O_3} R\overset{O}{\overset{\|}{C}}—OH + R'\overset{O}{\overset{\|}{C}}—OH$$

4.5.4　聚合反应

炔烃也能聚合，但比烯烃困难，仅能生成由几个分子聚合起来的低聚物。例如乙炔在不同的条件下，可发生二聚、三聚和四聚反应。

将乙炔通入氯化亚铜和氯化铵的盐酸溶液可以得到两分子乙炔加成的产物。

$$HC\equiv CH + HC\equiv CH \xrightarrow{Cu_2Cl_2-NH_4Cl} HC═CH—C\equiv CH$$

乙炔的二聚物（乙烯基乙炔）与氯化氢加成，生成 2 -氯- 1,3 -丁二烯，它是合成氯丁橡胶的原料。

$$HC═CH—C\equiv CH + HCl \xrightarrow{Cu_2Cl_2-NH_4Cl} HC═CH—\underset{Cl}{\underset{|}{C}}═CH_2$$

乙炔在三苯基膦羰基镍的催化下，能发生三分子聚合而得到苯。

$$3HC\equiv CH \xrightarrow[60\sim70℃,1.5\ MPa]{[(C_6H_5)_3PNi(CO)_2]} \text{（苯）}$$

第 4 章习题

学习总结

第 5 章　二烯烃

学习目标

【掌握】二烯烃的命名；共轭二烯烃的结构特征及其加成反应规律；狄-阿反应。

【理解】共轭 π 键的概念、类型、共轭效应及其对分子性质的影响。

【了解】二烯烃的分类；橡胶的种类及其应用；1,3-丁二烯工业生产的主要方法。

脂肪烃分子中含有两个 C═C 双键的，叫做二烯烃。它的通式是 C_nH_{2n-2}，与碳原子数相同的炔烃互为同分异构体。二烯烃比相应的烷烃少 4 个氢原子。

5.1　二烯烃的分类和命名法

根据二烯烃分子中两个 C═C 双键的相对位置不同，可将其分为三类：

1. 累积双键二烯烃

两个双键连接在同一个碳原子上的，叫做累积双键，含有累积双键的二烯烃叫做累积双键二烯烃，简称累积二烯烃。例如：

$$\overset{3}{C}H_2=\overset{2}{C}=\overset{1}{C}H_2$$

丙二烯

$$\overset{4}{C}H_3-\overset{3}{C}H=\overset{2}{C}=\overset{1}{C}H_2$$

1,2-丁二烯

2. 共轭双键二烯烃

两个双键被一个单键隔开的（即双键和单键相互交替的），叫做共轭双键，含有共轭双键的二烯烃叫做共轭双键二烯烃，简称共轭二烯烃。例如：

$$\overset{4}{C}H_2=\overset{3}{C}H-\overset{2}{C}H=\overset{1}{C}H_2$$

1,3-丁二烯

$$\overset{4}{C}H_2=\overset{3}{C}H-\underset{\displaystyle CH_3}{\overset{2}{C}}=\overset{1}{C}H_2$$

2-甲基-1,3-丁二烯
（俗名异戊二烯）

3. 隔离双键二烯烃

两个双键被两个或两个以上单键隔开的，叫做隔离双键，含有隔离双键的二烯烃叫做隔离（孤立）双键二烯烃，简称隔离（孤立）二烯烃，例如：

$$\overset{5}{C}H_2=\overset{4}{C}H-\overset{3}{C}H_2-\overset{2}{C}H=\overset{1}{C}H_2$$

1,4-戊二烯

$$\overset{6}{C}H_3-\overset{5}{C}H=\overset{4}{C}H-\underset{\displaystyle CH_3}{\overset{\displaystyle CH_3}{\overset{3}{C}}}-\overset{2}{C}H=\overset{1}{C}H_2$$

3,3-二甲基-1,4-己二烯

三种不同类型的二烯烃中，累积二烯烃由于分子中的两个双键连在同一个碳原子上，很不稳定，自然界极少存在。隔离二烯烃分子中的两个双键相距较远，彼此没有什么影响，相当于两个孤立的烯烃，与烯烃的性质相似。只有共轭二烯烃分子中的两个双键被一个单键连接起来，由于结构比较特殊，具有独特的性质，是本章学习讨论的重点。

二烯烃的系统命名原则与烯烃相似。选择含有两个双键的最长碳链作为主链，根据主链的碳原子数称为某二烯。从靠近双键的一端开始将主链中碳原子依次编号，按照“较优基团后列出”的原则，将取代基的位次、数目、名称，以及两个双键的位次写在母体名称前面。例如：

$\overset{6}{C}H_3-\overset{5}{C}H(CH_3)-\overset{4}{C}H=\overset{3}{C}H-\overset{2}{C}=\overset{1}{C}H_2$

5-甲基-1,3-己二烯

$\overset{5}{C}H_3-\overset{4}{C}(CH_3)=\overset{3}{C}H-\overset{2}{C}(CH_2-CH_3)=\overset{1}{C}H_2$

4-甲基-2-乙基-1,3-戊二烯

与烯烃一样，二烯烃的双键两端连接的原子或基团各不相同时，也存在顺反异构现象。命名时要逐个标明其构型。例如，2,4-己二烯有二种构型：

反，反-2,4-己二烯
或(E,E)-2,4-己二烯

顺，反-2,4-己二烯
或(Z,E)-2,4-己二烯

5.2 1,3-丁二烯分子的结构——共轭 π 键和共轭效应

在脂肪烃中，最简单的共轭二烯烃是1,3-丁二烯。

5.2.1 1,3-丁二烯分子的结构——共轭 π 键

实验测定，1,3-丁二烯($CH_2=CH-CH=CH_2$)分子中的4个C原子和6个H原子都在同一个平面内，所有键角都接近120°，其键角和键长数据如图5-1所示。

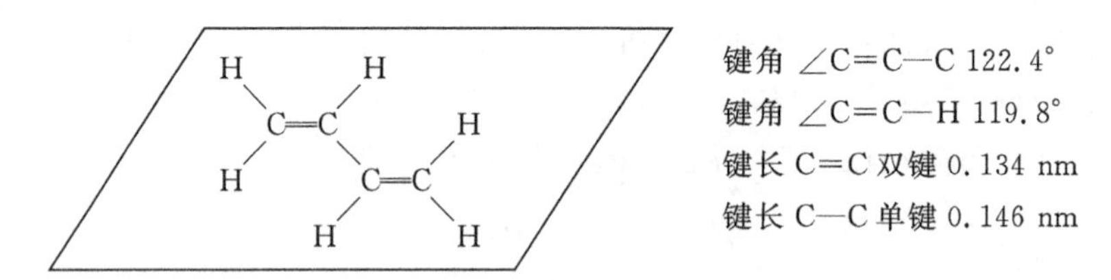

图5-1 1,3-丁二烯分子的形状

在1,3-丁二烯分子中C=C双键的键长比烯烃中C=C双键的键长(0.1339 nm)略长，但C—C单键的键长比烷烃中C—C单键的键长(0.154 nm)短，这说明在共轭二烯烃分子中，C=C双键和C—C单键的键长具有平均化的趋势。

杂化轨道理论认为，1,3-丁二烯分子中的四个C原子都是sp^2杂化的。它们各以sp^2轨道沿键轴方向相互重叠形成三个C—Cσ键，其余的sp^2轨道分别与H原子的s轨道沿键轴方向相互重叠形成六个C—Hσ键，这九个σ键都在同一平面上，它们之间的夹角都接近120°。

每个 C 原子上还剩下一个未参与杂化的 p 轨道(例如 p_z 轨道)和一个 p 电子(例如 p_z 电子),这四个 p 轨道的对称轴都垂直于 σ 键所在的平面,彼此平行。结果是,不仅 C^1 与 C^2 原子、C^3 与 C^4 原子的 p 轨道能够“肩并肩”地重叠,而且 C^2 和 C^3 原子的 p 轨道也能够“肩并肩”地重叠(虽然重叠得少些),使这 4 个 C 原子的 p 轨道都“肩并肩”地重叠起来,形成一个整体。在这个整体中有 4 个电子,形成一个包括 4 个原子、4 个电子的共轭 π 键(图 5-2)。

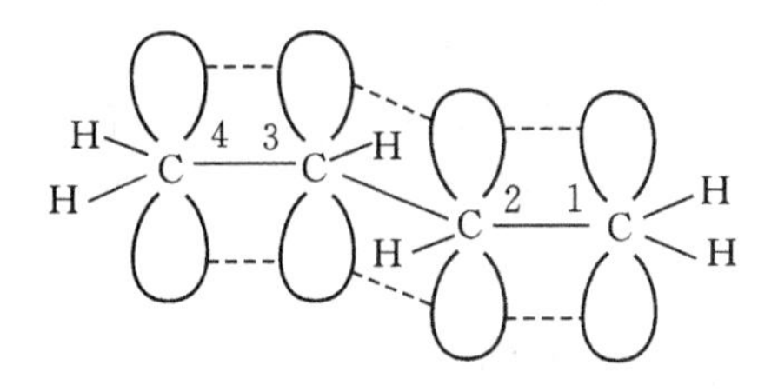

图 5-2　1,3-丁二烯分子中的共轭 π 键

包括 3 个或 3 个以上原子的 π 键叫做共轭 π 键。共轭 π 键也叫做大 π 键或离域 π 键。这是因为形成共轭 π 键的电子并不是运动于相邻的两个原子之间,或者说,并不是定域于相邻的两个原子之间,而是离域扩展到共轭 π 键包括的所有原子之上。含有共轭 π 键的分子叫做共轭分子。

如果从电子云的观点看,则是在 1,3-丁二烯($\overset{4}{C}H_2=\overset{3}{C}H-\overset{2}{C}H=\overset{1}{C}H_2$)分子中,不仅 C^1 与 C^2 原子、C^3 与 C^4 原子的 p 电子云(例如 p_z 电子云)能够“肩并肩”地重叠,而且 C^2 和 C^3 原子的 p 电子云也能够“肩并肩”地重叠(虽然重叠得少些),从而使所有的 p 电子云都“肩并肩”地重叠起来,形成一个整体(图 5-3)。即 C^1 与 C^2、C^3 与 C^4 原子间的 π 电子云不再是分别定域于 C^1 与 C^2、C^3 与 C^4 原子之间,而是发生了离域现象,互相连接起来,扩展到 4 个 C 原子上,形成一个共轭 π 键或离域 π 键。

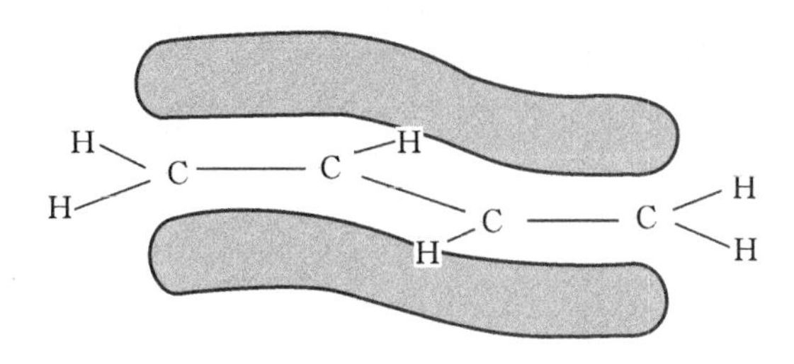

图 5-3　1,3-丁二烯分子中的 π 电子云

由此可见,电子离域的先决条件是组成共轭 π 键的 sp^2 杂化碳原子必须共平面,否则离域将减弱,甚至不能发生。

在 1,3-丁二烯分子中,并不存在两个独立的双键,而是一个整体双键——共轭 π 键,但在书写时,仍用构造式 $CH_2=CH-CH=CH_2$ 表示。

5.2.2　共轭 π 键的类型

共轭 π 键一般可以分为四种类型。

1. 正常共轭 π 键

电子数等于原子数的共轭 π 键叫做正常共轭 π 键。相当多的有机共轭分子中的共轭 π 键属于这个类型。例如，1，3 -丁二烯（ $CH_2═CH—CH═CH_2$ ）分子中含有 4 个原子、4 个电子的共轭 π 键；苯（ ⌬ ）分子中含有 6 个原子、6 个电子的共轭 π 键；烯丙基自由基（ $CH_2═CH—\dot{C}H_2$ ）中含有 3 个原子、3 个电子的共轭 π 键等。

在 1，3 -丁二烯、苯等分子中，参与共轭的是 π 轨道和 π 轨道。这类由 π 轨道和 π 轨道参与的共轭，叫做 π - π 共轭。

2. 多电子共轭 π 键

电子数大于原子数的共轭 π 键叫做多电子共轭 π 键。氯乙烯（ $CH_2═CH—\ddot{\underset{..}{Cl}}:$ ，图 5 - 4）和烷基乙烯基醚（ $R—\ddot{\underset{..}{O}}—CH═CH_2$ ）分子中都含有包含 3 个原子、4 个电子的共轭 π 键。

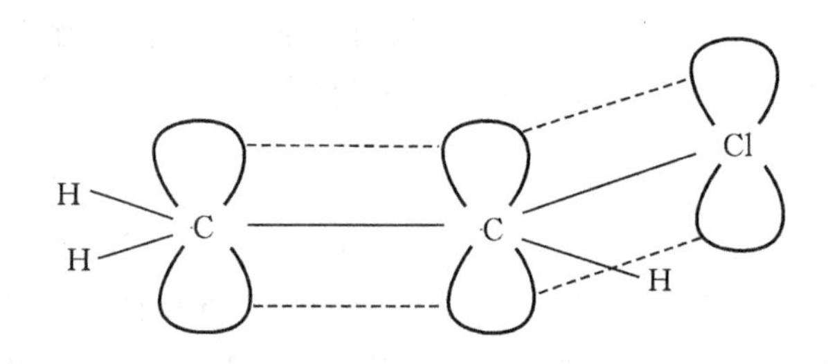

图 5 - 4　氯乙烯分子中的多电子共轭 π 键

从氯乙烯和烷基乙烯基醚的结构中可以看出，双键（或三键）碳原子上连接的原子如果带有孤对电子，例如 F、Cl、O、N 等，分子中就含有这种多电子共轭 π 键。烯丙基负离子（ $CH_2═CH—\overset{-}{\ddot{C}}H_2$ ）也含有这种多电子共轭 π 键——3 个原子、4 个电子的共轭 π 键。

在氯乙烯分子中，参与共轭的是 p 轨道和 π 轨道。这类由 p 轨道和 π 轨道参与的共轭叫做 p-π 共轭。

3. 缺电子共轭 π 键

电子数小于原子数的共轭 π 键叫做缺电子共轭 π 键。烯丙基正离子（ $CH_2═CH—\overset{+}{C}H_2$ ）中就含有包含 3 个原子、2 个电子的共轭 π 键（图 5 - 5）。从烯丙基正离子的结构可以看出，双键（或三键）碳原子上连接的原子如果带有空的 p 轨道，分子或正离子就含有这种缺电子共轭 π 键。

显然，在烯丙基正离子中，参与共轭的是 p 轨道和 π 轨道——p-π 共轭。

4. 超共轭

当 α-C—Hσ 键与 π 键（或 p 轨道）处于共轭位置时，也会产生电子的离域现象，这种 C—H 键 σ 电子的离域现象叫做超共轭。分为 σ-π 超共轭和 σ-p 超共轭。

在丙烯（ $CH_2═CH—CH_3$ ）分子中，$—CH_3$ 中的 C — H 键 σ 轨道和 C ═ C 双键的 π 轨道重叠形成 σ-π 超共轭。虽然 $—CH_3$ 中的 C — H 键 σ 轨道和形成 C ═ C 双键 π 轨道的两个 p

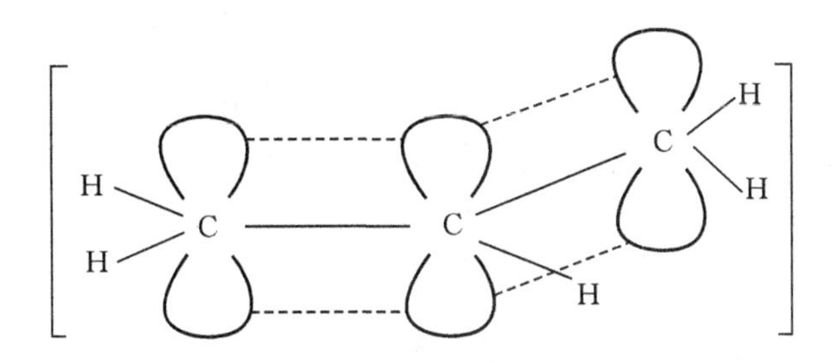

图 5-5　烯丙基正离子中的缺电子共轭 π 键

轨道并不平行，但是它们之间仍然是可以重叠的，只不过重叠得少些(图 5-6)。由于 C—C 单键的转动，丙烯分子中—CH_3 的 3 个 C—H 键 σ 轨道都有可能与 C═C 双键的 π 轨道重叠，参与超共轭。与此类似，2-丁烯($CH_3—CH═CH—CH_3$)、丙炔($CH_3—C≡CH$)、甲苯(C_6H_5—CH_3)分子中都存在超共轭。而在叔丁基乙烯分子中不存在超共轭。

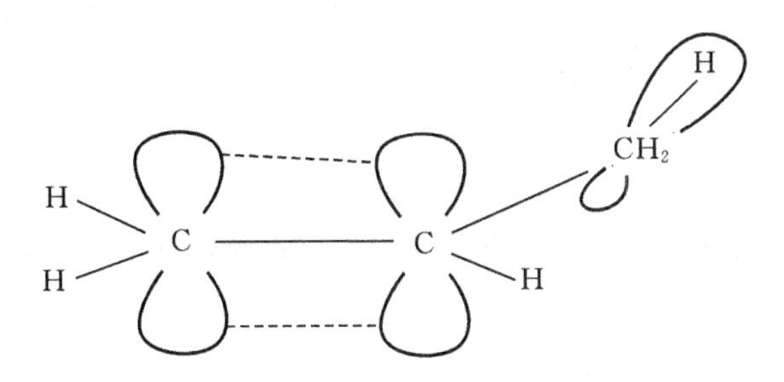

图 5-6　丙烯分子中的 σ-π 超共轭

异丙基自由基($CH_3—\dot{C}H(CH_3)$)和异丙基正离子($CH_3—\overset{+}{C}H(CH_3)$)中，存在着 α-C—H 键 σ 轨道与 p 轨道重叠形成的 σ-p 超共轭。

超共轭效应的大小，与 π 轨道或 p 轨道相邻碳上的 C—H 键的多少有关，C—H 键越多，超共轭效应越大，因此 π 轨道或 p 轨道相邻基团超共轭效应的大小次序为

$$CH_3— > RCH_2— > R_2CH— > R_3C—$$

但与 π-π 共轭相比，超共轭效应要弱得多。

5.2.3　共轭效应

具有共轭 π 键的体系叫做共轭体系。在共轭体系中，由于原子间的相互影响而使体系内的 π 电子(或 p 电子)分布发生变化的一种电子效应称为共轭效应。共轭效应表现在物理性质和化学性质的许多方面，具有如下特点。

(1)键长趋于平均化。共轭体系的 C═C 双键和 C—C 单键的键长趋于平均化。

(2)极性交替现象沿共轭链传递。当共轭体系受到外界试剂进攻时，形成共轭键的原子上的电荷会发生正负极性交替现象，这种现象可沿共轭链传递而不减弱。例如，1,3-丁二烯分子受到试剂进攻时，发生极化：

$$\overset{\delta+}{\underset{4}{C}}H_2=\overset{\delta-}{\underset{3}{C}}H-\overset{\delta+}{\underset{2}{C}}H=\overset{\delta-}{\underset{1}{C}}H_2 \longleftarrow A^+-B^-$$

试剂

由于分子中的极性交替现象，使共轭二烯烃的加成反应既可发生在 C_1-C_2（或 C_3-C_4）上，也可发生在 C_1 和 C_4 上。

(3)体系能量低，比较稳定。共轭体系能量较低，性质比较稳定。

5.2.4　吸电子共轭效应和给电子共轭效应

例如下面的不饱和腈，由于氮原子的吸电子作用，使 π 电荷的分布发生变化，体系中出现了正、负电荷交替分布的情况。

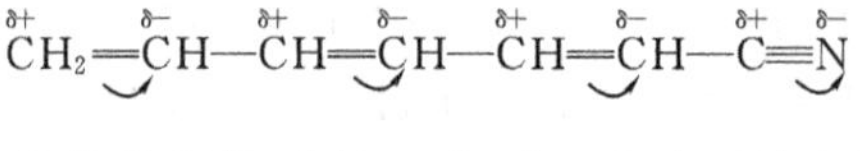

$$\overset{\delta+}{C}H_2=\overset{\delta-}{C}H-\overset{\delta+}{C}H=\overset{\delta-}{C}H-\overset{\delta+}{C}H=\overset{\delta-}{C}H-\overset{\delta+}{C}\equiv\overset{\delta-}{N}$$

如果共轭体系上的取代基能降低体系的 π 电子云密度，则这些基团有吸电子的共轭效应，用"－C"表示，如—NO_2，—C≡N，—COOH，—CHO，—COR 等均有吸电子共轭效应。凡共轭体系上的取代基能增加体系的 π 电子云密度，则这些基团有给电子的共轭效应，用"＋C"表示，如—Cl(F、Br、I)，—NH_2(R)，—NH$\overset{O}{\overset{\|}{C}}$R，—OH，—OR，—O$\overset{O}{\overset{\|}{C}}$R 等均有给电子的共轭效应。大部分取代基的共轭效应和诱导效应的方向是一致的，但有的方向不一致，最终的表现是两者综合的结果。例如：

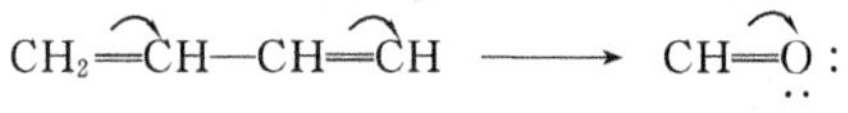

$$CH_2=CH-CH=CH \longrightarrow CH=\ddot{O}:$$

醛基的共轭效应和诱导效应都是吸电子的。

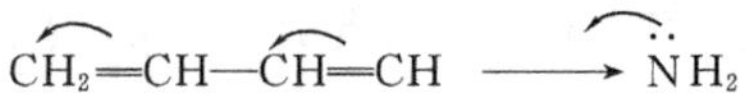

$$CH_2=CH-CH=CH \longrightarrow \ddot{N}H_2$$

氨基的共轭效应是给电子的，其诱导效应是吸电子的。共轭效应大于诱导效应，总的电子效应是给电子的。

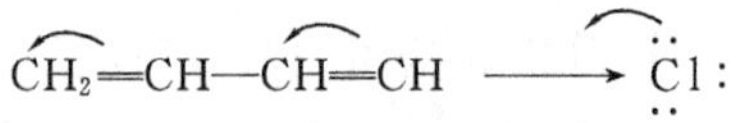

$$CH_2=CH-CH=CH \longrightarrow :\ddot{\underset{..}{Cl}}:$$

共轭效应只能在共轭体系中传递，但无论共轭体系有多大，共轭效应能贯穿于整个共轭体系中。苯环可以看作是一个连续不断的共轭体系，因此苯环任一位置上的取代基，其共轭效应可以通过苯环交替传递到其他任何位置。

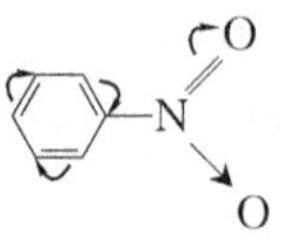

$$C_6H_5-NO_2$$

从 π 电子转移的情况来看，共轭效应与诱导效应不同：①共轭效应在共轭链上产生了正、负电荷交替现象；②共轭效应的传递不因共轭链的增长而减弱。

在 $CH_3-CH=CH_2$、$CH_3-C\equiv CH$ 和 $C_6H_5-CH_3$ 这些分子中，甲基（或者说 C—Hσ

键)的超共轭效应是给电子的(+C 效应)，电子转移的方向如下式所示(以 $CH_3—CH═CH_2$ 为例)：

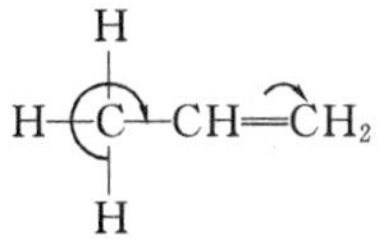

$$H-\underset{H}{\overset{H}{C}}-CH=CH_2$$

5.2.5　共轭效应与有机物种的稳定性

在有机化学中共轭是一个很重要的概念，应用共轭可以解释众多的有机物种(分子、离子和自由基)的稳定性。并通过它们来说明有机反应和反应机理。

1. 碳正离子的稳定性

前面提到，烷基正离子的稳定性顺序：

$$叔\ R^+ > 仲\ R^+ > 伯\ R^+ > CH_3^+$$

并且用$—CH_3$的给电子诱导效应解释了这个事实。

实际上，烷基正离子的稳定性既来自$—CH_3$的给电子诱导效应，又来自 C—H 键的给电子超共轭效应(+C)。以下列几个烷基正离子为例来说明给电子共轭效应。

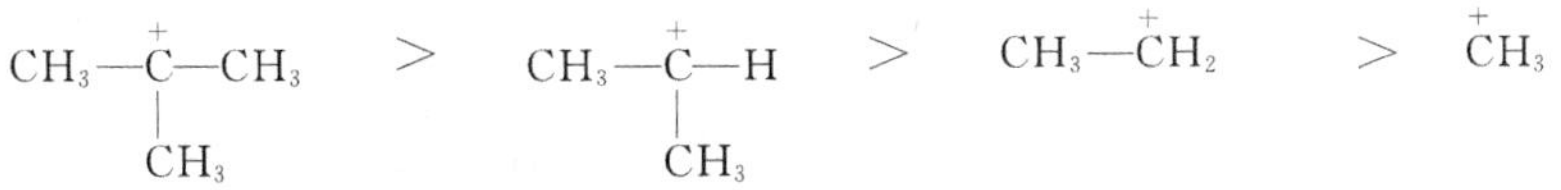

$$CH_3-\overset{+}{\underset{CH_3}{C}}-CH_3 \quad > \quad CH_3-\overset{+}{\underset{CH_3}{C}}-H \quad > \quad CH_3-\overset{+}{C}H_2 \quad > \quad \overset{+}{C}H_3$$

9 个 C—H 键 σ 轨道可能与 C+离子空 p 轨道超共轭	6 个 C—H 键 σ 轨道可能与 C+离子空 p 轨道超共轭	3 个 C—H 键 σ 轨道可能与 C+离子空 p 轨道超共轭	无超共轭

由于 C—H 键的+C 效应分散了缺电子碳上的正电荷，降低了碳正离子的能量，从而稳定了碳正离子。超共轭效应越强，碳正离子的能量就越低，稳定性也就越大。这就解释了上述碳正离子的稳定性顺序。

2. 烷基自由基的稳定性

与烷基正离子相同，烷基自由基的稳定性顺序：

$$叔\ R\cdot > 仲\ R\cdot > 伯\ R\cdot > CH_3\cdot$$

现以丁基自由基($C_4H_9\cdot$)为例来解释这个事实。

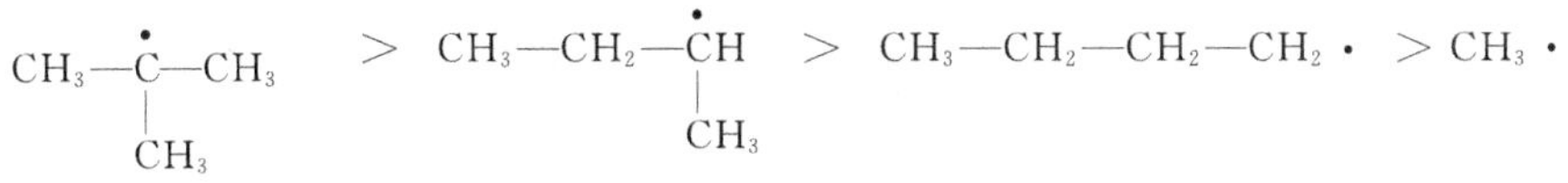

$$CH_3-\overset{\bullet}{\underset{CH_3}{C}}-CH_3 \quad > \quad CH_3-CH_2-\overset{\bullet}{\underset{CH_3}{C}H} \quad > \quad CH_3-CH_2-CH_2-CH_2\cdot \quad > \quad CH_3\cdot$$

9 个 C—H 键 σ 轨道可能与单电子占据的 p 轨道超共轭	5 个 C—H 键 σ 轨道可能与单电子占据的 p 轨道超共轭	2 个 C—H 键 σ 轨道可能与单电子占据的 p 轨道超共轭	无超共轭

从丁基自由基的结构可以看出，叔丁基自由基的超共轭作用最强，其次是仲丁基自由基，伯丁基自由基最弱。用作比较标准的甲基自由基无超共轭作用。超共轭作用越强，自由基的能量就越低，稳定性也就越大。这就解释了上述烷基自由基的稳定性顺序。

5.3　共轭二烯烃的化学性质

共轭二烯烃分子中含有 $CH_2═CH—CH═CH_2$ 共轭 π 键。与 C═C 双键相似，发生的化学反应主要是加成和聚合反应。此外,由于共轭效应的影响 ,共轭二烯烃还可发生一些特殊的化学反应。现以1,3-丁二烯为例,介绍共轭二烯烃的化学性质。

5.3.1 加成

1.催化加氢

在催化剂铂、钯或雷尼镍的作用下,1,3-丁二烯既可与一分子氢加成生成1,2-加成产物(1-丁烯)与1,4加成产物(2-丁烯),又可与两分子氢加成生成正丁烷。

$$\overset{1}{C}H_2=\overset{2}{C}H-\overset{3}{C}H=\overset{4}{C}H_2 + H_2 \xrightarrow{催化剂} \begin{cases} \xrightarrow{1,2-加成} CH_3-CH_2-CH=CH_2 \\ \xrightarrow{1,4-加成} CH_3-CH=CH-CH_3 \end{cases}$$

$$\left.\begin{array}{l} CH_3-CH_2-CH=CH_2 + H_2 \\ CH_3-CH=CH-CH_3 + H_2 \end{array}\right\} \xrightarrow{催化剂} CH_3-CH_2-CH_2-CH_3$$

2.加卤素或卤化氢

1,3-丁二烯与一分子卤素或卤化氢加成时,既生成1,2-加成产物,又生成1,4-加成产物。例如:

$$\overset{1}{C}H_2=\overset{2}{C}H-\overset{3}{C}H=\overset{4}{C}H_2 + Cl_2 \xrightarrow{常温} \begin{cases} \xrightarrow[(约60\%)]{1,2-加成} \underset{Cl}{CH_2}-\underset{Cl}{CH}-CH=CH_2 \\ \xrightarrow[(约40\%)]{1,4-加成} \underset{Cl}{CH_2}-CH=CH-\underset{Cl}{CH_2} \end{cases}$$

控制反应条件,可调节两种产物的比例。如在低温下或非极性溶剂中有利于1,2-加成产物的生成,升高温度或在极性溶剂中则有利于1,4-加成产物的生成。例如:

$$CH_2=CH-CH=CH_2 + Br_2 \begin{cases} \xrightarrow[-15℃]{正己烷} \underset{(62\%)}{\underset{Br}{CH_2}-\underset{Br}{CH}-CH=CH_2} + \underset{(38\%)}{\underset{Br}{CH_2}-CH=CH-\underset{Br}{CH_2}} \\ \xrightarrow[-15℃]{CHCl_3} \underset{(63\%)}{\underset{Br}{CH_2}-CH=CH-\underset{Br}{CH_2}} + \underset{(37\%)}{\underset{Br}{CH_2}-\underset{Br}{CH}-CH=CH_2} \end{cases}$$

$$CH_2=CH-CH=CH_2 + HBr \begin{cases} \xrightarrow{-80℃} \underset{(80\%)}{CH_3-\overset{Br}{CH}-CH=CH_2} + \underset{(20\%)}{\overset{Br}{CH_2}-CH=CH-CH_3} \\ \xrightarrow{40℃} \underset{(80\%)}{\underset{Br}{CH_2}-CH=CH-CH_3} + \underset{(20\%)}{CH_3-\underset{Br}{CH}-CH=CH_2} \end{cases}$$

1,3-丁二烯与卤素或卤化氢的加成是亲电加成。与卤化氢加成时,符合马氏规则。

5.3.2　狄尔斯-阿尔德反应

在光或热作用下，共轭二烯烃可与具有 C═C 双键或 C≡C 三键的化合物进行 1,4 -加成反应，生成环状化合物，这类反应称为狄尔斯-阿尔德反应，又称双烯合成。例如：

$$CH_2{=}CH{-}CH{=}CH_2 + CH_2{=}CH_2 \xrightarrow[17\ h]{165℃,90\ MPa} \text{环己烯}$$

环己烯(78%)

在狄尔斯-阿尔德反应中，含有共轭双键的二烯烃叫做双烯体；含有 C═C 双键或C≡C 三键的不饱和化合物叫做亲双烯体。当双烯体中有给电子基团（如 R—）或双烯体连有吸电子基团（如—CHO、—CN 、—NO_2、—COOH ），反应则较易进行。例如：

$$CH_2{=}CH{-}CH{=}CH_2 + CH_2{=}CH{-}CHO \xrightarrow{100\ ℃} \text{3-环己烯甲醛}$$

1,3 -丁二烯（双烯体）　丙烯醛（亲双烯体）　(100%)

$$CH_2{=}CH{-}CH{=}CH_2 + \text{顺丁烯二酸酐} \xrightarrow[苯]{20℃} \text{四氢邻苯二甲酸酐}$$

1,3 -丁二烯（双烯体）　顺丁烯二酸酐（亲双烯体）　（固体，100%）

狄尔斯-阿尔德反应是共轭二烯烃的一个特征反应。狄尔斯-阿尔德反应是一步完成的，旧键的断裂和新键的生成是相互协调地在同一步骤中完成的。具有这种特点的反应称为协同反应。反应不需要催化剂，一般只要求在光或热的作用下发生反应。上述反应可以用来制备六元环的环状化合物。

5.3.3　聚合和橡胶

共轭二烯烃，也容易发生聚合反应。与加成反应类似，既可以进行 1,2 -加成聚合，也可进行 1,4 -加成聚合，或者两种聚合反应同时发生。其中 1,4 -加成聚合反应是制备橡胶的基本反应。利用不同的反应物，选择不同的反应条件和催化剂，可以控制加成聚合的方式，得到不同的高聚物——橡胶。

橡胶是一类具有高弹性的高分子化合物，因结构不同，性质不同，用途也不同。橡胶分为天然橡胶和合成橡胶两大类。

1. 天然橡胶

天然橡胶主要来自橡胶树。它是一个线型高分子化合物，平均相对分子质量为200 000～500 000。将天然橡胶干馏则得到异戊二烯。

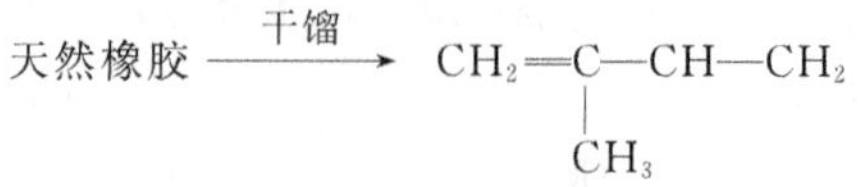

$$\text{天然橡胶} \xrightarrow{\text{干馏}} CH_2{=}\underset{\underset{CH_3}{|}}{C}{-}CH{=}CH_2$$

研究结果表明，天然橡胶的结构相当于顺-1,4-聚异戊二烯：

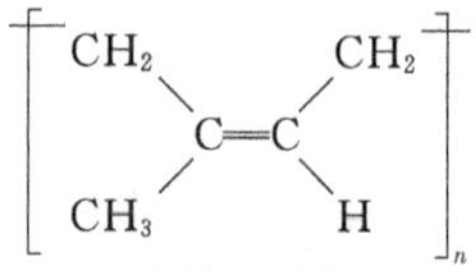

$$\left[\begin{array}{c} CH_2 \quad\quad CH_2 \\ \diagdown \quad \diagup \\ C{=}C \\ \diagup \quad \diagdown \\ CH_3 \quad\quad H \end{array}\right]_n$$

顺-1,4-聚异戊二烯

2. 合成橡胶

1)顺丁橡胶

在络合催化剂(如三异丁基铝-三氟化硼乙醚络合物-环烷酸镍)的催化下，在苯或加氢汽油溶剂中，40～70 ℃，1,3-丁二烯即聚合生成顺丁橡胶，其中顺-1,4-聚丁二烯的含量大于94%。

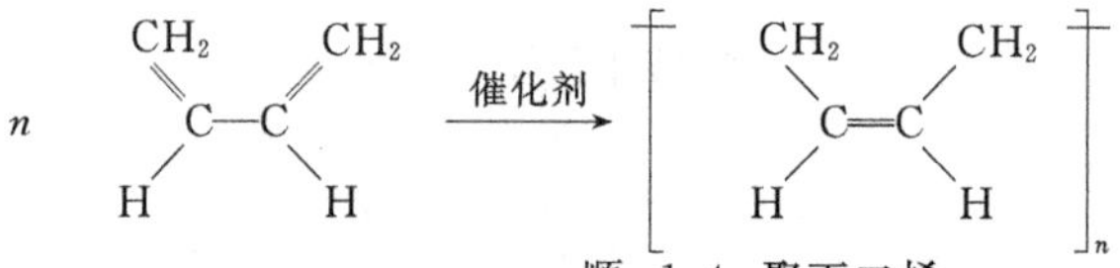

$$n \begin{array}{c} CH_2 \quad\quad CH_2 \\ \| \quad\quad \| \\ C{-}C \\ \diagup \quad \diagdown \\ H \quad\quad H \end{array} \xrightarrow{\text{催化剂}} \left[\begin{array}{c} CH_2 \quad\quad CH_2 \\ \diagdown \quad \diagup \\ C{=}C \\ \diagup \quad \diagdown \\ H \quad\quad H \end{array}\right]_n$$

顺-1,4-聚丁二烯

顺丁橡胶产量的85%～90%用于制造轮胎。

2)异戊橡胶

在络合催化剂(如三异丁基铝-四氯化钛)的催化下，在加氢汽油溶剂中，约30 ℃，异戊二烯即聚合生成异戊橡胶，其中顺-1,4-聚异戊二烯的含量大约为97%。

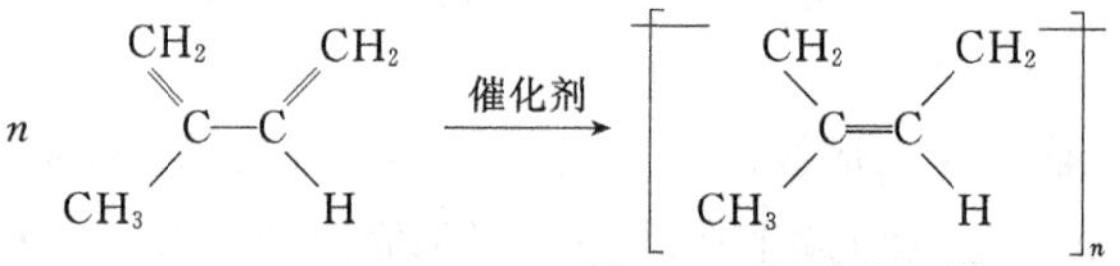

$$n \begin{array}{c} CH_2 \quad\quad CH_2 \\ \| \quad\quad \| \\ C{-}C \\ \diagup \quad \diagdown \\ CH_3 \quad\quad H \end{array} \xrightarrow{\text{催化剂}} \left[\begin{array}{c} CH_2 \quad\quad CH_2 \\ \diagdown \quad \diagup \\ C{=}C \\ \diagup \quad \diagdown \\ CH_3 \quad\quad H \end{array}\right]_n$$

顺-1,4-聚异戊二烯

异戊橡胶的分子结构与天然橡胶相同，因此它的物理、化学性能与天然橡胶相似。所以，异戊橡胶又叫做“合成天然橡胶”。

3)氯丁橡胶

在引发剂(如过硫酸钾)的作用下，约40 ℃，2-氯-1,3-丁二烯即聚合生成氯丁橡胶——聚-2-氯-1,3-丁二烯或聚氯丁二烯。

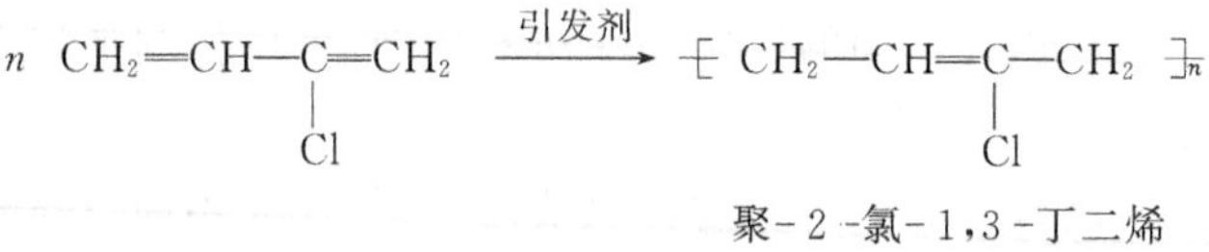

$$n\ CH_2{=}CH{-}\underset{\underset{Cl}{|}}{C}{=}CH_2 \xrightarrow{\text{引发剂}} {\left[CH_2{-}CH{=}\underset{\underset{Cl}{|}}{C}{-}CH_2 \right]}_n$$

聚-2-氯-1,3-丁二烯

氯丁橡胶的强度和弹性与天然橡胶接近，而其耐臭氧、耐油、耐化学药品的性能超过天然橡胶，其主要缺点是耐寒性能差。氯丁橡胶的主要用途是制造轮胎、运输带及油箱、贮罐的衬里等。

4）丁基橡胶

在催化剂（如无水氯化铝）的作用下，在氯甲烷溶剂中，约－100 ℃，异丁烯与 2%～5%异戊二烯共聚生成丁基橡胶。

$$n\ \underset{\displaystyle CH_3}{\overset{\displaystyle CH_3}{\overset{|}{\underset{|}{C}}}}{=}CH_2 + m\ CH_2{=}CH{-}\underset{\displaystyle CH_3}{\underset{|}{C}}{=}CH_2 \xrightarrow{\text{催化剂}} \left[C{-}\underset{\displaystyle CH_3}{\overset{\displaystyle CH_3}{\overset{|}{\underset{|}{C}}}}{-}CH_2 \vdots CH_2{-}CH{=}\underset{\displaystyle CH_3}{\underset{|}{C}}{-}CH_2 \right]$$

链节（来自异丁烯）　链节（来自异戊二烯）

丁基橡胶

丁基橡胶的最大特点是具有优异的不透气性，其气密性比天然橡胶高 8 倍多。因此，丁基橡胶用于制造轮胎内胎、探测气球及其他对气密性要求高的橡胶制品。

其他的合成橡胶还有丁苯橡胶、丁腈橡胶等。橡胶非常重要，它是工农业生产、交通运输、国防建设和日常生活中不可缺少的物资。

5.4　1,3-丁二烯的制法

1,3-丁二烯是无色可燃气体，沸点为－4.4 ℃，在空气中的爆炸范围是 2.0%～11.5%（体积分数），不溶于水，易溶于汽油、苯等有机溶剂。由于它在合成橡胶工业中的特殊地位，人们一直在研究它的大规模制备方法，从以乙醇为原料到现在以石油裂解气为原料，一直不断地更新它的合成方法。

5.4.1　从石油裂解气中分离

1,3-丁二烯主要是从石油裂解气 C_4 馏分中提取得到的，常用的提取溶剂有 N,N-二甲基甲酰胺、N-甲基吡咯烷酮、乙腈、二甲基亚砜、糠醛和醋酸铜氨溶液等。例如，将含有 1,3-丁二烯的石油裂解气的 C_4 馏分，在－5～－10 ℃的温度及一定的压力下，通入醋酸铜氨溶液中，1,3-丁二烯与醋酸铜形成溶于醋酸铜氨溶液的络合物，将溶液加热到 55～60 ℃时，络合物又分解为 1,3-丁二烯与醋酸铜。1,3-丁二烯收率在 98%以上。

5.4.2　丁烷或丁烯脱氢

将丁烷和 1-丁烯、2-丁烯进行催化脱氢，可以转化为 1,3-丁二烯。例如：

$$\left.\begin{array}{l} CH_3{-}CH_2{-}CH{=}CH_2 \\ CH_3{-}CH{=}CH{-}CH_3 \end{array}\right] \xrightarrow[600\sim700\ ℃]{\text{磷酸镍钙加 }2\%\text{的 }Cr_2O_3} CH_2{=}CH{-}CH{=}CH_2 + H_2$$

氧化脱氢，虽然产物中损失了氢气，但可以节约能源。

$$\left.\begin{array}{l} CH_3{-}CH_2{-}CH{=}CH_2 \\ CH_3{-}CH{=}CH{-}CH_3 \end{array}\right] + \frac{1}{2}O_2 \xrightarrow[480\sim500\ ℃]{P-Mo-Bi} CH_2{=}CH{-}CH{=}CH_2 + H_2O$$

以丁烷为原料催化脱氢，同样可得到 1,3-丁二烯。

$$CH_3CH_2CH_2CH_3 \xrightarrow[600\ ℃]{Al_2O_3-Cr_2O_3} CH_2{=}CH{-}CH{=}CH_2 + H_2$$

第 5 章习题

学习总结

第6章　脂环烃

学习目标

【掌握】环烷烃的命名法；环丙烷的结构，弯曲键；环烷烃的化学性质。

【理解】环己烷的构象。

【了解】环烷烃的物理性质。

分子中含有碳环构造，其性质却与开链的脂肪族化合物非常相似的一类化合物，称为脂环化合物。只由碳、氢两种元素组成的脂环化合物叫做脂环烃。按照分子中含有的碳环数目，脂环烃可以分为单环脂环烃、二环脂环烃、三环脂环烃等。例如：

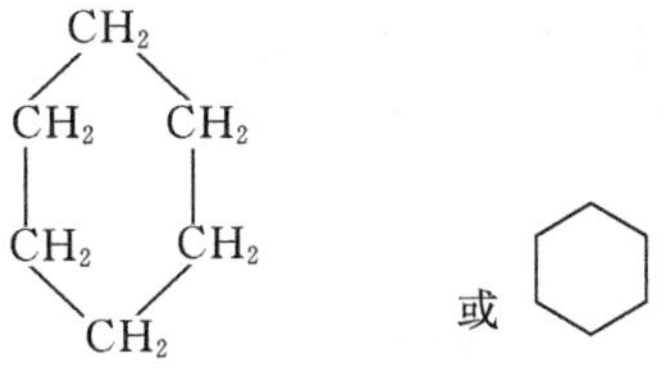

CH_2 CH_2 CH_2 CH_2 CH_2 CH_2 或

环己烷
单环脂环烃

CH_2 CH_2 CH_2 CH CH_2 CH_2 CH CH_2 CH_2 CH_2 或

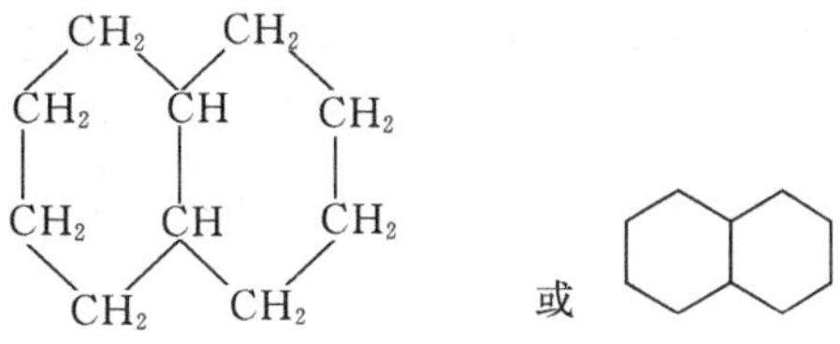

十氢化萘
二环脂环烃

按照分子中组成环的碳原子数目，脂环烃可以分为三元环脂环烃、四元环脂环烃、五元环脂环烃等。例如：

CH_2—CH_2 CH_2 或

环丙烷
三元环脂环烃

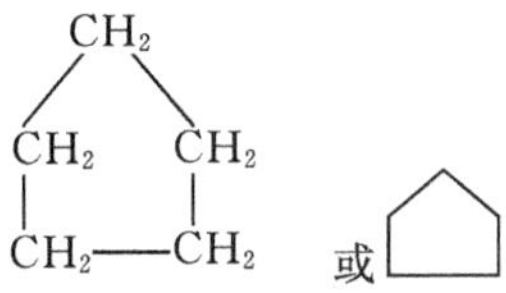

CH_2 CH_2 CH_2 CH_2—CH_2 或

环戊烷
五元环脂环烃

CH_2 CH_2 CH CH_2 CH CH_2 或

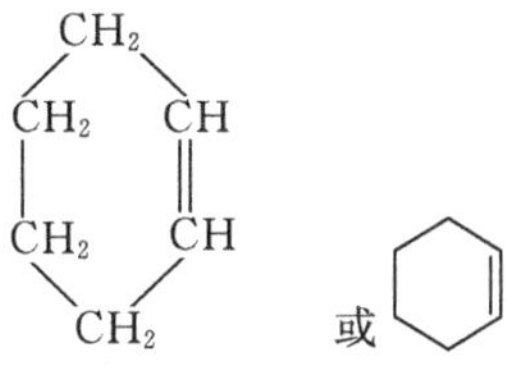

环己烯
六元环脂环烃

按照碳环中是否含有 C═C 双键和 C≡C 三键，脂环烃可以分为饱和脂环烃和不饱和脂环烃。饱和脂环烃分子中只含有 C—C 单键和 C—H 键，叫做环烷烃。碳环中含有 C═C 双键的不饱和脂环烃叫做环烯烃；含有 C≡C 三键的叫做环炔烃。例如：

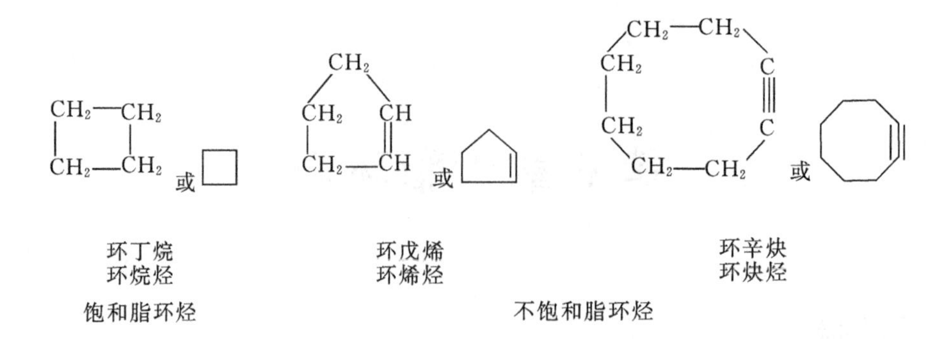

对于单环脂环化合物，当组成环的碳原子数是 3～4 个时，一般叫做小环化合物；原子数为 5～7 个时，叫做普通环化合物；原子数为 8～11 个时，叫做中环化合物；原子数不少于 12 个时，叫做大环化合物。其中以六元环化合物最为常见。

本章主要介绍单环环烷烃。

6.1 环烷烃的命名法

通常所说的环烷烃指的都是单环环烷烃。环烷烃的命名与烷烃相似，只是在相应烷烃名称的前面加上一个“环”字。对于不带支链的环烷烃，命名时是按照环碳原子的数目，叫做环某烷。对于带有支链的环烷烃，则把环上的支链看作是取代基。当取代基不止一个时，还要把环碳原子编号，编号时要使取代基的位次尽可能的小，同时根据次序规则中优先的基团排在后面的原则，把较小的位次给次序规则中位于后面的取代基。例如：

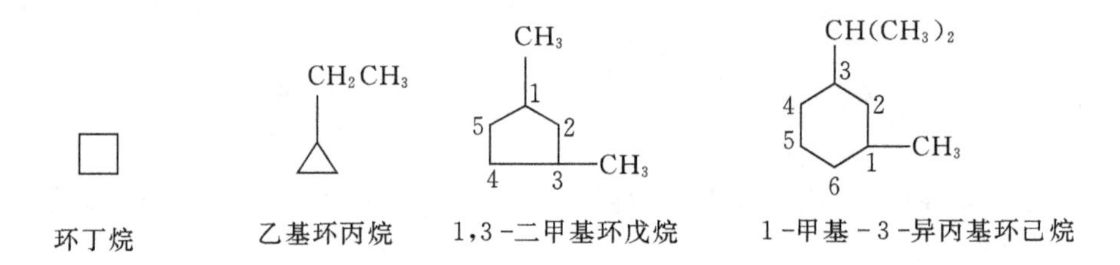

如果命名的是环烯烃和环炔烃，则把 1,2 位次留给双键和三键碳原子。例如：

CH₃ CH₃ CH(CH₃)₂ CH₃

3-甲基环戊烯　　1-甲基-3-异丙基环己烯　　5-甲基环辛炔

6.2　环烷烃的性质

6.2.1　物理性质

环烷烃是无色、具有一定气味的物质。环烷烃的沸点、熔点和相对密度都比同碳原子数的直链烷烃高。表 6－1 给出一些环烷烃的物理常数。

表 6－1　一些环烷烃的物理常数

名称	熔点/ ℃	沸点/ ℃	相对密度(20 ℃)
环丙烷	－127	－33	
环丁烷	－80	13	
环戊烷	－94	49	0.746
环己烷	6.5	81	0.778
环庚烷	－12	118	0.810
环辛烷	14	149	0.830

6.2.1　化学性质

五元环和五元环以上的环烷烃的化学性质与烷烃相似。例如，与戊烷相似，在日光或紫外光照射下或加热时，环戊烷与氯发生自由基取代反应，生成氯环戊烷。

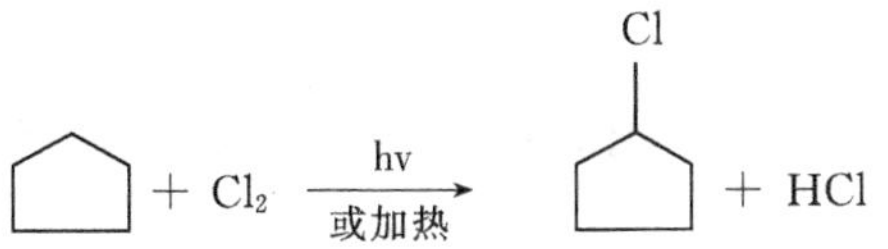

$$\text{(环戊烷)} + Cl_2 \xrightarrow[\text{或加热}]{hv} \text{(氯环戊烷, Cl)} + HCl$$

氯环戊烷

但是，三元环和四元环的环烷烃则与烷烃不同，它们表现出一种特殊的化学性质——较易开环发生加成反应。例如：

1. 加氢

在催化剂铂、钯或雷尼镍的作用下，环丙烷和环丁烷与氢发生开环加成反应。

$$\triangle + H_2 \xrightarrow[80\ ℃]{\text{雷尼镍}} CH_3—CH_2—CH_3$$

$$\square + H_2 \xrightarrow[200\ ℃]{\text{雷尼镍}} CH_3—CH_2—CH_2—CH_3$$

而在上述反应条件下，环戊烷和环己烷并不反应。

2. 加溴

环丙烷和环丁烷与溴也发生开环加成反应。

$$\triangle + Br_2 \xrightarrow{\text{常温}} BrCH_2—CH_2—CH_2Br$$

1,3－二溴丙烷

$$\square + Br_2 \xrightarrow{\text{加热}} BrCH_2—CH_2—CH_2—CH_2Br$$

1,4－二溴丁烷

而环戊烷、环己烷与溴并不发生上述反应。

3. 加溴化氢

环丙烷还与溴化氢发生开环加成反应。

$$\triangle + HBr \longrightarrow \underset{\text{1-溴丙烷}}{CH_3-CH_2-CH_2Br}$$

环丙烷的烷基衍生物与溴化氢加成时，连接最多和最少氢原子的两个成环碳原子之间发生环的断裂，并且遵循马尔科夫尼科夫规则，即氢原子加到连接氢原子较多的碳原子上。例如：

$$CH_3-CH\overset{CH_2}{\diagup\!\!\times\!\!\diagdown}C(CH_3)_2 + HBr \longrightarrow CH_3-\underset{}{\overset{CH_3}{\overset{|}{C}H}}-\underset{\underset{Br}{|}}{\overset{CH_3}{\overset{|}{C}}}-CH_3$$

而环丁烷、环戊烷、环己烷并不反应。但是，应该指出，环丙烷和环丁烷常温时与高锰酸钾稀溶液并不发生氧化反应。

从上述反应可以看出，在环烷烃中，三元环的稳定性最小，最易发生开环反应；四元环次之；五元和五元以上的环稳定性较大，不易发生开环反应。其原因是，在三元环和四元环分子中存在着张力(三元环的张力比四元环大)，它们是张力分子。环的张力使它们较易发生开环反应，生成开链化合物以解除张力。而在五元环和五元环以上的分子中，基本没有张力，或者张力很小，所以它们不易发生开环反应。

6.3 环的张力——张力分子

环的张力——张力分子

6.4 环己烷的构象

环己烷是无色液体。沸点为 80.8 ℃，易挥发，不溶于水，可与许多有机溶剂混溶。工业上以苯为原料，通过催化加氢制取环己烷：

$$\text{苯} + 3H_2 \xrightarrow[200\ ℃]{Ni} \text{环己烷}$$

环己烷是重要的化工原料，主要用于合成尼龙纤维。也是大量使用的工业溶剂，如用于塑料工业中，溶解导线涂层的树脂，还可用作油漆的脱漆剂、精油萃取剂等。

6.4.1　环己烷的椅型构象和船型构象

环己烷的椅型构象和船型构象

6.4.2　椅型环己烷分子中的 α 键和 e 键

椅型环己烷分子中的 α 键和 e 键

6.4.3　一取代环己烷的构象

一取代环己烷的构象

第 6 章习题

学习总结

第7章　芳香烃

学习目标

【掌握】单环芳烃的命名法；苯及其同系物的化学性质；苯环亲电取代反应的定位规律。

【理解】苯和萘的结构；苯环亲电取代反应机理；休克尔规则和芳香性。

【了解】苯及其同系物的物理性质；萘的化学性质及萘环亲电取代反应的定位规律；蒽、菲和致癌稠环芳烃；芳烃的来源。

“芳香烃”的来源，最初是指从天然树脂中提取得到的具有芳香气味的物质，它们的化学性质与烷、烯、炔及脂环烃相比有很大的不同，这种特殊性曾被作为芳香烃的标志。但随着有机化学的发展，只凭气味作为分类的依据是不合适的，人们发现许多具有芳香族化合物特性的物质并没有香味，有些还带有令人不愉快的刺激性气味，因此，“芳香”二字早已失去其原来的含义，但人们已经习惯了这一叫法，仍然沿用旧称。

芳香族碳氢化合物简称芳香烃或芳烃，一般是指分子中含有苯环结构的烃。芳烃及其衍生物的总称为芳香族化合物。苯环可看作是芳香族化合物的母体。

芳烃按分子中所含苯环数目和结构可分为三大类。

1. 单环芳烃

单环芳烃为分子中只含有一个苯环结构的芳烃，主要包括苯及其同系物、苯乙烯和苯乙炔等。例如：

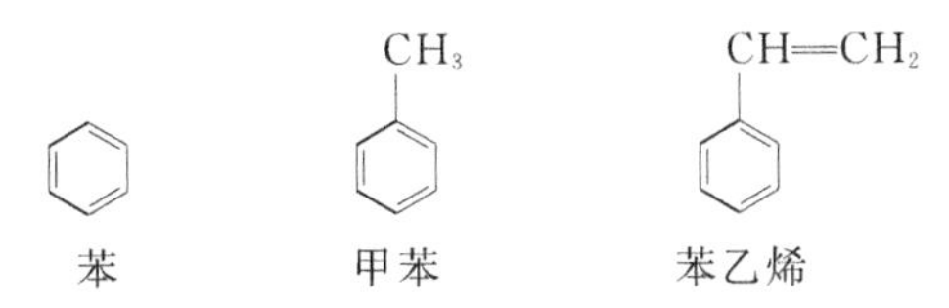

2. 多环芳烃

多环芳烃为分子中含两个或两个以上独立苯环结构的芳烃。例如：

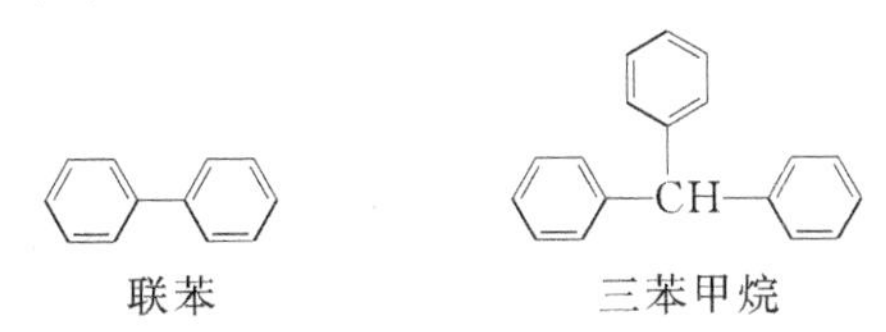

3. 稠环芳烃

稠环芳烃为分子中含有两个或多个苯环，彼此通过共用的两个相邻碳原子稠合而成的芳烃。

例如：

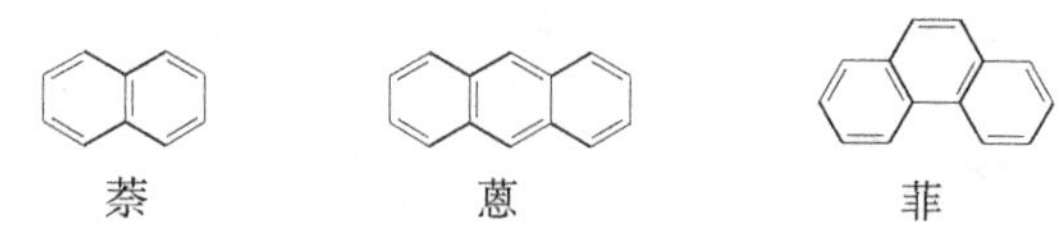

萘　　蒽　　菲

本章将重点讨论单环芳烃。

7.1　单环芳烃的命名法

7.1.1　单环芳烃的命名

单环芳烃指的是苯和它的脂肪烃基取代物，可看作是苯环上的氢原子被烃基取代的衍生物。根据烃基数目，可以分为一烃基苯、二烃基苯和三烃基苯等情况分别探讨单环芳烃的命名方法。

1. 一烃基苯

简单的一烃基苯只有一种异构体，它的命名是以苯环作为母体，烷基作为取代基，称为某烷基苯。对于不超过 10 个碳的烷基，常省略某基的"基"字；对于大于 10 个碳的烷基，一般不省略"基"字。例如：

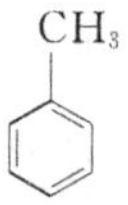

CH_3　　CH_2CH_3　　$CH_2(CH_2)_{10}CH_3$

甲苯 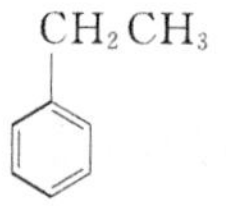　　乙苯 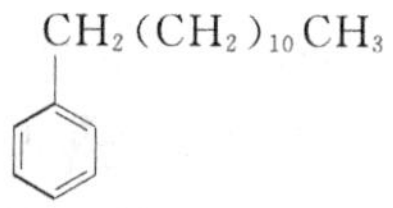　　十二烷基苯

当苯环上的烃基取代基为不饱和烃基或构造较为复杂的烃基时，也可以把苯环作为取代基（即苯基），把烃基当做母体。例如：

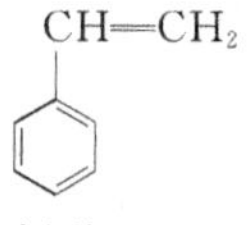

$CH{=}CH_2$　　$C{\equiv}CH$　　$CH(CH_3)_2$

乙烯苯（苯乙烯）　　乙炔苯（苯乙炔）　　异丙苯

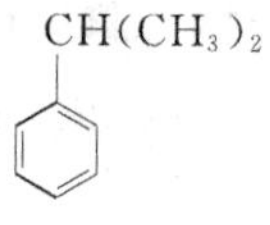

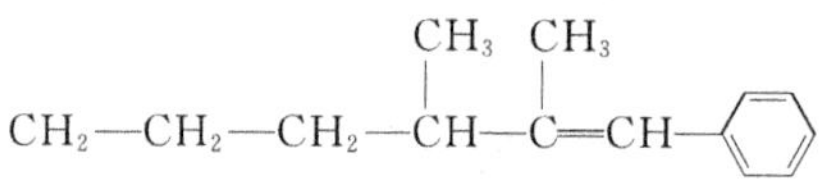

$CH_2—CH_2—CH_2—CH(CH_3)—C(CH_3){=}CH—C_6H_5$

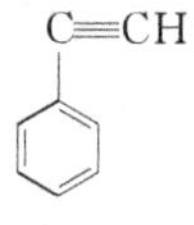

2,3-二甲基-1-苯基-1-己烯

2. 二烃基苯

二烃基苯就是指苯环上有两个烃基取代基，有三种异构体，这是由于取代基在苯环上的相对位置不同而产生的。例如，二甲苯有三种异构体，它们的构造式和命名分别为

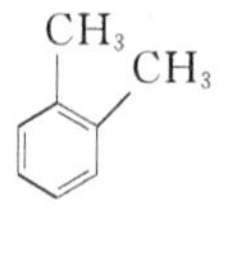

CH_3 CH_3　　CH_3 CH_3　　CH_3 CH_3

邻二甲苯（1,2-二甲苯）（o-二甲苯　　间二甲苯（1,3-二甲苯）（m-二甲苯）　　对二甲苯（1,4-二甲苯）（p-二甲苯）

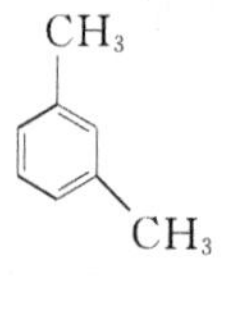

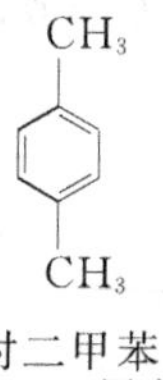

邻位是指两个取代基在苯环上处于相邻的位置，或用 o 表示；间位是指间隔了一个碳原

子，或用 m 表示；对位是指在对角的位置，或用 p 表示。

如果苯环上连有两个及两个以上不饱和烃基，则仍然以苯环作为母体来命名。例如：

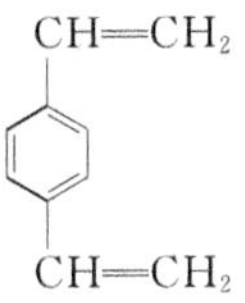

$CH{=}CH_2$

$CH{=}CH_2$

对二乙烯苯

不同二元取代苯的命名是以苯作为母体，根据“次序原则”中原子或基团的优先顺序，将编号较小的烷基所在的碳原子位号定为1位。然后按“最低序列”原则编号，并按“较优基团列出”来命名。例如：

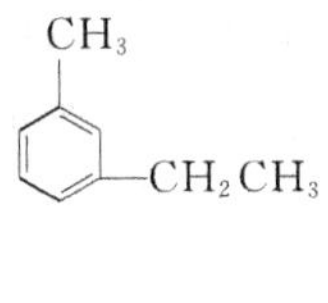

CH_3 CH_2CH_3

1-甲基-3-乙苯
（间甲乙苯）

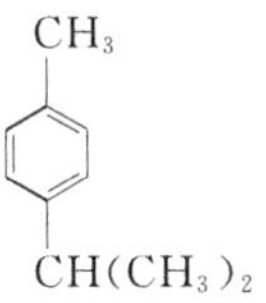

CH_3 $CH(CH_3)_2$

1-甲基-4-异丙苯
（对甲异丙苯）

3. 三烃基苯

三烃基苯是指苯环上有三个烃基取代基，也有三种异构体。例如：三甲苯的构造式和命名分别为

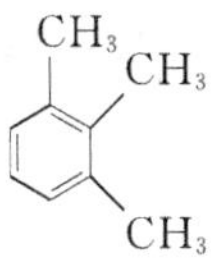

CH_3 CH_3 CH_3

连三甲苯
（1,2,3-三甲苯）

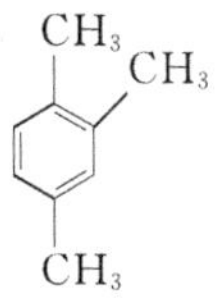

CH_3 CH_3 CH_3

偏三甲苯
（1,2,4-三甲苯）

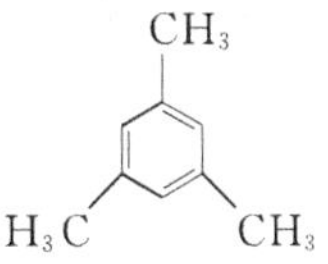

CH_3 H_3C CH_3

均三甲苯
（1,3,5-三甲苯）

常用“连”字表示三个烃基处于相邻的位置，或用1,2,3表示；“偏”字表示偏向一边，或用1,2,4表示；“均”字表示对称，或用1,3,5表示。

芳烃分子中从苯环上去掉一个或几个氢原子后剩下的基团称为芳基。去掉一个氢原子后所得的芳基叫一价芳基，常用 Ar—(Aryl)表示。苯环上去掉一个氢原子剩下的基团叫做苯基（ ），用 Ph —(Phenyl)表示。甲苯分子中去掉甲基上的一个氢原子剩下的基团叫做苯甲基（ CH_2— ），也叫苄基。

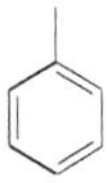

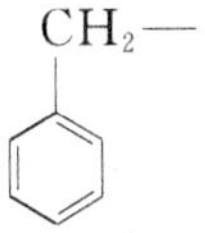

另外，从这一章起将遇到具有多元取代基的芳烃衍生物，所以这里先初步介绍关于芳烃衍生物的命名法。

7.1.2 芳烃衍生物的命名法

苯环上的氢原子被其他原子或基团取代后生成的化合物叫做芳烃衍生物。

1. 苯环上连有作取代基的基团

某些取代基如硝基（—NO_2）、亚硝基（—NO）、卤素（—X）及结构简单的烷基等通常只作取代基而不作母体。因此，具有这些取代基的芳烃衍生物应把芳烃看作母体，叫做某基（代）芳烃。例如：

NO_2　　Cl　　CH_3 / NO_2

硝基苯　　氯苯　　间硝基甲苯

2. 苯环上连有可作母体的基团

当取代基为氨基（—NH_2）、羟基（—OH）、醛基（—CHO）、磺酸基（—SO_3H）、羧基（—COOH）等时，则把它们各看作一类化合物，分别叫苯胺、苯酚、苯甲醛、苯磺酸、苯甲酸等。

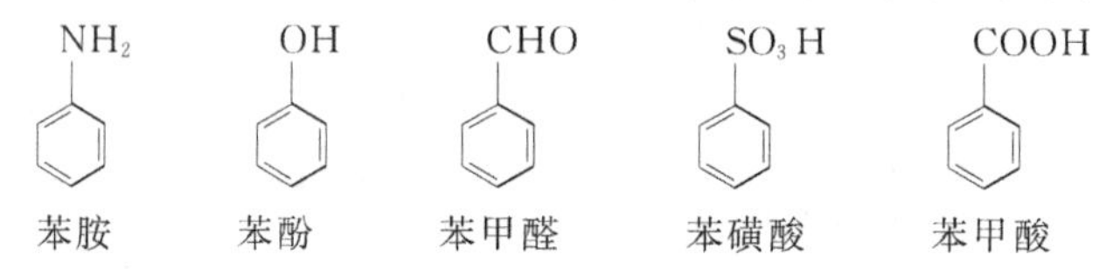

苯胺　　苯酚　　苯甲醛　　苯磺酸　　苯甲酸

3. 当环上有多种取代基

首先选好母体，依次编号，选择母体的顺序如下：—OR（烃氧基）、—R（烷基）、—NH_2、—OH、—COR、—CHO、—CN、—$CONH_2$（酰胺）、—COX（酰卤）、—COOR（酯）、—SO_3H、—COOH等，这个顺序中排列在后面的作为母体，排在前面的作为取代基。例如：

OH / Cl　　NH_2 / SO_3H　　COOH / NO_2

对氯苯酚　　对氨基苯磺酸　　对硝基苯甲酸

7.2 苯分子的结构

苯是单环芳烃中最简单又最重要的化合物，也是所有芳香族化合物的母体。了解苯的分子结构，对于理解和掌握芳烃及其衍生物的特殊性质具有重要意义。

苯的分子式为 C_6H_6，其碳氢原子比例为 1∶1，与乙炔相同，因此具有高度的不饱和性。然而，实验证明，在一般情况下，苯既不与溴发生加成反应，也不被高锰酸钾溶液氧化，却能够在一定条件下发生环上氢原子被取代的反应，而苯环不被破坏。也就是说，苯并不具有一般不饱和烃的典型的化学性质。苯的这种不易加成、不易氧化、容易取代和碳环异常稳定的特性被称为“芳香性”。

1. 凯库勒构造式

苯的芳香性是由于苯环的特殊结构决定的。实验发现，苯在发生取代反应时，它的一元取代产物只有一种，这说明在苯的分子中，六个氢原子所处的位置是完全相同的。根据这一实验事实，同时又考虑碳原子是四价的，德国化学家凯库勒在 1865 年提出了苯的构造式：

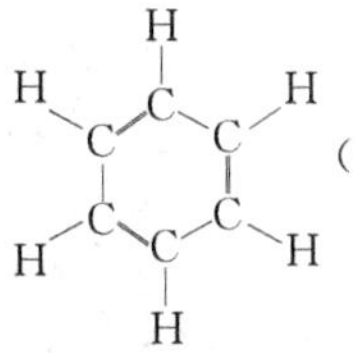

（可简写为 ）

凯库勒认为，苯分子中的六个碳原子以六角形环状结合，其中含有三个碳碳双键，均匀地分布于环中，每个碳原子上连接一个氢原子，这六个氢原子的位置完全相同。

凯库勒的结构学说在一定程度上反映了客观实际。例如它符合苯的组成、原子间的连接关系，能解释一元取代物只有一种以及苯催化加氢得到环己烷等事实。他首先提出苯的环状结构，在有机化学发展史上起到了重要作用。但是凯库勒结构式却不能说明苯的全部特性，例如，它无法解释苯分子中既含双键又不易发生类似烯烃的加成反应；根据上面的讨论，苯的邻二元取代物应当有(1)和(2)两种，然而实际上只有一种。

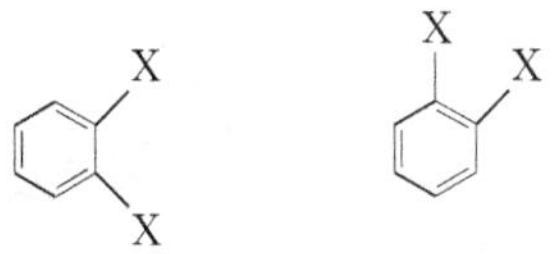

(1)　　(2)

由于上述矛盾的存在，长期以来，人们在研究苯的结构方面做了大量的工作，提出了各种各样的构造式，但都未能完满地表达出苯的结构。

凯库勒曾用两个结构式来表示苯的结构，并且设想这两个结构式之间的摆动代表着苯的真实结构。

但凯库勒式并不能确切地反映苯的真实情况。

2. 闭合共轭体系

根据现代物理方法如X射线法、光谱法等证明了苯分子中的6个碳原子和6个氢原子都在同一平面内，6个碳原子组成一个正六边形，键角都是120°，碳碳键的键长都是0.1397 nm，比碳碳单键(0.154 nm)短，比碳碳双键(0.134 nm)长，碳氢键键长都是0.108 nm所有键角都是120°，如图7-1所示。

从苯分子的形状可知，6个碳原子都是以sp^2杂化轨道成键的，互相以sp^2轨道形成6个C—Cσ键，另一个sp^2轨道分别与6个氢原子的1s轨道形成6个C—Hσ键(所有的σ键轴在同一平面内)。每个碳原子还有一个P_z轨道(含1个P_z电子)，这6个P_z轨道都垂直于碳氢原子所在的平面，互相平行，并且两侧同等程度地相互重叠，形成一个6个原子、6个电子的环状共轭π键(图7-2)。这样，处于该π轨道中的π电子能够高度离域，使电子云密度完全平均化，从而能量降低，使苯分子得到稳定。

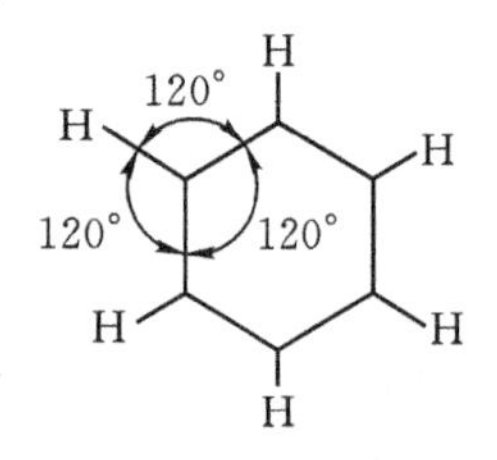

图 7－1　苯分子的形状

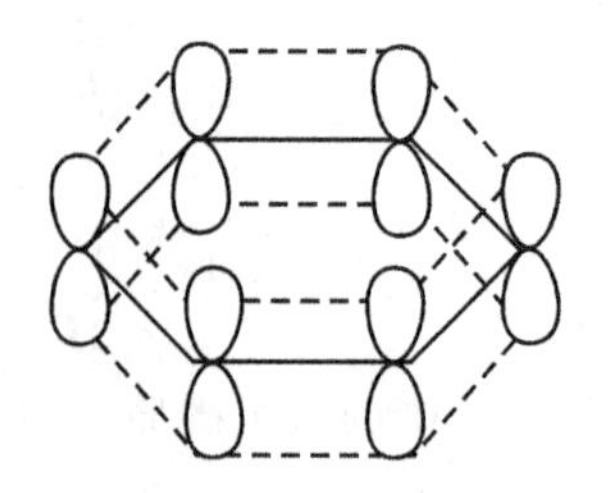

图 7－2　苯分子中的共轭 π 键

从上可知，苯分子有 6 个等同的 C—Cσ 键、六个等同的 C—Hσ 键和一个包括 6 个碳原子在内的环状共轭 π 键。因此，苯分子中的 6 个碳碳键是完全等同的。从电子云观点来看，苯分子的 6 个碳原子的互相平行的 6 个 P_z 电子互相重叠形成一个环状共轭 π 键，电子云的形状像两个“救生圈”分别处于苯环的上面和下面(图 7－3)。

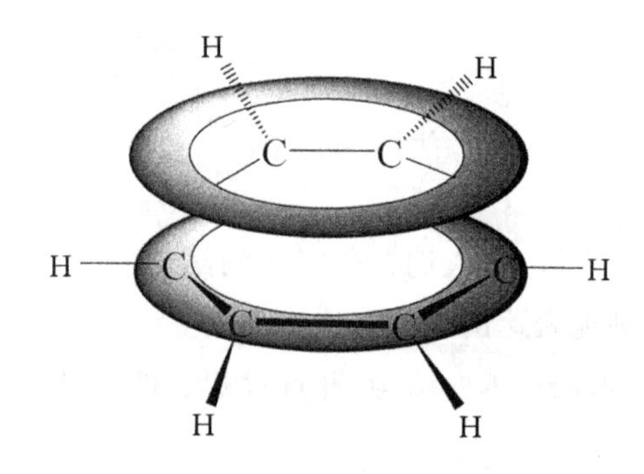

图 7－3　苯分子中的 π 电子云

苯分子的能量降低可以从氢化热的数据得到证实。苯的氢化热为 208.5 $kJ \cdot mol^{-1}$，环己烯的氢化热为 119.5 $kJ \cdot mol^{-1}$，假想的 1,3,5－环己三烯的氢化热应为环己烯的 3 倍，即 358.5 $kJ \cdot mol^{-1}$。苯的氢化热比假想 1,3,5－环己三烯低 150 $kJ \cdot mol^{-1}$。也就是，由于环状共轭 π 键的形成使苯分子的能量降低了 150 $kJ \cdot mol^{-1}$，这个数值称为苯的共轭能。由于这种能量降低导致的苯分子的稳定性叫做芳香稳定性。

苯分子这种特殊稳定的整体结构，到目前还没有合适的构造表达式，因此习惯上还沿用凯库勒构造式，即 ，但在使用时应注意，不能误解为苯分子中含有交替的单键(C—C)和双键(C═C)。有人提出用 式来表示苯的结构，六边形的每个角代表一个碳原子，六条边代表六个 C—Cσ 键，环中圆圈代表闭合大 π 键，这个构造式比较形象地体现了苯的内部结构，已有许多书刊采用了这种构造式。这样解释苯的碳骨架是比较清楚、形象化的，但是用来解释离域的大 π 键尚有不足之处，特别是用于复杂的稠环化合物时。因此，本书中采用凯库勒构造式来表示苯分子的结构。

7.3　苯及其同系物的物理性质

苯及其同系物多数是无色液体，相对密度小于1，一般在0.86～0.9之间。其不溶于水，可溶于乙醚、四氯化碳、乙醇、石油醚等溶剂。与脂肪烃不同，芳烃易溶于环丁砜、N，N－二甲基甲酰胺等溶剂，利用此性质可从脂肪烃和芳烃的混合物中萃取芳烃。甲苯和二甲苯等对某些涂料有较好的溶解性，可作涂料工业的稀释剂。苯及其同系物有特殊气味，蒸气有毒，其中苯的毒性较大，使用时应注意。苯及其同系物的一些物理常数见表7－1。

表7－1　苯及其常见同系物的一些物理常数

名称	熔点/℃	沸点/℃	相对密度(d_4^{20})
苯	5.5	80.0	0.879
甲苯	−95.0	110.5	0.867
邻二甲苯	−25.2	144.4	0.880
间二甲苯	−47.9	139.1	0.864
对二甲苯	13.3	138.4	0.861
乙苯	−95.0	136.2	0.867
正丙苯	−99.5	159.2	0.862
异丙苯	−96.0	152.4	0.862

苯及其同系物的沸点随相对分子质量的增加而升高。它们的熔点与相对分子质量和分子形状有关。分子对称性高，其熔点也高。例如，苯的熔点就大大高于甲苯。对于二取代苯，对位异构体的对称性较高，其熔点也比其他两个异构体高。一般来说，熔点越高，异构体的溶解度也就越小，易结晶，利用这一性质，通过重结晶可以从二甲苯的邻、间、对位三种异构体中分离出对位异构体。

7.4　苯及其同系物的化学性质

苯具有环状的共轭π键，它有特殊的稳定性，没有典型的C═C双键的性质，不易加成和氧化。同时，苯环上的π电子云暴露在苯环平面的上方和下方，容易受到亲电试剂的进攻，引起C—H键的H原子被取代——亲电取代，取代产物仍保持原有的环状共轭π键。

由于苯环的特殊稳定性，取代反应远比加成、氧化反应易于进行，这是芳香族化合物特有的性质，叫做芳香性。

7.4.1　亲电取代

苯环的硝化、卤化、磺化、烷基化和酰基化是典型的亲电取代反应。亲电取代反应机理：

H　　　　　　　　H E　　　　　E

苯 + E^+ —慢→ (+) —快→ 苯 + H^+

σ络合物

首先是亲电试剂 E^+ 加到苯环上，生成活性中间体——σ 络合物，这是慢的一步；然后是 σ 络合物消去 H^+ 生成产物——一元取代苯，这是快的一步。反应的结果是亲电取代，而机理则是亲电加成→消除。

1. 硝化

苯及其同系物与浓硝酸和浓硫酸的混合物(通常称混酸)在一定温度下可发生硝化反应，苯环上的氢原子被硝基(—NO_2)取代，生成硝基化合物。例如，苯硝化生成硝基苯。

$$C_6H_6 + HNO_3(浓) \xrightarrow[50\sim60\ ℃]{浓\ H_2SO_4} C_6H_5{-}NO_2 + H_2O$$

硝基苯

硝基苯继续硝化比苯困难，生成的产物主要是间二硝基苯：

$$C_6H_5NO_2 \xrightarrow[约\ 100\ ℃]{发烟\ HNO_3，浓\ H_2SO_4} C_6H_4(NO_2)_2\ (间) + C_6H_4(NO_2)_2\ (邻) + C_6H_4(NO_2)_2\ (对)$$

(93%)　　　　(7%)

甲苯比苯容易硝化，硝化的主要产物是邻、对硝基甲苯。

$$C_6H_5CH_3 \xrightarrow[30\ ℃]{HNO_3，H_2SO_4} CH_3C_6H_4NO_2\ (邻) + CH_3C_6H_4NO_2\ (对) + CH_3C_6H_4NO_2\ (间)$$

(63%)　　(34%)　　(3%)

硝化是不可逆反应。

以浓硝酸-浓硫酸硝化芳烃时，硝化试剂是 $NO_2{}^+$，

$$HO{-}NO_2 + 2H_2SO_4 \rightleftharpoons H_3^+O + 2HSO_4^- + NO_2^+$$

苯环上的硝化反应是制备芳香族硝基化合物最重要的一种方法。

2. 卤化

卤化中最重要的是氯化和溴化。以铁粉或路易斯酸无水氯化铁为催化剂，苯与氯发生氯化反应生成氯苯。

$$C_6H_6 + Cl_2 \xrightarrow{Fe} C_6H_5{-}Cl + HCl$$

氯苯继续氯化比苯困难些，产物主要是邻二氯苯和对二氯苯：

$$C_6H_5Cl \xrightarrow{Cl_2，Fe} C_6H_4Cl_2\ (邻) + C_6H_4Cl_2\ (对)$$

甲苯的氯代比苯要容易些，主要生成邻氯甲苯和对氯甲苯：

$$C_6H_5CH_3 \xrightarrow{Cl_2，Fe} CH_3C_6H_4Cl\ (邻) + CH_3C_6H_4Cl\ (对)$$

苯的溴化反应条件与氯化相似。在苯的氯化或溴化反应中，起催化作用的是氯化铁或溴化铁。当用铁粉作催化剂时，氯或溴先与铁粉反应生成氯化铁或溴化铁，生成的氯化铁或溴化铁是真正的催化剂。以溴化为例，催化剂溴化铁的作用是极化溴分子，使其一端带有明显的正电性（δ+），以增强其亲电性。

$$Br_2 + FeBr_3 \longrightarrow \overset{\delta+}{Br}\text{---}\overset{\delta-}{Br}\text{---}FeBr_3$$

$\overset{\delta+}{Br}\text{---}\overset{\delta-}{Br}\text{---}FeBr_3$ 以其 δ+ 的一端（亲电的一端）进攻苯环发生反应，

$$C_6H_6 + \overset{\delta+}{Br}\text{---}\overset{\delta-}{Br}\text{---}FeBr_3 \longrightarrow C_6H_5Br + HBr + FeBr_3$$

苯环上的氯化或溴化是不可逆反应。氯化或溴化是制备芳香族氯化物或溴化物的一个重要方法。

3. 磺化

苯及其同系物与浓硫酸发生磺化反应，在苯环上引入磺（酸）基（$-SO_3H$），生成芳磺酸。例如：

$$C_6H_6 + H_2SO_4 \underset{}{\overset{70\sim80\ ℃}{\rightleftharpoons}} C_6H_5\text{-}SO_3H + H_2O$$

苯磺酸

如果用发烟硫酸（$H_2SO_4 \cdot SO_3$），25 ℃时即可反应。苯磺酸再磺化比苯困难，须采用发烟硫酸并在较高的温度下进行。再磺化的主要产物是间苯二磺酸。

$$C_6H_5SO_3H \xrightarrow[200\sim230\ ℃]{H_2SO_4 \cdot SO_3} m\text{-}C_6H_4(SO_3H)_2\ (72\%) + \underbrace{o\text{-}C_6H_4(SO_3H)_2 + p\text{-}C_6H_4(SO_3H)_2}_{(28\%)}$$

甲苯比苯容易磺化，主要得到邻、对位产物。

$$C_6H_5CH_3 \xrightarrow[0\ ℃]{H_2SO_4} o\text{-}CH_3C_6H_4SO_3H\ (43\%) + p\text{-}CH_3C_6H_4SO_3H\ (53\%) + m\text{-}CH_3C_6H_4SO_3H\ (4\%)$$

以浓硫酸（H_2SO_4）或发烟硫酸（$H_2SO_4 \cdot SO_3$）进行磺化时，一般认为磺化剂是 SO_3 或 $^+SO_3H$。在 H_2SO_4 中，存在着很小浓度的 SO_3，它是来自

$$2H_2SO_4 \rightleftharpoons H_3^+O + SO_3 + HSO_4^-$$

在 SO_3 分子中，显然是 S 原子呈现正电性。SO_3 以 S 原子进攻苯环发生磺化反应，

$$C_6H_6 + SO_2 \rightleftharpoons [C_6H_6\text{-}SO_2\text{—}O^-]^+ \rightleftharpoons C_6H_5\text{-}SO_2\text{—}OH$$

与硝化、氯化和溴化不同，磺化反应是可逆反应。磺化的逆反应称为脱磺基反应或水解反

应。高温和较低的硫酸浓度对脱磺基反应有利。利用磺化反应的可逆性,在有机合成中,可把磺基作为临时占位基团,以得到所需的产物。例如,由甲苯制取邻氯甲苯时,若用甲苯直接氯化,得到的是邻氯甲苯和对氯甲苯的混合物,分离困难。如果先用磺基占据甲基的对位,再进行氯化,就可避免对位氯化物的生成。产物再经水解,就可得到高产率的邻氯甲苯。

$$C_6H_5CH_3 \xrightarrow[100\ ℃]{H_2SO_4} p\text{-}CH_3C_6H_4SO_3H\ (79\%) \xrightarrow{Fe,Cl_2} \text{2-Cl-4-}SO_3H\text{-}C_6H_3CH_3 \xrightarrow[\text{约}150\ ℃]{H^+,H_2O} o\text{-}ClC_6H_4CH_3$$

磺化是制备芳磺酸的一个重要方法。

4. 傅瑞德尔-克拉夫茨反应

傅瑞德尔-克拉夫茨反应一般分为烷基化和酰基化两类。

1)傅-克烷基化

在路易斯酸无水氯化铝的催化下,芳烃与氯代烷(或溴代烷)的反应是典型的傅-克烷基化反应。例如:

$$C_6H_6 + CH_3CH_2Cl \xrightarrow{AlCl_3} C_6H_5CH_2CH_3 + HCl$$

在卤代烷 $\overset{\delta+}{R}—\overset{\delta-}{X}$ 分子中,与卤原子相连接的碳原子带有部分正电荷,是亲电的,但是其正电性不够大,一般难以与苯环发生亲电反应。苯环上的亲电取代需要路易斯催化。常用的路易斯酸催化剂的活性顺序:

$$AlCl_3 > FeCl_3 > BF_3 > ZnCl_2 > SnCl_4$$

路易斯酸的催化作用:通过络合 R—X 分子中的 X 原子,以增强与卤原子相连接的碳原子的正电性——亲电性,使之能够与苯环发生亲电反应。

在烷基化中,引入的烷基含有三个或三个以上碳原子时,常常发生重排,生成重排产物。例如:

$$C_6H_6 + CH_3CH_2CH_2Cl \xrightarrow{\text{无水 }AlCl_3} \underset{\text{较多}}{C_6H_5CH(CH_3)—CH_3} + \underset{\text{较少}}{C_6H_5CH_2CH_2CH_3}$$

重排产物

除了烷基可能重排外,烷基化时还常发生多烷基化。这是因为烷基是一个给电子的活化苯环的取代基,当苯环引入了第一个烷基后,第二个烷基的引入要比第一个容易些。为了使一烷基苯是主要产物,制备时,苯是过量的。

C═C 双键上或芳香环上直接连接卤原子的卤代烃,如氯乙烯、氯苯等,由于活性较小,不发生傅-克反应。

如果苯环上带有吸电子的钝化苯环的取代基,则由于苯环被钝化,一般不发生烷基化,例如硝基苯。由于硝基苯不发生烷基化,又能很好地溶解 $AlCl_3$,所以硝基苯可用作烷基化的溶剂,以避免多相反应。硝基苯用作溶剂的缺点是,它的沸点较高(210.8 ℃),很难把它除净。

烷基化是可逆反应。在路易斯酸的催化下,烷基苯可以发生去烷基化反应。例如:

$$2\,C_6H_5CH_3 \rightleftharpoons C_6H_6 + \underbrace{o\text{-}C_6H_4(CH_3)_2 + m\text{-}C_6H_4(CH_3)_2 + p\text{-}C_6H_4(CH_3)_2}_{\text{邻、间、对二甲苯}}$$

工业上，应用这个反应把甲苯转化成苯和二甲苯。

在烷基化反应中，除卤代烷之外，烯烃和醇也是常用的烷基化试剂；质子酸（如 H_2SO_4、无水 HF、HF-BF_3）也是常用的催化剂。例如：

$$C_6H_6 + (CH_3)_3COH \xrightarrow{H_2SO_4} C_6H_5C(CH_3)_3$$

$$C_6H_6 + CH_3CH{=}CH_2 \xrightarrow[90\sim100\ ℃]{AlCl_3} C_6H_5CH(CH_3)_2$$

傅-克烷基化反应在工业生产上有重要的意义。例如，苯分别与乙烯和丙烯反应，是工业上生产乙苯和异丙苯的方法。烷基化产物中的乙苯、异丙苯、十二烷基苯等都是重要的化工原料。乙苯是无色油状液体，具有麻醉和刺激作用，主要用于合成树脂和橡胶的单体苯乙烯，也是医药工业的原料；异丙苯是无色液体，主要用于合成苯酚和丙酮；十二烷基苯经磺化、中和后生成的十二烷基苯磺酸钠是重要的合成洗涤剂。

2）傅-克酰基化

在无水氯化铝的催化下，芳烃与酰氯（R－CO－Cl）反应生成芳酮是典型的傅-克酰基化反应。例如：

$$C_6H_6 + \underset{\text{乙酰氯}}{CH_3-\overset{\overset{\displaystyle O}{\|}}{C}-Cl} \xrightarrow{AlCl_3} \underset{\text{苯乙酮}}{C_6H_5-\overset{\overset{\displaystyle O}{\|}}{C}-CH_3} + HCl$$

酰基化反应是不可逆的。由于酰基是一个吸电子的钝化苯环的取代基，酰基化产物芳酮的活性比反应物芳烃小，所以一般不发生多酰基化。酰基化时，引入的酰基也不发生重排。

除酰氯外，酸酐也常用作酰基化试剂。例如：

$$C_6H_6 + \underset{\text{乙酸酐}}{CH_3-\overset{\overset{\displaystyle O}{\|}}{C}-O-\overset{\overset{\displaystyle O}{\|}}{C}-CH_3} \xrightarrow{AlCl_3} C_6H_5-\overset{\overset{\displaystyle O}{\|}}{C}-CH_3 + CH_3-\overset{\overset{\displaystyle O}{\|}}{C}-OH$$

$$C_6H_6 + \underset{\text{丁二酸酐}}{\begin{array}{l} CH_2-CO \\ | \qquad\quad \backslash \\ | \qquad\quad\ \ O \\ | \qquad\quad / \\ CH_2-CO \end{array}} \xrightarrow{AlCl_3} C_6H_5-CO-CH_2-CH_2-COOH$$

酰基化所需要的催化剂（如无水氯化铝）的量比烷基化所需要的多得多。以卤代烷或烯烃作为烷基化试剂时，氯化铝只需要催化量。以酰氯作为酰基化试剂时，则 1 mol 原料需要多于 1 mol 的氯化铝。这是因为酰基化产物酮（如 $Ph-\overset{\overset{\displaystyle O}{\|}}{C}-R$ ）通过氧原子能与氯化铝生成络合

物(如 $Ph—\overset{\overset{\displaystyle O\text{---}AlCl_3}{\|}}{C}—R$),把氯化铝从反应体系中除去,使它不再起催化剂的作用,所以氯化铝的用量必须在生成络合物之后尚有剩余来维持它的催化作用。以酸酐作为酰基化试剂时,则 1 mol 原料需要多于 2 mol 的氯化铝,其中 1 mol 用于与酸酐生成的酸根负离子结合,例如:

$$(CH_3CO)_2O + AlCl_3 \longrightarrow CH_3—\overset{+}{C}{=}O + \left[CH_3—\overset{\overset{\displaystyle O}{\|}}{C}—O—AlCl_3 \right]^-$$

另 1 mol 则用于与生成的产物酮络合。

傅-克酰基化是制备芳酮的一个重要方法。

7.4.2 加成反应

苯环在一定条件下可以发生加成反应,例如,与氢和氯加成。

1. 加氢

在催化剂如铂、钯或雷尼镍等作用下,苯环能与氢加成。例如:

$$C_6H_6 + 3H_2 \xrightarrow[150\sim250\ ℃,2.5\ MPa]{\text{雷尼镍}} C_6H_{12}$$

环己烷

这是工业上制取环己烷的重要方法。

2. 加氯

在日光或紫外光照射下,苯与氯发生加成反应生成六氯环己烷($C_6H_6Cl_6$),谷称六六六。

$$C_6H_6 + 3Cl_2 \xrightarrow[50\ ℃]{\text{日光或紫外光}} C_6H_6Cl_6$$

六六六曾作农药大量使用,但由于残毒严重,现已被淘汰。

7.4.3 氧化反应

苯环很稳定不易被氧化,只是在催化剂的存在下,高温时苯才会氧化开环,生成顺丁烯二酸酐:

$$2\,C_6H_6 + 9O_2 \xrightarrow[450\ ℃]{V_2O_5} 2\,C_4H_2O_3 + 4H_2O + 4CO_2$$

顺丁烯二酸酐

这是顺丁烯二酸酐的工业制法。

7.4.4 聚合反应

苯在一定条件下也可以脱氢缩合聚合生成聚对苯：

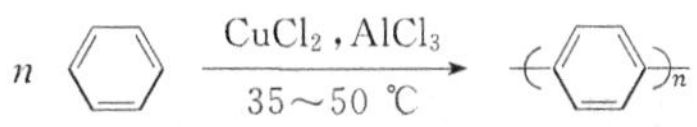

$$n \text{C}_6\text{H}_6 \xrightarrow[35\sim 50\ ℃]{CuCl_2, AlCl_3} \text{-(C}_6\text{H}_4\text{)}_n\text{-}$$

聚对苯(PPP)

式中 $CuCl_2$ 为氧化剂，$AlCl_3$ 为催化剂。聚对苯也是一个有机共轭高分子化合物，它具有半导体特性及耐辐射和耐热特性，因此可用作耐辐射、耐高温材料。

7.4.5 芳烃侧链上的反应

1. 卤化

芳烃侧链上的卤化与烷烃卤化一样，是自由基反应。在加热或日光照射下，卤化反应主要发生在与苯环直接相连的 α－H 原子上。例如：

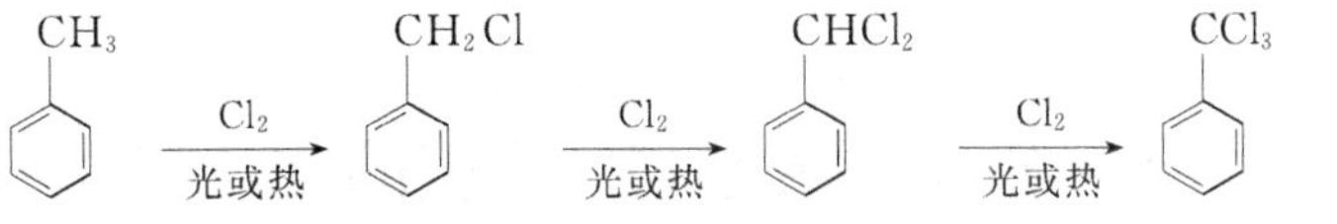

$$C_6H_5CH_3 \xrightarrow[光或热]{Cl_2} C_6H_5CH_2Cl \xrightarrow[光或热]{Cl_2} C_6H_5CHCl_2 \xrightarrow[光或热]{Cl_2} C_6H_5CCl_3$$

苯一氯甲烷　　苯二氯甲烷　　苯三氯甲烷

控制氯的用量可以使反应停止在某一阶段。

甲苯与溴也可以发生侧链溴化。

2. 氧化和脱氢

苯环侧链上有 α－H 时，苯环的侧链较易被氧化生成羧酸。例如：

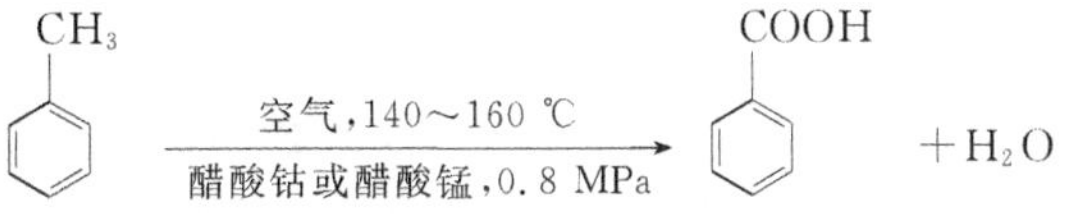

$$C_6H_5CH_3 \xrightarrow[醋酸钴或醋酸锰, 0.8\ MPa]{空气, 140\sim 160\ ℃} C_6H_5COOH + H_2O$$

苯甲酸 92%

这是苯甲酸(俗称安息香酸)的工业制法。苯甲酸用于制备香料等。它的钠盐可用作食品和药物中的防腐剂。

在侧链上只要有 α－H，无论侧链长短、结构如何，最后的氧化产物都是苯甲酸。例如：

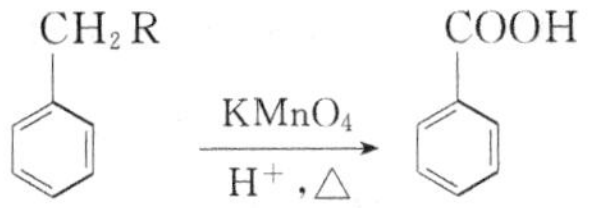

$$C_6H_5CH_2R \xrightarrow[H^+, \triangle]{KMnO_4} C_6H_5COOH$$

当含 α－H 的侧链互为邻位时，气相高温催化氧化的产物是酸酐。例如：

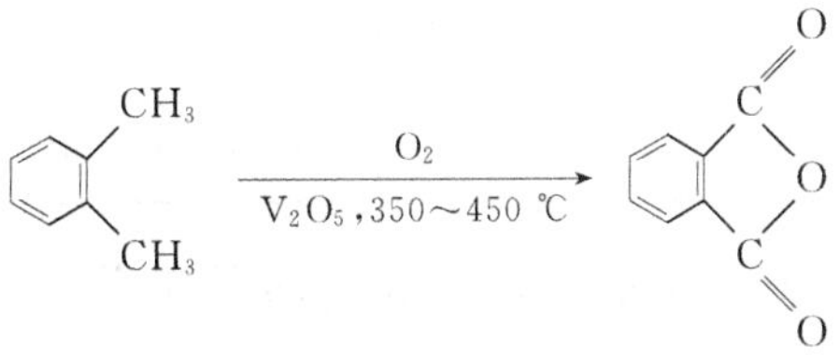

$$o\text{-}C_6H_4(CH_3)_2 \xrightarrow[V_2O_5, 350\sim 450\ ℃]{O_2} C_6H_4(CO)_2O$$

邻苯二酸酐

这是邻苯二甲酸酐的一个工业制法。

若无 α－H,如叔丁苯,一般不能被氧化。

某些烷基苯,如乙苯在催化剂的作用下可发生脱氢反应,生成苯乙烯:

$$C_6H_5CH_2CH_3 \xrightarrow[500\sim600\ ℃]{\text{含 K、Ni、Pd 的氧化铁系催化剂}} C_6H_5CH{=}CH_2 + H_2$$

这是苯乙烯的工业制法。苯乙烯是生产聚苯乙烯、ABS 树脂、丁苯橡胶及离子交换树脂等的原料。

在引发剂的作用下,苯乙烯可以聚合生成聚苯乙烯:

$$n\ C_6H_5CH{=}CH_2 \xrightarrow{\text{聚合}} \left[\!-CH(C_6H_5)-CH_2-\!\right]_n$$

聚苯乙烯的电绝缘性好,透光性好,易于着色,易于成型;缺点是耐热性差,较脆,耐冲击强度低。聚苯乙烯主要用于生成电器零件、仪表外壳、光学仪器等。聚苯乙烯泡沫塑料广泛用于包装填充物。

7.5 苯环上亲电取代反应的定位规律

苯环在进行亲电取代反应时,如果苯环上已有一个取代基 Z,再引入的取代基可以进入原取代基 Z 的邻、间、对位,生成三种异构体。例如:

$$C_6H_5Z \xrightarrow[H_2SO_4]{HNO_3} o\text{-}Z{-}C_6H_4{-}NO_2 + m\text{-}Z{-}C_6H_4{-}NO_2 + p\text{-}Z{-}C_6H_4{-}NO_2$$

假设原有取代基对硝化反应进攻位置没有影响,那么邻位异构体应占 40%,间位异构体应占 40%,对位异构体应占 20%。事实上,在甲苯硝化时,进攻试剂(NO_2^+)主要进入甲基的邻、对位,而且反应比苯容易;硝基苯硝化时,进攻试剂主要进入硝基的间位,而且反应比苯困难。由此可见,原有取代基除了对新引入的基团进入苯环的位置有指定作用外,还影响着苯环的活性。取代基的这种作用为定位效应。原有取代基称为定位基。一元取代苯的硝化反应相对速率和产物的组成见表 7－2。

表 7－2 一元取代苯的硝化反应相对速率和产物的组成

取代苯	相对速率(与苯比较,苯定为 1)	异构体分布			硝基主要进入位置
		邻位	间位	对位	
$PhCH_3$	24.45(活化)	63%	3%	34%	邻位,对位
PhCl	0.15(钝化)	29.6%	0.9%	69.5%	邻位,对位
$PhNO_2$	6×10^{-8}(钝化)	6%	92%	2%	间位

7.5.1 两类取代基——邻对位定位基和间位定位基

根据大量的实验结果,可以把苯环上取代基的定位效应分为两类(表 7－3)。

(1)第一类定位基——邻对位定位基。苯环上原有取代基指导新引入的取代基主要进入其邻位和对位(邻位和对位取代物之和大于60%),称为邻对位定位基,亦称为第一类定位基。在邻对位定位基中,除卤原子、氯甲基等外,一般都活化苯环。

(2)第二类定位基——间位定位基。苯环上原有取代基指导新引入的取代基主要进入其间位(间位取代物大于40%),称为间位定位基,亦称为第二类定位基。间位定位基都钝化苯环。

定位基的定位效应、与苯相比的活性及影响亲电取代的其他因素(如立体效应)等,总称为定位规律。

表7-3　苯环亲电取代反应中的两类定位基

邻对位定位基	间位定位基
强烈活化	强烈钝化
$—O^-$,$—NR_2$,—NHR,$—NH_2$,—OH	$—\overset{+}{N}R_3$,$—NO_2$,$—CF_3$,$—CCl_3$
中等活化	中等钝化
—OR,—NHCOR,—OCOR	—CN,$—SO_3H$,—CHO,—COR
较弱活化	—COOH,$—CONH_2$,$—\overset{+}{N}H_3$
—Ph,—R	
较弱钝化	
—F,—Cl,—Br,—I,$—CH_2Cl$	

7.5.2　苯环上亲电取代反应定位规律的理论解释

1.取代基的电子效应

苯环上取代基的电子效应解释了定位规律。

由于诱导效应和共轭效应的传递方式不同,诱导效应通过诱导方式可以传递到苯环上的每个碳原子;共轭效应则只能传递到取代基的邻、对位碳原子,不能直接传递到它的间位碳原子,因此,取代基的邻、对位和间位碳原子上进行亲电取代反应的难易程度不同,出现了两种定位作用。现以$—CH_3$、—OH、—Cl、和$N^+(CH_3)_3$为例说明取代基的定位效应。

1)$—CH_3$

$—CH_3$是一个活化苯环的邻对位定位基。$—CH_3$的给电子效应(+I和+C),使苯环上电子密度增加(与苯相比较),π电子的共轭转移,使其邻、对位上增加更多(与间位相比较),因此甲苯亲电取代反应比苯容易,而且主要发生在邻、对位上。(以下各图中,π电子按照箭头所表示的方向共轭转移。)

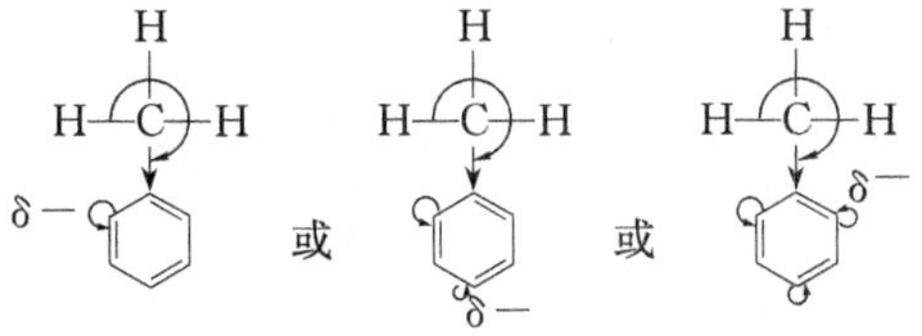

H
H—C—H
δ−
或
H
H—C—H
δ−
或
H
H—C—H
δ−

2)—OH

—OH是一个活化苯环的邻对位定位基。—OH的电子效应是−I和+C,由于+C强于−I,净结果是使苯环上电子密度增加(与苯相比较),尤其是邻、对位上增加更多。因此,—OH

活化苯环，并且是邻对位定位。

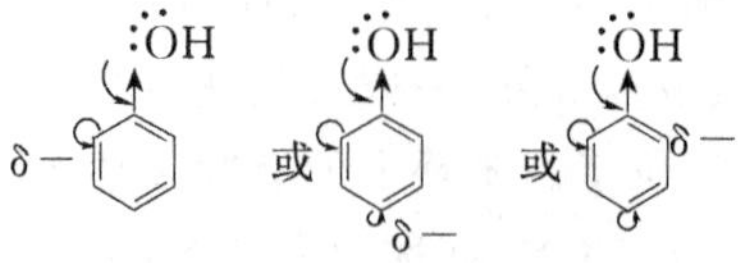

3）—Cl

—Cl是一个钝化苯环的邻对位定位基。—Cl的电子效应是－I和＋C，而且是－I强于＋C，强的－I效应使苯环上电子密度降低（与苯相比较），弱的＋C效应，使邻、对位上电子密度降低程度较小（与其间位相比较）。因此，—Cl钝化苯环但却是邻对位定位。

4）$—N^{+}(CH_3)_3$

$—N^{+}(CH_3)_3$是一个钝化苯环的间位定位基。$—N^{+}(CH_3)_3$的吸电子效应（－I和－C）使苯环上电子密度降低，而且－C效应使其邻、对位上电子密度降低更多（与其间位相比较），因此，$—N^{+}(CH_3)_3$钝化苯环，并且是间位定位。

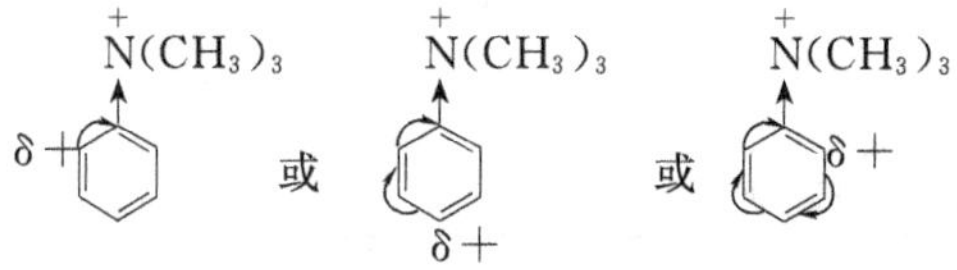

以上只是一种解释。此外，根据苯环上发生亲电取代反应时生成σ-络合物的稳定性的大小也可以解释取代基的定位效应，在此不介绍。

2. 取代基的立体效应

苯环上有邻对位定位基时，生成的邻位和对位产物之比与环上原有取代基和进入基团的体积都有关系。这两种基团体积越大，空间位阻越大，邻位产物越少（表7-4和表7-5）。这是因为取代基的立体效应。

表7-4　一些烷基苯一元硝化时异构体的分布

化合物	环上原有取代基	异构体分布（%）		
		邻位	间位	对位
甲　苯	$—CH_3$	63.0	34.0	3.0
乙　苯	$—CH_2CH_3$	45.0	48.5	6.5
异丙苯	$—CH(CH_3)_2$	30.0	62.3	7.7
叔丁苯	$—C(CH_3)_3$	15.8	72.7	11.5

表7-5　氯苯氯化、溴化和磺化时异构体的分布

进入基团	异构体分布（%）		
	邻位	间位	对位
—Cl	39	55	6
—Br	11	87	2
$—SO_3H$	1	99	0

苯环上原有取代基和进入基团的体积都很大时，产物中邻位异构体的量极少。例如，叔丁苯、溴苯进行磺化反应时，都几乎生成100%的对位产物。

苯环上已有一个取代基，第二个取代基进入苯环的位置和活性，主要取决于苯环上已有的取代基的定位效应和立体效应。显然，温度、催化剂等因素也会有一定影响。

7.5.3　二元取代苯的定位规律

苯环上已有两个取代基时，第三个取代基进入苯环的位置，主要取决于原来的两个取代基的定位效应。

(1)苯环上原有的两个定位基对于引入第三个取代基的定位效应一致时，仍由上述定位规律来决定。例如，下列化合物中再引入一个取代基时，取代基主要进入箭头所示的位置。

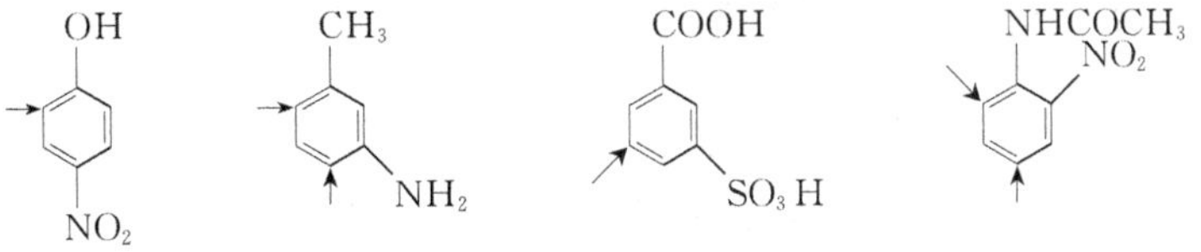

OH　NO$_2$　CH$_3$　NH$_2$　COOH　SO$_3$H　NHCOCH$_3$　NO$_2$

(2)苯环上原有的两个定位基对于引入第三个取代基的定位效应不一致时，如果两个定位基是同一类，第三个取代基进入苯环的位置，主要由较强的定位基来决定；如果两个定位基的定位效应强度相近，则得到混合物(混合物中各异构体的含量相差不太大)。例如：

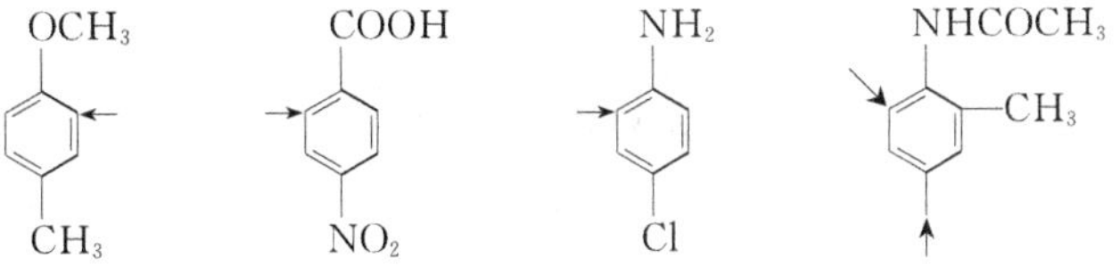

OCH$_3$　CH$_3$　COOH　NO$_2$　NH$_2$　Cl　NHCOCH$_3$　CH$_3$

如果两个定位基属于不同类时，第三个取代基进入苯环的位置，一般是邻对位基起主要定位作用，因为这类定位基活化苯环。例如：

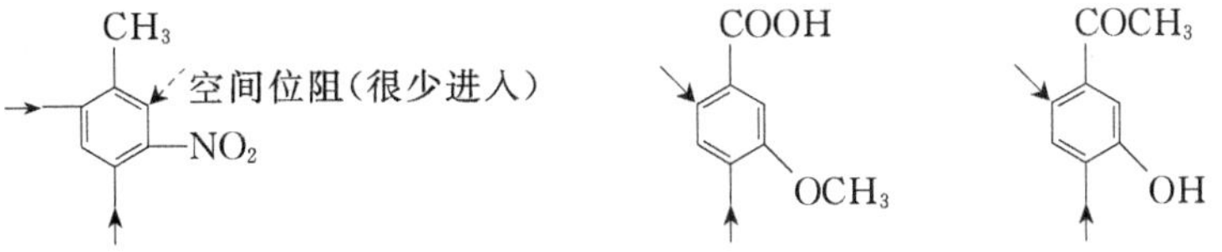

CH$_3$　空间位阻(很少进入)　NO$_2$　COOH　OCH$_3$　COCH$_3$　OH

7.5.4　定位规律的应用

利用苯环上的亲电取代反应定位规律，不但可以预测反应产物，还可以选择正确的合成路线来合成苯的衍生物。

(1)由苯合成间硝基氯苯(NO$_2$、Cl)，应先硝化后氯化：

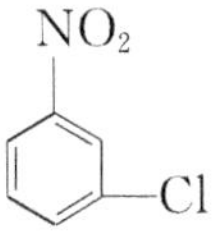

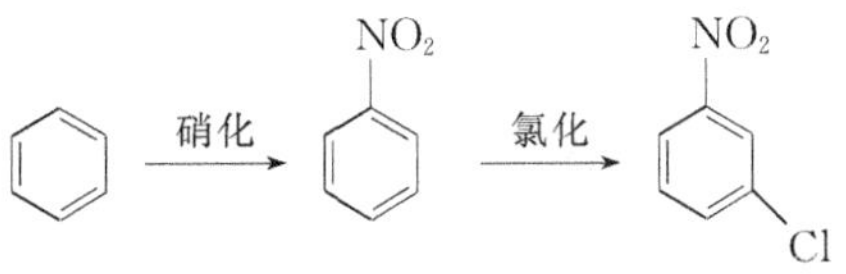

苯 —硝化→ 硝基苯(NO$_2$) —氯化→ 间硝基氯苯(NO$_2$、Cl)

(2)由 [苯] 合成 [Cl, NO_2]，应先氯化后硝化：

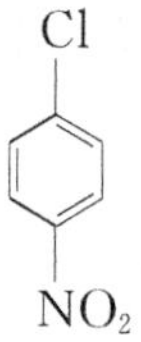

$$\text{苯} \xrightarrow{\text{氯化}} \text{Cl} \xrightarrow{\text{硝化}} \text{Cl}, NO_2 + \text{Cl}, NO_2$$

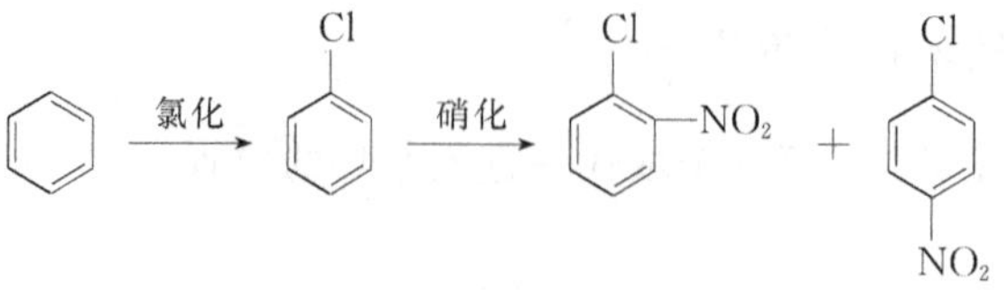

然后把邻硝基氯苯和对硝基氯苯分离、精制，得到对硝基氯苯。

(3)由 [CH_3] 合成 [COOH, NO_2]，应先硝化后氧化：

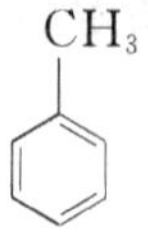

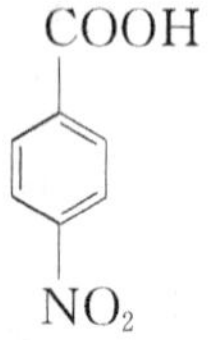

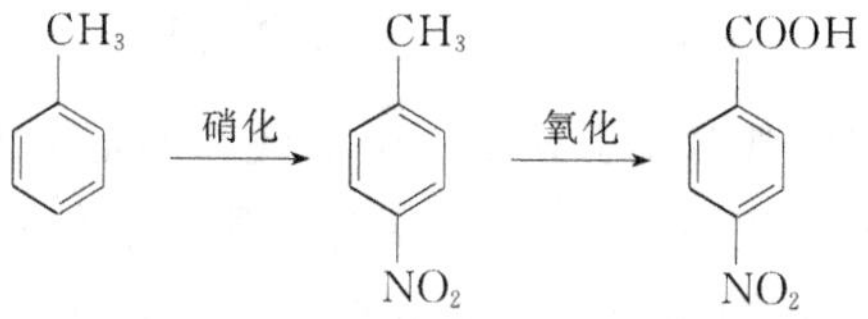

$$CH_3 \xrightarrow{\text{硝化}} CH_3, NO_2 \xrightarrow{\text{氧化}} COOH, NO_2$$

(4)由 [CH_3] 合成 [COOH, NO_2]，应先氧化后硝化：

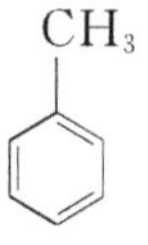

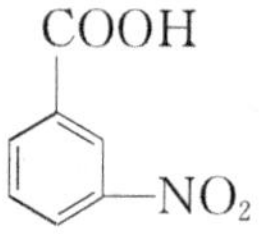

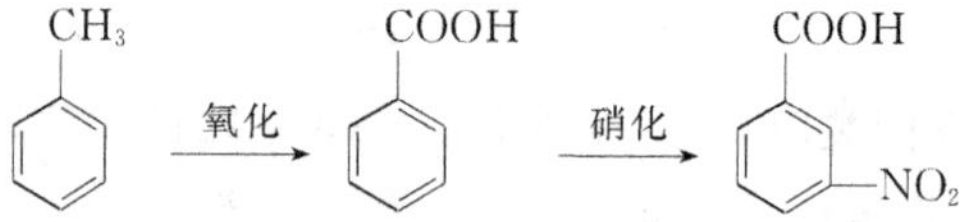

$$CH_3 \xrightarrow{\text{氧化}} COOH \xrightarrow{\text{硝化}} COOH, NO_2$$

(5)由 [CH_3] 合成 [CH_3, O_2N, Br]，应用—SO_3H 占位作用，先磺化，再硝化，然后溴化，最后脱去磺基：

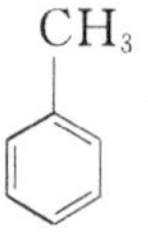

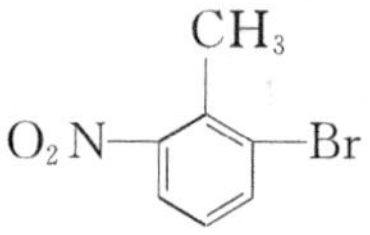

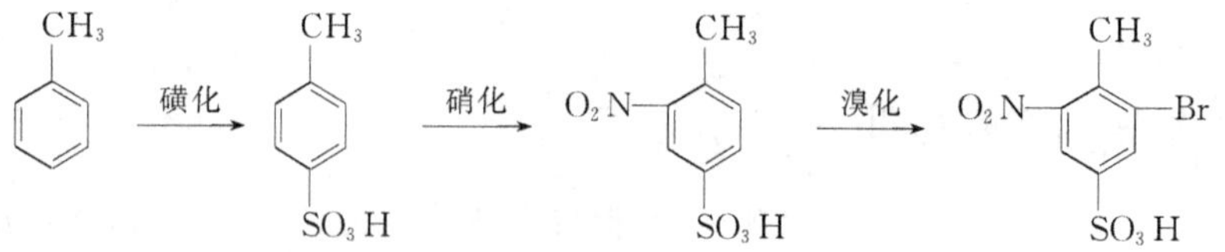

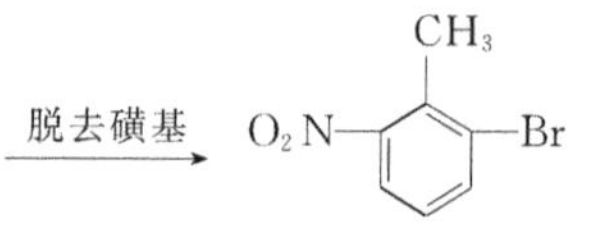

$$CH_3 \xrightarrow{\text{磺化}} CH_3, SO_3H \xrightarrow{\text{硝化}} CH_3, O_2N, SO_3H \xrightarrow{\text{溴化}} CH_3, O_2N, Br, SO_3H$$

$$\xrightarrow{\text{脱去磺基}} CH_3, O_2N, Br$$

7.6　稠环芳烃

稠环芳烃

7.7　休克尔规则和芳香性

7.7.1　休克尔规则

前面讨论的苯、萘、蒽等都具有芳香性。具有怎样的结构特征的化合物才有芳香性呢？1931 年，休克提出，在碳原子组成的平面单环共轭体系中，如含有 $4n+2(n=0,1,2,\cdots)$ 个 π 电子，就会显示出芳香性。这就是说，如果构成环的原子都处于同一平面（或非常接近于同一平面），环内的 π 电子处于闭合的共轭体系中，并且 π 电子的数目等于 $4n+2$ 个，那么这样的环结构就有芳香性。这种判断环的芳香性的规则称为休克尔规则。根据这个规则，苯、萘、蒽环的碳原子均处在同一平面，它们的 π 电子数分别为 $6(n=1)$、$10(n=2)$ 和 $14(n=3)$，因此，它们都有芳香性。

7.7.2　非苯芳烃

休克尔规则不仅可以判断苯环、稠环的芳香性，而且可以判断其他碳环或含非碳元素环的芳香性。例如，轮烯是一类单环共轭多烯。轮烯是否具有芳香性，主要取决于环上的碳原子是否处于一个平面和 π 电子数是否符合 $4n+2$ 规则。由 10 个环碳原子组成的[10]轮烯，π 电子数是 10，符合 $4n+2(n=2)$，但由于环内氢原子之间存在强烈排斥作用，使成环碳原子不在同一平面上，不符合休克尔规则，因此没有芳香性。而由 18 个碳原子组成的[18]轮烯，它的成环碳原子基本处于同一平面，且 π 电子数等于 $18(n=4)$，符合休克尔规则，因此，[18]轮烯具有芳香性，它也可以说是一个芳香烃——非苯芳烃。

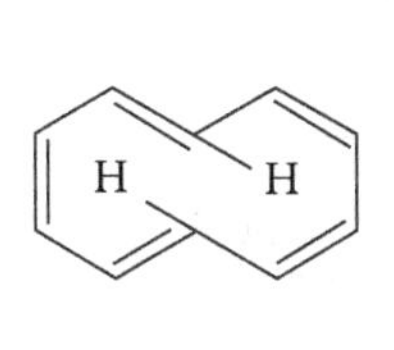

[10]轮烯

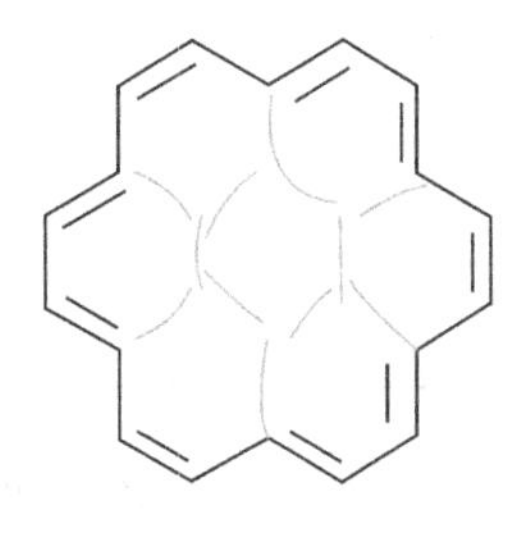

[18]轮烯

当稠环化合物的成环碳原子均在同一平面上，且都处在最外层环上时，就可以利用休克尔

规则判断其是否具有芳香性。例如,薁是由一个五元环和一个七元环稠合而成的:

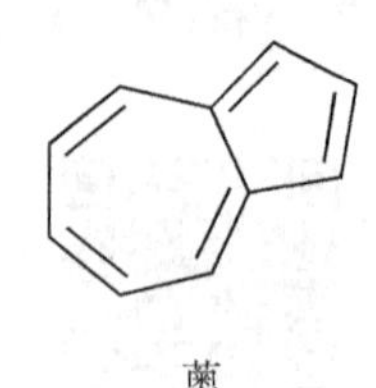

薁

其周边成环原子的 π 电子有 10 个,符合休克尔规则($n=2$),因此它具有芳香性。

除分子外,某些符合休克尔规则的环碳离子,也具有芳香性。例如:

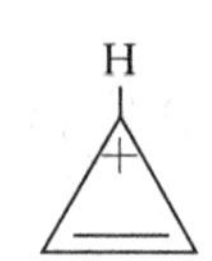

环丙烯基正离子

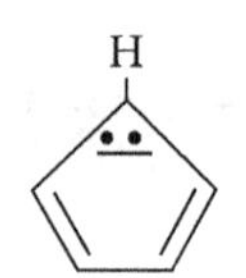

环戊二烯基负离子

环丙烯基正离子中,三个碳原子在同一平面内,环内的 π 电子数是 2($n=0$),符合休克尔规则。环戊二烯基负离子中,π 电子数是 6($n=1$),它的五个碳原子处在同一平面内,它也具有芳香性。可见,具有芳香性的物质不仅有分子,也可以是离子。

7.8 芳烃的来源

芳烃是重要的有机化工原料,其中最重要的是苯、甲苯、二甲苯和萘,它们是有机化工的基础原料。工业上芳烃的主要来源是煤和石油。

7.8.1 从煤焦油中分离

煤在隔绝空气下强热称为煤的干馏。煤经干馏所得的黑色黏稠液体叫煤焦油,其中约含有 1 万种以上有机物。按照沸点,可将煤焦油分成若干馏分,各馏分中所含的主要烃类如表 7-6所示。为了从各馏分中获得芳烃,常采用萃取法、磺化法或分子筛吸附法进行分离。

表 7-6 芳烃在煤焦油各馏分中的大致分布

馏分	沸点范围/℃	所含的主要烃类	含量(%)
轻油	<170	苯、甲苯、二甲苯	1~3
酚油	170~210	异丙苯、苯酚、甲基酚	6~8
萘油	210~230	萘、甲基萘、二甲萘等	8~10
洗油	230~300	联苯、苊、芴等	8~10
蒽油	300~360	蒽、菲及其衍生物、苊、屈等	15~20
沥青	>360	沥青、游离碳	40~50

7.8.2 从石油裂解产品中分离

以石油为原料裂解制乙烯、丙烯时,所得的副产物中含有芳烃。将副产物分馏可得裂解轻油(裂化汽油)和裂解重油。裂解轻油中所含的芳烃以苯居多,裂解重油中含有烷基苯。

7.8.3　石油的芳构化

石油中一般含芳烃较少。但在一定温度和压力下，可使石油中的烷烃和环烷烃经催化脱氢转变成芳烃。其中所发生的主要反应大致如下：

(1)环烷烃脱氢生成芳香烃，如环己烷脱氢生成苯，甲基环己烷脱氢生成甲苯。

$$\underset{\text{环己烷}}{\text{C}_6\text{H}_{12}} \xrightarrow[-3H_2]{} \text{C}_6\text{H}_6 + 3H_2$$

$$\underset{\text{甲基环己烷}}{\text{C}_6\text{H}_{11}\text{—CH}_3} \xrightarrow[-3H_2]{} \text{C}_6\text{H}_5\text{—CH}_3 + 3H_2$$

(2)环烷烃异构化、脱氢生成芳烃。

$$\text{C}_5\text{H}_9\text{—CH}_3 \xrightarrow{\text{异构化}} \text{C}_6\text{H}_{12} \xrightarrow[-3H_2]{} \text{C}_6\text{H}_6 + 3H_2$$

(3)烷烃脱氢环化、再脱氢生成芳烃。

$$CH_3CH_2CH_2CH_2CH_2CH_3 \xrightarrow[-H_2]{} \text{C}_6\text{H}_{12} \xrightarrow[-3H_2]{} \text{C}_6\text{H}_6$$

上述反应都是从烷烃或环烷烃形成芳烃的反应，称为芳构化反应。为从石油中获得芳烃，工业上常采用铂作催化剂，在 1.5～2.5 MPa、430～510 ℃的条件下处理石油的 C_6～C_8馏分，称为铂重整，所得产物叫重整油或重整汽油，其中含有苯、甲苯和二甲苯等。

第 7 章习题

学习总结

第 8 章　对映异构

学习目标

【掌握】对映体、非对映体；构型的表示法（透视式、费歇尔投影式）及 R－S 构型标记法。
【理解】手性、手性分子；外消旋体、内消旋体的概念。
【了解】物质的旋光性和比旋光度；同分异构体的分类；非对映异构体的含义。

在有机化合物的同分异构现象中，有一种异构叫作对映异构。对映异构是指分子的空间构型相似但却不能重合，相互间呈实物与镜像对映关系的异构现象。具有对映异构关系的物质能表现出一种特殊的物理性质，即旋光性。

8.1　物质的旋光性

8.1.1　偏振光

光是一种电磁波，它的振动方向与传播方向垂直。普通光的光波在所有与其传播方向垂直的平面上振动。若使普通光通过一个尼科尔棱镜（由冰洲石制成，其作用像一个栅栏），则只有在与棱镜晶轴平行的平面上振动的光才能够通过，这种只在一个平面上振动的光叫偏振光（图 8－1）。

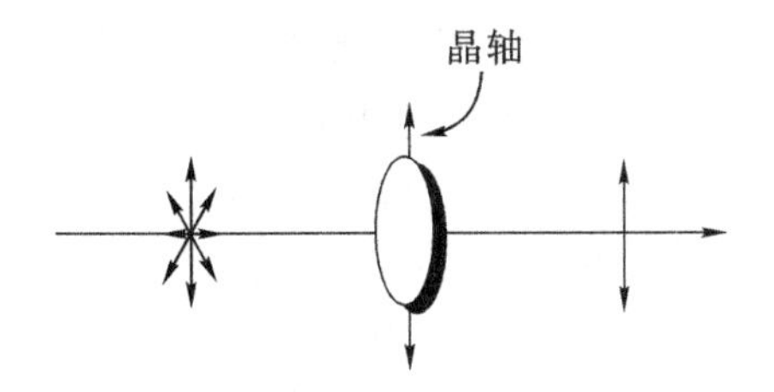

图 8－1　偏振光的产生（双箭头表示光的振动方向）

8.1.2　旋光性

当偏振光通过水、乙醇等物质时，其振动方向不发生改变，也就是说水、乙醇等物质对偏振光的振动方向没有影响。而当偏振光通过葡萄糖、乳酸、氯霉素等物质（液态或溶液）时，其振动方向就会发生一定角度的旋转，如图 8-2 所示。这种使偏振光的振动方向发生旋转的性质叫做物质的旋光性，具有旋光性的物质叫做旋光性物质。

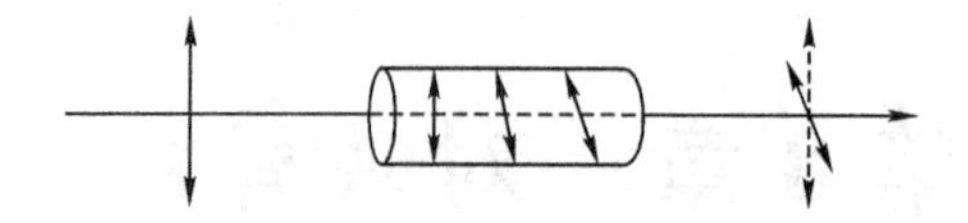

图 8-2 偏振光的旋转

能使偏振光的振动方向向右(顺时针方向)旋转的物质叫做右旋性物质，反之叫做左旋性物质。通常用(＋)表示右旋，用(－)表示左旋。

8.1.3 旋光度和比旋光度

偏振光通过旋光性物质时，其振动方向旋转的角度叫做旋光度，通常用“α”表示。旋光度及旋光方向可用旋光仪测定。图 8-3 为旋光仪的构造示意图。

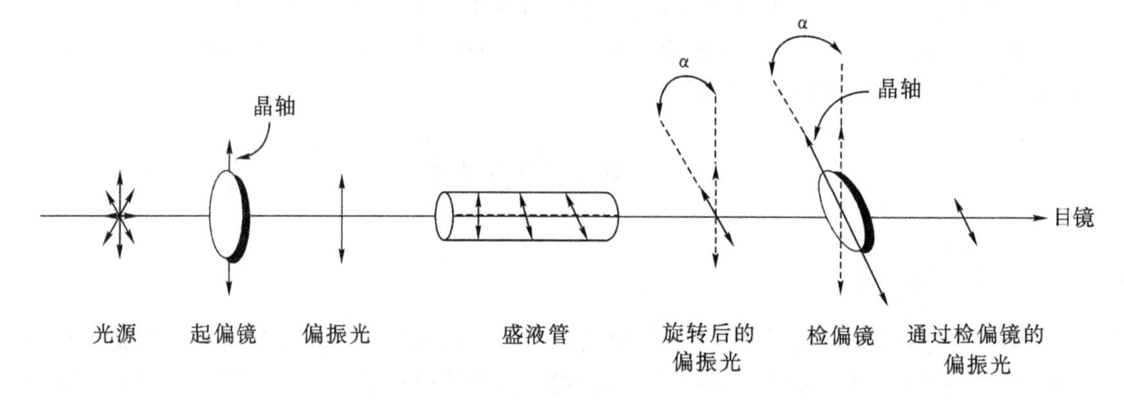

图 8-3 旋光仪的构造示意图

由旋光仪测得的旋光度与盛液管的长度、被测样品的浓度及测定时的温度和光源的波长都有关系。为了比较不同物质的旋光性，通常把被测样品的浓度规定为 1 g/mL，盛液管的长度规定为 1 dm，这时测得的旋光度叫比旋光度，用[α]表示。

在表示物质的比旋光度时，需要注明测定温度、光源波长、旋光方向和测定时所用的溶剂(以水为溶剂时也可以不注明)。例如：在 20 ℃时用钠光灯作光源(用 D 表示)，测得葡萄糖的水溶液是右旋的，其比旋光度是 52.5°，则表示为

$$[\alpha]_D^{20} = +52.5°(\text{水})$$

在同样条件下，测定 5%酒石酸的乙醇溶液，其比旋光度为 3.79°，则表示为

$$[\alpha]_D^{20} = +3.79°(\text{乙醇})$$

8.2　对映异构体

8.2.1　手性的概念

如果把左手放在一面镜子前，可以观察到镜子里的镜像与右手完全一样。所以，左手和右手为互为实物与镜像的关系，两者不能重合（图 8-4）。因此，把这种物体与其镜像不能重合的性质称为手性。

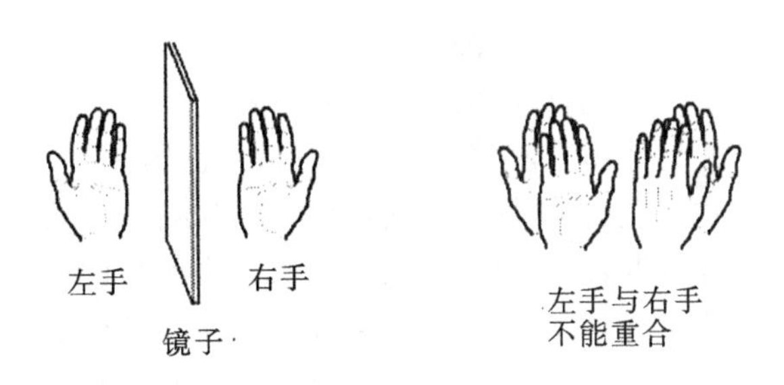

图 8-4　左右手互为实物和镜影的关系，但二者不能完全重合

8.2.2　手性分子和旋光性

手性不仅是一些宏观物质的特征。有些分子也具有手性。凡不能与其镜像重合的分子都具有手性，称为手性分子。手性分子都有旋光性，具有旋光性的分子都是手性分子。

判断分子是否具有手性，就是看分子与其镜像能否重合。不能重合的为手性分子，具有旋光性；能重合的为非手性分子，没有旋光性。

实验表明，乳酸（ $\underset{\substack{|\\ OH}}{CH_3CHCOOH}$ ）是具有旋光性的物质。其中从肌肉得到的乳酸是右旋乳酸，而从葡萄糖发酵得到的乳酸是左旋乳酸，它们的结构模型如图 8-5 所示。

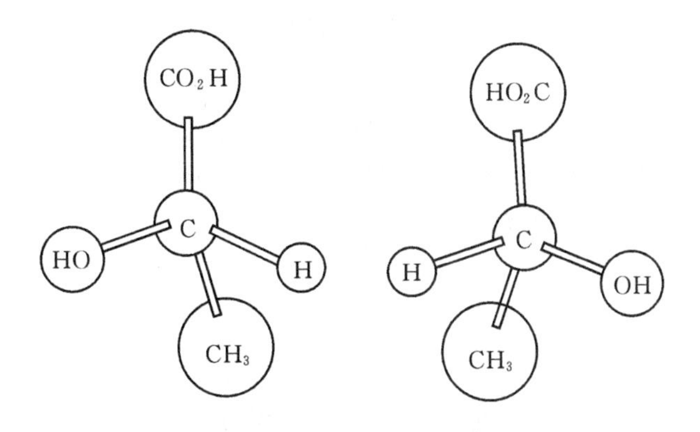

图 8-5　乳酸分子模型

通过观察模型可知：这两种乳酸分子，虽然分子构造相同，但却不能重叠，如果把其中一个

分子看成实物，则另一个分子恰好是它的镜像。

乳酸（$CH_3\overset{*}{C}HOHCOOH$）分子的中心碳原子连有四个不同的原子或基团（—H、—CH_3、—OH、—COOH），这样的碳原子称为手性碳原子，标以“ * ”号。

8.2.3 对映异构体和外消旋体

凡是手性分子，必有互为镜像关系的两种构型，这种互为镜像关系的构型异构体称为对映异构体，简称对映体。对映体中一个是左旋物质，称为左旋体；另一个是右旋物质，称为右旋体。左旋体和右旋体使偏振光旋转的角度一样，只是方向相反。例如乳酸的一对对映体的比旋光度为

$$\text{左旋乳酸}[\alpha]_D^{15} = -2.6°$$

$$\text{右旋乳酸}[\alpha]_D^{15} = +2.6°$$

由于生物体内存在许多手性物质，它们可造成手性环境，因此不同的对映体在生物体内的生理功能也不相同。例如：左旋氯霉素具有抗菌作用，而右旋氯霉素就没有这种功能。

若将左旋体和右旋体等量混合，其旋光性就会消失。由等量的左旋体和右旋体组成的无旋光性的混合物称为外消旋体，用(±)表示。外消旋体不仅没有旋光性，而且其他的物理性质与对映体也有差异。例如，用化学方法合成的或从酸牛奶中分离出的乳酸都是外消旋体，其熔点为 18 ℃；而(－)-乳酸和(＋)-乳酸的熔点为 53 ℃。

外消旋体的化学性质与对映体基本相同，但在生物体内，左、右旋体保持并发挥各自的功效。值得注意的是有些左、右旋体的作用是相反的，一对对映体中，一个是治疗疾病的药物，另一个则可能是导致疾病的物质。如何拆分外消旋体以及制备单一的对映体是药物合成中重要的研究课题。

8.3 对映异构的表示方法

对映异构体的构造相同，在书写其不同构型及命名时，需用适当的表示方法加以区别。

8.3.1 构型的表示法

对映体中的手性碳原子具有四面体结构，它们的构型一般可采用透视式和费歇尔投影式表示。

1. 透视式

透视式是将手性碳原子置于纸平面，与手性碳原子相连的四个键，其中两个键处于纸平面，用细实线表示；另外两个键一个用楔形实线表示伸向纸面前方，一个用虚线表示伸向纸面后方。例如，乳酸的一对对映体可表示如下：

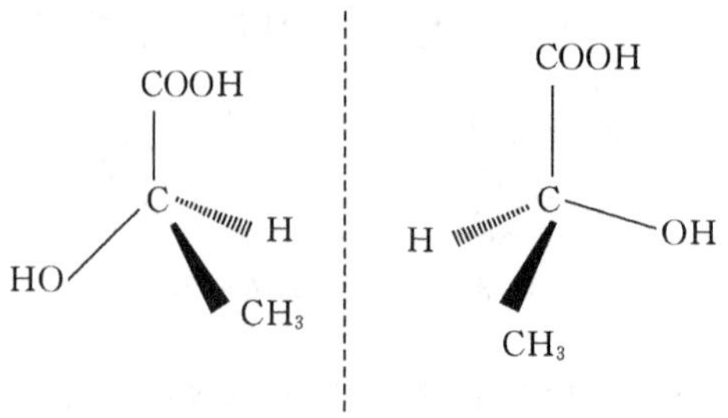

COOH C H HO CH_3 | COOH H C OH CH_3

这种表示方法比较直观，但书写麻烦。

2. 费歇尔投影式

费歇尔投影式是利用模型在纸面上投影得到的表达式，其投影原则如下：

(1)以手性碳原子为投影中心，画十字线(+)，十字线的交叉点代表手性碳原子。

(2)把含碳基团写在竖线上，且把命名时编号最小的碳原子放在上端；其他两个基团写在横线上。

(3)竖线上的两个基团表示伸向纸面的后方，横线上的两个基团表示指向纸面的前方。

例如，乳酸分子的一对对映体用模型和费歇尔投影式分别表示如下：

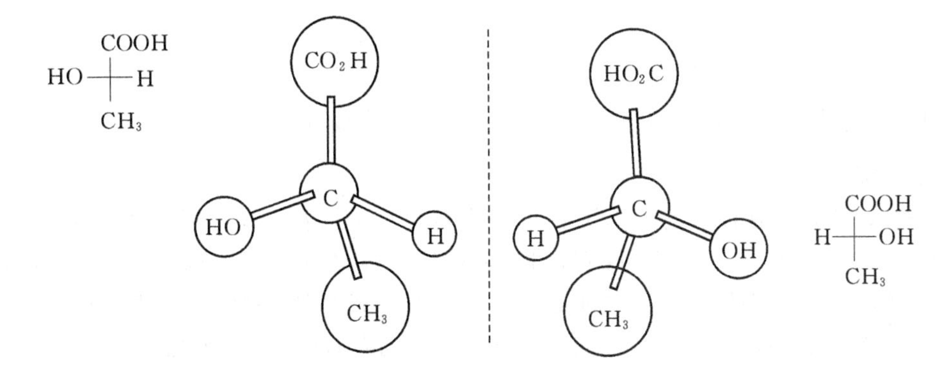

费歇尔投影式可在纸面内旋转 180°或它的倍数，而不会改变原化合物的构型，但不能离开纸面翻转。

判断两个费歇尔投影式是否表示同一构型，有以下方法。

(1)若将其中一个费歇尔投影式在纸平面上旋转 180°后，得到的投影式和另一投影式相同，则这两个投影式表示同一构型。如下述两个投影式表示同一构型：

$$\begin{array}{c} CH_3 \\ H-\!\!\!+\!\!\!-OH \\ C_2H_5 \end{array} \xlongequal{\text{旋转 } 180^\circ} \begin{array}{c} C_2H_5 \\ HO-\!\!\!+\!\!\!-H \\ CH_3 \end{array}$$

(2)若将其中一个费歇尔投影式在纸平面上旋转 90°(顺时针或逆时针旋转均可)后，得到的投影式和另一投影式相同，则这两个投影式表示两种不同构型，二者是一对对映体。如下述两个投影式表示一对对映体：

$$\begin{array}{c} COOH \\ H-\!\!\!+\!\!\!-OH \\ CH_3 \end{array} \underset{\text{逆时针旋转 } 90^\circ}{\overset{\text{顺时间旋转 } 90^\circ}{\rightleftharpoons}} \begin{array}{c} H \\ H_3C-\!\!\!+\!\!\!-COOH \\ OH \end{array}$$

(3)若将其中一个费歇尔投影式的手性碳原子上的任意两个原子或基团交换偶数次后，得到的投影式和另一投影式相同，则这两个投影式表示同一构型。如下述化合物Ⅰ和Ⅱ表示同一构型：

$$\underset{(\text{Ⅰ})}{\begin{array}{c} CH_3 \\ H-\!\!\!+\!\!\!-Cl \\ C_2H_5 \end{array}} \xrightarrow[\text{第一次交换}]{-H\text{ 和 }-CH_3\text{ 交换}} \begin{array}{c} H \\ H_3C-\!\!\!+\!\!\!-Cl \\ C_2H_5 \end{array} \xrightarrow[\text{第二次交换}]{-Cl\text{ 和 }-C_2H_5\text{ 交换}} \underset{(\text{Ⅱ})}{\begin{array}{c} H \\ H_3C-\!\!\!+\!\!\!-C_2H_5 \\ Cl \end{array}}$$

(4)若将其中一个费歇尔投影式的手性碳原子上的任意两个原子或基团交换奇数次后，得到的投影式和另一投影式相同，则这两个投影式表示两种不同构型，二者是一对对映体。如下述化合物Ⅲ和Ⅳ表示一对对映体：

$$\begin{array}{c} CH_3 \\ H-\!\!\!+\!\!\!-Cl \\ C_2H_5 \end{array} \xrightarrow[\text{第一次交换}]{-H\text{和}-CH_3\text{交换}} \begin{array}{c} H \\ H_3C-\!\!\!+\!\!\!-Cl \\ C_2H_5 \end{array} \xrightarrow[\text{第二次交换}]{-H\text{和}-C_2H_5\text{交换}} \begin{array}{c} C_2H_5 \\ H_3C-\!\!\!+\!\!\!-Cl \\ H \end{array}$$

$$\xrightarrow[\text{第三次交换}]{-Cl\text{和}-CH_3\text{交换}} \begin{array}{c} C_2H_5 \\ Cl-\!\!\!+\!\!\!-CH_3 \\ H \\ (\text{Ⅳ}) \end{array}$$

8.3.2　构型的标记法

不同构型对映体的标记，一般用 D,L -标记法和 R,S -标记法。

1. D,L -标记法

D,L -标记法是以甘油醛的构型为标准来进行标记的。在右旋甘油醛的费歇尔投影式中，—OH 在手性碳原子的右边，—H 在左边，这种构型被定为 D 型，因此右旋甘油醛可记为 D -(＋)-甘油醛。它的对映体左旋甘油醛的费歇尔投影式则是—OH 在手性碳原子的左边，—H在右边，这种构型被定为 L 型，因此左旋甘油醛则记为 L -(—)-甘油醛。

$$\begin{array}{c} CHO \\ H-\!\!\!+\!\!\!-OH \\ CH_2OH \\ \text{D -(+)-甘油醛} \end{array} \qquad \begin{array}{c} CHO \\ HO-\!\!\!+\!\!\!-H \\ CH_2OH \\ \text{L -(−)-甘油醛} \end{array}$$

其他化合物的构型可与甘油醛进行关联：凡在化学反应过程中与手性碳原子直接相连的键不发生断裂，手性碳原子的构型不发生变化，可以从 D -(＋)-甘油醛转变而来或能够生成 D -(＋)-甘油醛的化合物都规定为 D 型。同理，构型与 L -(－)-甘油醛相同的定为 L 型。值得注意的是，D、L 只表示构型，不表示旋光方向，旋光方向只能测定。例如，与 D -(＋)-甘油醛具有相同构型的甘油酸是左旋体，记为 D -(－)-甘油酸。

$$\begin{array}{c} CHO \\ H-\!\!\!+\!\!\!-OH \\ CH_2OH \\ \text{D -(+)-甘油醛} \end{array} \xrightarrow{[O]} \begin{array}{c} COOH \\ H-\!\!\!+\!\!\!-OH \\ CH_2OH \\ \text{D -(−)-甘油酸} \end{array}$$

D,L -标记法虽然简单，但由于有些化合物不容易与甘油醛相联系，或采用不同的方式联系时得到的构型不相同，致使名称混乱，因此 D,L -标记法有一定的局限性。目前，除氨基酸、糖类仍使用这种方法以外，其他类化合物都采用了 R,S -标记法。

2. R,S -标记法

R,S -标记法是普遍使用的一种方法，原则如下。

(1)根据次序规则，将手性碳原子上所连的四个原子或基团(a,b,c,d)按优先次序排列，设：a＞b＞c＞d。

(2)将次序最小的原子或基团(d)放在距离观察者视线最远处，并令最小的原子或基团(d)、手性碳原子和眼睛三者处于一条直线，这时，其他三个原子或基团(a,b,c)则分布在距眼睛最近的同一平面上。

(3)按优先次序观察其他三个原子的排列顺序，如果 a→b→c 按顺时针排列，该化合物的构型为 R 型，如果 a→b→c 为逆时针排列，则是 S 型，如图 8-6 所示。

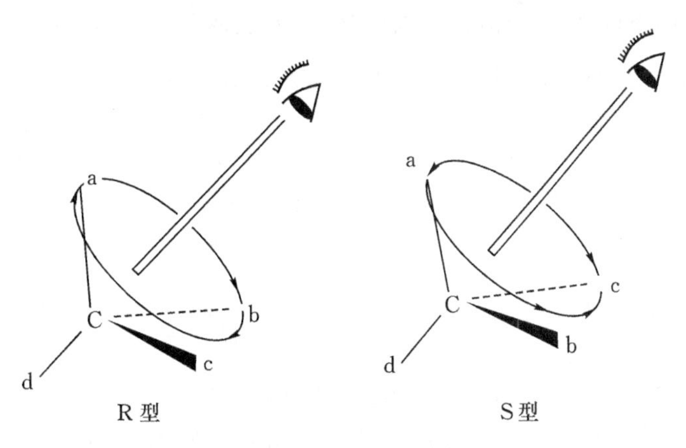

图 8-6　R,S-标记法

以费歇尔投影式表示化合物的构型时，确定构型的方法：当优先次序中最小原子或基团处于投影式的竖线上时，其他三个原子或基团的顺序，若按顺时针由大到小排列，该化合物的构型是 R 型；若按逆时针排列，则是 S 型。例如：

H
CH_3CH_2—C—CH_3
OH
(R)-2-丁醇

OH
CH_3CH_2—C—CH_3
H
(S)-2-丁醇

当优先次序中最小的原子或基团处于投影式的横线上时，如果其他三个原子或基团按顺时针由大到小排列，该化合物的构型是 S 型，若按逆时针由大到小排列，则是 R 型。例如：

(R)-甘油醛　　(S)-甘油醛

应该指出，构型与旋光方向之间无必然联系。也就是说，R 构型的化合物可能是右旋，也可能是左旋；S 构型的化合物可能是左旋，也可能是右旋。

旋光化合物的完整系统命名，应该标出构型和旋光方向。例如，右旋乳酸应写作(S)-(+)-2-羟基丙酸；左旋乳酸应写作(R)-(−)-2-羟基丙酸；外消旋体应写作(±)-2-羟基丙酸。

8.4　含有两个手性碳原子的开链化合物的对映异构

根据化合物中两个手性碳原子所连接的四个原子或基团是否相同，可分为下列两种情况。

8.4.1 含有两个不同手性碳原子的对映异构

含有一个手性碳原子的化合物有两个对映异构体(一对对映体)。含有两个不同的手性碳原子的化合物就有四个构型异构体(两对对映体)。例如,2-羟基-3-氯丁二酸(氯代苹果酸,HOOC$\overset{*}{C}$HCl$\overset{*}{C}$HOHCOOH)就有四个构型异构体(两对对映体)。

Ⅰ	Ⅱ	Ⅲ	Ⅳ
COOH	COOH	COOH	COOH
HO—┼—H	H—┼—OH	HO—┼—H	H—┼—OH
Cl—┼—H	H—┼—Cl	H—┼—Cl	Cl—┼—H
COOH	COOH	COOH	COOH
(2R,3R)-(-)-2-羟基-3-氯丁二酸	(2S,3S)-(+)-2-羟基-3-氯丁二酸	(2R,3S)-(-)-2-羟基-3-氯丁二酸	(2S,3R)-(+)-2-羟基-3-氯丁二酸

Ⅰ和Ⅱ、Ⅲ和Ⅳ互为对映体;等量的Ⅰ和Ⅱ、Ⅲ和Ⅳ分别组成两种外消旋体;Ⅰ和Ⅲ或Ⅳ、Ⅱ和Ⅲ或Ⅳ之间,不互为实物和镜像关系,称之为非对映异构体(两个不是对映体的立体异构体称为非对映异构体,简称非对映体)。

在一般情况下,对映体除旋光方向相反外,其他物理及化学性质相同。但非对映体的旋光方向可能相同,也可能不同,而比旋光度则不相同;其他物理性质如熔点等也不相同。

分子中所含手性碳原子数越多,构型异构体的数目也越多,其数目与手性碳原子数有如下关系:

$$构型异构体数=2^n \quad (n\text{ 为不相同的手性碳原子数})$$

8.4.2 含有两个相同手性碳原子的对映异构

2,3-二羟基丁二酸(酒石酸,HOO$\overset{*}{C}$HOH$\overset{*}{C}$HOHCOOH)分子中的两个手性碳原子是相同的,也就是每个手性碳原子所连接的四个原子或基团都是—OH、—COOH、—CHOHCOOH、—H。它似乎也有两对对映体。

Ⅰ	Ⅱ	Ⅲ	Ⅳ
COOH	COOH	COOH	COOH
H—┼—OH	HO—┼—H	H—┼—OH	HO—┼—H
HO—┼—H	H—┼—OH	H—┼—OH	HO—┼—H
COOH	COOH	COOH	COOH
(2R,3R)-(+)-2,3-二羟基丁二酸	(2S,3S)-(-)-2,3-二羟基丁二酸	(2R,3S)(m)-	(2S,3R)2,3-二羟基丁二酸

Ⅰ和Ⅱ互为对映体,等量的Ⅰ和Ⅱ组成外消旋体。Ⅲ和Ⅳ似乎也是一对对映体,但是,将Ⅲ在纸面上转动180°以后,正好和Ⅳ完全重合,说明Ⅲ和Ⅳ是同一种分子(同一个化合物)。也就是说Ⅲ能与其镜像重合,它不是手性分子。在它的构型中C_2—C_3之间有一个对称面(投影式中的横虚线所示),分子中存在对称面的化合物没有旋光性。这种虽然含有手性碳原子,但却不是手性分子、没有旋光性的化合物称为内消旋体。用m表示。因此,分子中含有两个相同的手性碳原子的酒石酸,仅有三个构型异构体——左旋体、右旋体和内消旋体。内消旋体和左旋体或右旋体为非对映异构体,因此内消旋酒石酸Ⅲ不仅没有旋光性,与有旋光性的Ⅰ或

Ⅱ的物理性质也不相同。

凡分子中含有相同的手性碳原子的化合物，其构型异构体数目都小于 2^n（n 为手性碳原子数）。

外消旋体和内消旋体都没有旋光性，但有本质上的区别。外消旋体是两种互为对映体的手性分子的等量混合物，可以采用一定的方法把它拆分成左旋体和右旋体；内消旋体则是一种纯物质，不能拆分。

从内消旋酒石酸这个例子中可以看出，当化合物分子中含有不止一个手性碳原子时，该分子有可能不是手性分子。所以，分子中是否含有手性碳原子并不是分子是否具有手性的充分条件。

8.5　异构体的分类

分子式相同的不同化合物叫做异构体。

分子中原子间互相连接的顺序和方式叫做构造。近年来，按照 IUPAC 的建议不再叫做结构。分子式相同，构造不同的化合物叫做构造异构体。正丁烷（$CH_3CH_2CH_2CH_3$）和异丁烷（$CH_3\underset{\underset{\displaystyle CH_3}{|}}{C}HCH_3$）、乙醇（$CH_3CH_2OH$）和甲醚（$CH_3OCH_3$）都是构造异构体。

分子式相同，分子构造相同，仅仅是由于分子中原子在空间的排列不同（包括由于绕着分子内一个或几个单键转动而引起的排列不同）而产生的异构体叫做立体异构体。立体异构体一方面分为构型异构体和构象异构体；另一方面分为对映异构体（简称对映体）和非对映异构体（简称非对映体）。顺反异构体属于非对映体。

分子中原子在空间的排列叫做构型。排列相同的叫做构型相同；排列不同的叫做构型不同。分子构造相同，构型不同的化合物叫做构型异构体。例如，(R)-(－)-乳酸和(S)-(＋)-乳酸是乳酸的两个构型异构体，顺-2-丁烯和反-2-丁烯是 2-丁烯的两个构型异构体，等等。

$$\begin{array}{c} COOH \\ H-\!\!\!+\!\!\!-OH \\ CH_3 \end{array} \qquad \begin{array}{c} COOH \\ OH-\!\!\!+\!\!\!-H \\ CH_3 \end{array} \qquad \begin{array}{c} H\quad CH_3 \\ \diagdown\ \diagup \\ C \\ \| \\ C \\ \diagup\ \diagdown \\ H\quad CH_3 \end{array} \qquad \begin{array}{c} H_3C\quad H \\ \diagdown\ \diagup \\ C \\ \| \\ C \\ \diagup\ \diagdown \\ H\quad CH_3 \end{array}$$

(R)-(－)-乳酸　　(S)-(＋)-乳酸　　顺-2-丁烯　　反-2-丁烯

绕着分子内一个或几个单键转动而引起的原子在空间的不同排列叫做构象。构型一定的分子可以有无穷多个构象。在能量-转动角曲线上能量极小的构象叫做构象异构体。例如，丁烷绕着 $C^2—C^3$ 单键转动有三个构象异构体。

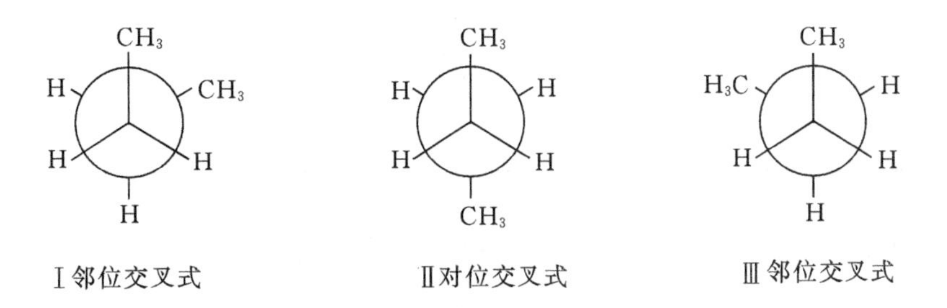

Ⅰ邻位交叉式　　Ⅱ对位交叉式　　Ⅲ邻位交叉式

立体异构体中，互为物像关系的叫作对映体，不是物像关系的叫做非对映体。例如，(＋)-酒石酸和(－)-酒石酸是对映体，(＋)-酒石酸和内消旋酒石酸、(－)-酒石酸和内消旋酒石酸是非对映体。顺反异构体是非对映体的一部分。例如，顺-2-丁烯和反-2-丁烯也是非对映体。此外，上述丁烷三个构象异构体中的Ⅰ和Ⅲ互为物像关系，是构象异构体；Ⅰ和Ⅱ、Ⅲ和Ⅱ不是物像关系，是构象非对映体。

遗憾的是，结构这个词还没有一个严格的、确切的定义。在有机化学中，曾经长时间地把结构当做构造的同义词来使用。根据 IUPAC 的建议，现在不再这样使用了。因此，有人认为，在涵义比构造广泛、深入的情况下，使用结构这个词，例如，物质结构、分子的立体结构(构型、构象)、分子的路易斯结构等。当然，这只是一种意见。此外，在有些书刊中仍然把结构作为构造的同义词来使用。因此，当遇到结构这个词时，最好是根据书刊中所叙述的具体内容来判断其涵义。

第 8 章习题

学习总结

第9章　卤代烃

学习目标

【掌握】卤代烃的命名和制法；卤代烃的化学性质和反应规律；卤代烃的鉴别。

【理解】亲核取代反应机理（S_N1，S_N2）；消除反应机理（E1，E2）；双键位置对卤原子活性的影响。

【了解】卤代烃的分类；卤代烃的物理性质；重要的卤代烃。

烃分子中的一个或几个氢原子被卤素原子取代生成的化合物，称为卤代烃，简称卤烃。卤代烃的通式为 R—X 或 Ar—X。卤原子（亦称卤基，—F，—Cl，—Br，—I）是其官能团。由于氟代烃的制法、性质和用途与其他卤代烃相差较多，故通常单独讨论，碘太贵，碘代烃在工业上没有什么重要意义，因此卤代烃一般指氯代烃、溴代烃。工业上最重要、大规模生产的是氯代烃。实验室中常用溴代烃合成有机化合物，由于 C—Br 键的活性比 C—Cl 键大，反应较易进行。

卤代烃在自然界中存在很少，主要存在于海洋生物中，绝大多数是由人工合成的。这些卤代烃被广泛用作农药、麻醉剂、灭火剂、溶剂等。由于碳卤键（C—X）是极性的，卤代烃的性质比较活泼，能发生多种化学反应生成各种重要的有机化合物。由此可见卤代烃是一类重要的化合物。

9.1　卤代烃的分类和命名法

9.1.1　卤代烃的分类

根据分子中烃基的不同，卤代烃可分为饱和卤代烃、不饱和卤代烃和卤代芳烃；根据分子中所含卤原子数目的多少可分为一元、二元、三元等卤代烃，二元和二元以上的卤代烃统称多元卤代烃。

饱和卤代烃：

CH_3I	⬡—Br	CH_2—CH_2（各连 Br）	$CHCl_3$
碘甲烷	溴（代）环己烷	1，2-二溴乙烷	三氯甲烷（氯仿）
一元卤代烃		二元卤代烃	三元卤代烃

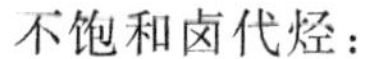

不饱和卤代烃：

$CH_2{=}CH{-}Cl$　　氯乙烯（一元卤代烃）

3-氯环己烯（一元卤代烃）

$HC{\equiv}CCH_2CH_2Br$　　4-溴-1-丁炔（一元卤代烃）

1-溴-2-碘环丁烯（二元卤代烃）

芳香卤代烃：

氯苯（一元卤代烃）

苄基溴（一元卤代烃）

邻二氯苯（二元卤代烃）

根据分子中与卤原子直接相连的碳原子(即 α -碳原子)的种类不同可分为伯(一级,1°)卤代烃、仲(二级,2°)卤代烃和叔(三级,3°)卤代烃。

伯(一级,1°)卤代烃：$CH_3CH_2CH_2Cl$。

仲(二级,2°)卤代烃：$(CH_3)_2CHBr$。

叔(三级,3°)卤代烃：$(CH_3)_3CCl$。

根据分子中卤原子的种类,卤代烃可分为氟代烃、氯代烃、溴代烃和碘代烃。

9.1.2 卤代烃的命名法

1. 习惯命名法

简单的卤代烃可根据与卤原子相连的烃基来命名,称为“某基卤”。例如：

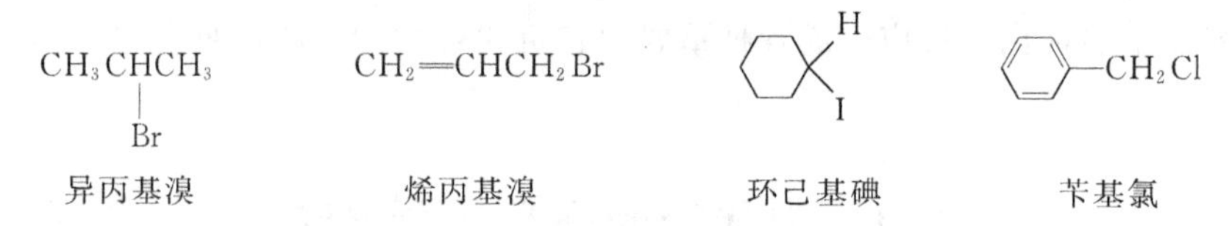

异丙基溴　　烯丙基溴　　环己基碘　　苄基氯

2. 系统命名法

复杂的卤代烃可用系统命名法命名,

卤代烷可以烷烃为母体,卤原子作为取代基;选择带有卤原子的最长碳链作为主链;先按“最低系列”原则给主链编号,然后按次序规则中“较优基团后列出”来命名。例如：

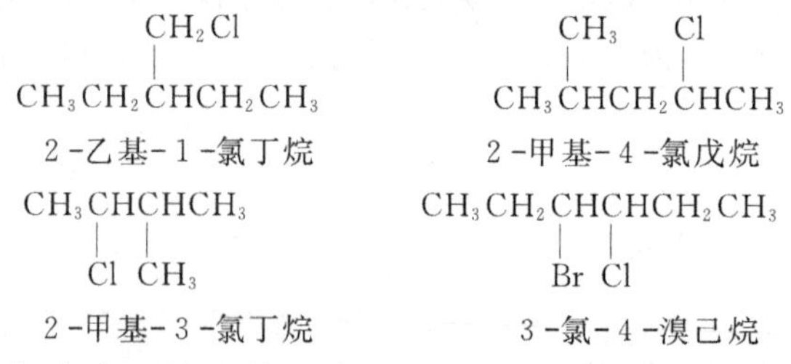

2-乙基-1-氯丁烷　　2-甲基-4-氯戊烷

2-甲基-3-氯丁烷　　3-氯-4-溴己烷

不饱和卤代烃应选择含有不饱和键和卤原子的最长碳链作为主链,从靠近不饱和键的一端开始将主链编号,以烯或炔为母体来命名。例如：

$H_2C{=}CH{-}Cl$　　3-Cl-环己烯结构式　　$HC{\equiv}CCH_2CH_2Br$

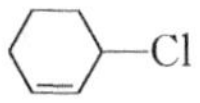

氯乙烯　　3-氯环己烯　　4-溴-1-丁炔

卤代芳烃的命名，当卤原子直接连在芳香环上时，以芳烃为母体，卤原子作为取代基来命名。例如：

$C_6H_5{-}Cl$　　$CH_3{-}C_6H_4{-}Cl$

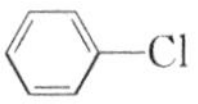

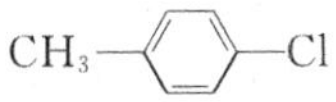

氯苯　　4-(或对)氯甲苯

当卤原子连在芳香环侧链上时，则以脂肪烃为母体，芳基和卤原子都作为取代基来命名。例如：

$C_6H_5{-}CH_2Cl$　　$C_6H_5{-}CH(CH_3)CH_2CH_2Cl$　　$CH_3{-}C(C_6H_5){=}CH{-}CH_2{-}Br$

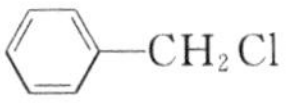

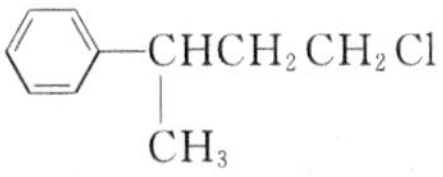

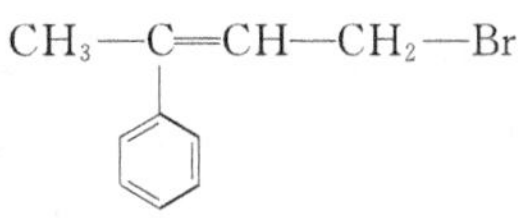

苯(基)氯甲烷（苄基氯）　　3-苯基-1-氯丁烷　　3-苯基-1-溴-2-丁烯

某些多卤代烷常用俗名或商品名。例如：

$CHCl_3$　　CHI_3　　CCl_2F_2　　$C_6H_6Cl_6$

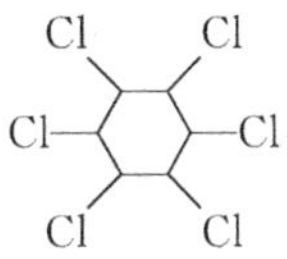

氯仿　　碘仿　　氟利昂－12　　六六六

9.2　卤代烃的制法

卤代烃在自然界极少存在，但它们又是有机合成的重要原料，所以，卤代烃的制备是有机化学中的一个重要问题。

9.2.1　由烃制备

1. 烷烃的卤化

在光照或加热条件下，烷烃可以和卤素(Cl_2或 Br_2)发生取代反应，生成卤代烷。例如：

$$\underset{}{CH_4} + \underset{(过量)}{4Cl_2} \xrightarrow{350\sim400\ ℃} \underset{(96\%)}{CCl_4} + 4HCl$$

2. 烯烃 α-氢原子被卤原子取代

在高温下，烯烃的 α-氢原子可被卤素取代。

3. 芳烃的卤化

在不同的反应条件下，可在芳烃的芳香环或侧链上引入卤原子。

4. 不饱和烃与卤素或卤化氢加成

烯烃或炔烃与卤素或卤化氢加成，可以制得一卤代烃或多卤代烃。

5. 芳香环上得氯甲基化

在催化剂无水氯化锌的作用下，芳烃与干燥的甲醛（通常用三聚甲醛$(CH_2O)_3$代替）和干燥的氯化氢反应，结果是苯环上的氢原子被氯甲基（$—CH_2Cl$）取代——氯甲基化。例如：

$$C_6H_6 + \frac{1}{3}(CH_2O)_3 + HCl \xrightarrow[\text{约 60 ℃}]{\text{无水 } ZnCl_2} C_6H_5CH_2Cl + H_2O$$

(79%)

这个反应与傅瑞德尔-克拉夫茨烷基化反应相似，也是苯环上的亲电取代。

苯、甲苯、乙苯、二甲苯等都发生这个反应。但是，当苯环上带有强的钝化苯环的取代基（如硝基）时，则不能发生氯甲基化反应。

$Ar—CH_2—Cl$ 容易发生水解、醇解、氰解和氨解等反应，所以芳烃的氯甲基化对于在苯环侧链 α-碳原子上引入官能团具有重要意义。

9.2.2 由醇制备

醇（ROH）与氢卤酸反应生成卤代烃（RX）。这是实验室中制备卤代烃常用的一种方法。

9.2.3 卤离子交换反应

卤代烷中的卤素可以被另一种卤素置换，例如，碘代烷常可由氯代烷或溴代烷通过亲核取代反应制得。

$$RCl + NaI \xrightarrow{\text{丙酮}} RI + NaCl$$

$$RBr + NaI \xrightarrow{\text{丙酮}} RI + NaBr$$

9.3 卤代烃的物理性质

常温常压下，氯甲烷、氯乙烷和溴甲烷是气体，其他卤代烷为液体，C_{15}以上的卤代烷为固体。一卤代烷的沸点随碳原子数的增加而升高。烷基相同而卤原子不同时，以碘代烷沸点最高，其次是溴代烷与氯代烷。在卤代烷的同分异构体中，直链异构体的沸点最高，支链越多，沸点越低。

一氯代烷密度小于 1，一溴代烷、一碘代烷及多卤代烷相对密度均大于 1。在同系列中，相对密度随碳原子数的增加而降低，这是因为卤素在分子中所占的比例逐渐减少。

卤代烷不溶于水，易溶于乙醇、乙醚等有机溶剂。某些卤代烷如 $CHCl_3$、CCl_4 等本身就是良好的溶剂。纯净的卤代烷是无色的，碘代烷因易受光、热的作用而分解，产生游离碘而逐渐变为红棕色。卤代烷在铜丝上燃烧时能产生绿色火焰，可以作为鉴定有机化合物中是否含有卤素的定性分析方法（氟代烃除外）。

一些卤代烃的物理性质见表 9-1。

表 9-1　卤代烃的一些物理常数

R—	—F		—Cl		—Br		—I	
	沸点/℃	相对密度	沸点/℃	相对密度	沸点/℃	相对密度	沸点/℃	相对密度
CH_3—	−78.4	0.84^{-60}	−23.8	0.92^{20}	36	1.73^{0}	42.5	2.28^{20}
CH_3CH_2—	−37.7	0.72^{20}	13.1	0.91^{15}	38.4	1.46^{20}	72	1.95^{20}
$CH_3CH_2CH_2$—	2.5	0.78^{-3}	46.6	0.89^{20}	70.8	1.35^{20}	102	1.74^{20}
$(CH_3)_2CH$—	−9.4	0.72^{20}	34	0.86^{20}	59.4	1.31^{20}	89.4	1.70^{20}
$CH_3(CH_2)_3$—	32	0.78^{20}	78.4	0.89^{20}	101	1.27^{20}	130	1.61^{20}
$CH_3CH_2CH(CH_3)$—			68	0.87^{20}	91.2	1.26^{20}	120	1.60^{20}
$(CH_3)_2CHCH_2$—			69	0.87^{20}	91	1.26^{20}	119	1.60^{20}
$(CH_3)_3C$—	12	0.75^{12}	51	0.84^{20}	73.3	1.22^{20}	$100_{分解}$	1.57^{0}
$CH_3(CH_2)_4$—	62	0.79^{20}	108.2	0.88^{20}	129.6	1.22^{20}	150^{740}	1.52^{20}
$(CH_3)_3CCH_2$—			84.4	0.87^{20}	105	1.20^{20}	$127_{分解}$	1.53^{13}
CH_2═CH—	−72	0.68^{26}	−13.9	0.91^{20}	16	1.52^{20}	56	2.04^{20}
CH_2═$CHCH_2$—	3		45	0.94^{20}	70	1.40^{20}	102～103	1.84^{22}
C_6H_5—	85	1.02^{20}	132	1.10^{20}	155	1.52^{20}	189	1.82^{20}
$C_6H_5CH_2$—	140	1.02^{-5}	179	1.10^{25}	201	1.44^{20}	93^{10}	1.73^{25}

9.4　卤代烷的化学性质

由于卤原子的电负性比碳原子大，C—X 键是极性共价键，比较容易断裂，使卤代烷能够发生多种反应，转变为其他有机化合物。卤原子是卤代烷的官能团。卤代烷的化学性质主要表现在卤原子上：(1)卤原子被其他原子或基团取代，生成其他类有机化合物——亲核取代；(2)从卤代烷分子中消去卤化氢，生成 C═C 双键——消除。反应时，卤代烷的活性顺序是碘代烷＞溴代烷＞氯代烷。

9.4.1　亲核取代反应

因为卤原子的电负性比碳原子的大，所以卤原子吸引电子，C—X 键之间的电子云密度偏向于卤原子，使卤原子带有部分负电荷，而碳原子带有部分正电荷，$\overset{\delta+}{C}—\overset{\delta-}{X}$。因此，与卤原子直接相连的碳原子，容易被带有负电荷或未共用电子对的试剂(如 RO^-、OH^-、CN^-、ROH、H_2O、NH_3 等)进攻，而卤原子则带着 C—X 键中的一对键合电子离去，最后生成产物。这种带有负电荷或未共用电子对的试剂，称为亲核试剂(常用 Nu 表示)。反应中被取代的卤原子以 X－形式离去，称为离去基团(常用 L 表示)。由亲核试剂的进攻而发生的取代反应，称为亲核取代反应。亲核取代通常用 S_N 表示——S 表示“取代”，N 表示“亲核的”，卤代烷所发生的取代反应是亲核取代反应，可表示如下：

$$Nu^{-}: + R-\overset{\delta+}{C}H_2-\overset{\delta-}{X} \longrightarrow R-CH_2-Nu + X^{-}:$$

亲核试剂　　卤代烷　　　取代产物　　离去基团

1. 水解

伯卤代烷与稀氢氧化钠水溶液反应时，主要发生取代反应生成醇——水解。例如：

$$R-X + NaOH \xrightarrow[\triangle]{H_2O} R-OH + NaX$$

2. 醇解

在相应的醇中，伯卤代烷与醇钠主要发生取代反应生成醚——醇解。例如：

$$R-X + NaOR' \xrightarrow{ROH} R-OR' + NaX$$

这是制备醚，特别是制备混合醚的重要方法，称为威廉姆逊合成法。

3. 氰解

伯卤代烷与氰化钠主要发生取代反应生成腈——氰解。例如：

$$R-X + NaCN \xrightarrow[\triangle]{ROH} R-CN + NaX$$

$$R-CN + H_2O \xrightarrow[\triangle]{H^+} RCOOH$$

由卤代烷生成腈时，分子中增加了一个碳原子。在有机合成上，这是增长碳链常用的一种方法。此外，这也是制备腈的一种方法。由于—CN 水解生成—COOH，还原生成—CH_2NH_2，所以，这也是从伯卤代烷制备羧酸 RCOOH 和胺 RCH_2NH_2的一种方法。但氰化钠有剧毒，故应用受到限制。

4. 氨解

伯卤代烷与氨主要发生取代反应生成胺——氨解。伯卤代烷与大大过量的氨反应生成伯胺。例如：

$$R-X + NH_3 \xrightarrow{ROH} R-NH_2 + HX$$

这个反应可以用来制备伯胺。

由于产物具有亲核性，除非使用大大过量的氨(胺)，否则反应很难停留在一取代阶段。如果卤代烷过量，产物是各种胺及季铵盐。

$$RNH_2 \xrightarrow[ROH]{RX} R_2NH \xrightarrow[ROH]{RX} R_3N \xrightarrow[ROH]{RX} R_4N^+X^-$$

如果不是伯卤代烷，而是叔卤代烷分别与 NaOH、RONa、NaCN 和 NH_3反应，发生的主要反应则不是取代，而是消除——消除一分子卤化氢生成烯烃。例如：

$$H_3C-\underset{CH_3}{\overset{CH_3}{\underset{|}{\overset{|}{C}}}}-Cl \xrightarrow[\text{或 NaCN 或 }NH_3]{\text{NaOH 或 RONa}} H_3C-\underset{CH_3}{\underset{|}{C}}=CH_2 + HCl$$

叔丁基氯　　　　　　　　　　异丁烯

如果是仲卤代烷，一般也生成较多的消除产物——烯烃。

5. 与硝酸银-乙醇溶液反应

卤代烷与硝酸银-醇溶液反应生成卤化银沉淀。

$$R—X + AgNO_3 \xrightarrow{\text{乙醇溶液}} \underset{\text{硝酸烷基酯}}{R—O—NO_2} + AgX\downarrow$$

卤代烷的活性顺序：

叔卤代烷＞仲卤代烷＞伯卤代烷

叔卤代烷生成卤化银沉淀最快——一般是立即反应；而伯卤代烷最慢——常常需要加热。此反应可用于卤代烷的定性鉴定。

6. 与碘化钠-丙酮溶液反应(卤离子交换反应)

碘化钠易溶于丙酮，而氯化钠和溴化钠不溶于丙酮，因此在丙酮中氯代烷和溴代烷可与碘化钠反应生成碘代烷和氯化钠或溴化钠沉淀，这样可使平衡向右移动促使反应继续进行。这是制备碘代烷比较方便而且产率较高的方法。

$$R—X + NaI \xrightarrow{\text{丙酮}} R—I + NaX\downarrow \quad (X=Cl\text{ 或 }Br)$$

卤代烷(氯代烷和溴代烷)的活性顺序：

伯卤代烷＞仲卤代烷＞叔卤代烷

此反应在有机分析上还可用来检验氯代烷和溴代烷。

9.4.2　消除反应

在卤代烷分子中，由于卤原子吸引电子，不仅 α -碳原子带有部分正电荷，β -碳原子也受到一定影响，带有更少量的部分正电荷，因此，β - C—H 上的电子云密度偏向于碳原子，从而使 β -氢原子表现出一定的活泼性。即由于卤原子的吸电子诱导效应的影响，使 β -氢原子比较活泼，在强碱性试剂的进攻下容易离去。因此卤代烷与强碱的水溶液反应时，虽然主要得到取代产物醇，但也或多或少生成了脱去卤化氢的产物烯烃：

$$\underset{\text{X}\quad\text{H}}{\overset{\text{1}\quad\text{2}}{\overset{\alpha\,|\quad\beta\,|}{—\text{C}—\text{C}—}}} \xrightarrow[H_2O]{NaOH} \begin{cases} \xrightarrow[-X^-]{\text{取代反应}} \underset{\text{OH}\,\text{H}}{\overset{|\quad|}{—\text{C}—\text{C}—}} \\ \xrightarrow[-HX]{\text{消除反应}} \text{C}=\text{C} \end{cases}$$

这种从一个分子中脱去两个原子或基团的反应，称为消除反应。消除通常用 E 表示。对于卤代烷脱去卤化氢，是从相邻两个碳原子上分别脱去一个原子(或基团)，即从 α(1)-碳原子上脱去卤原子，从 β(2)-碳原子上脱去氢原子，形成不饱和键(C ═ C 双键)，这种消除反应称为 α,β-消除反应简称 β -消除反应，亦称 1,2 -消除反应。这是最常见的一种消除反应。

伯卤代烷与强碱(如 NaOH 等)的稀水溶液共热时，主要发生卤原子被羟基取代的反应生成醇。而与强碱(如 NaOH 等)的浓醇溶液共热时，则主要发生脱去一分子卤化氢的消除反应生成烯烃。例如：

$$CH_3CH_2CH_2CH_2Br \begin{cases} \xrightarrow[\text{稀水溶液}]{NaOH,\triangle} CH_3CH_2CH_2CH_2OH + NaBr \\ \xrightarrow[\text{浓乙醇溶液}]{NaOH,\triangle} CH_3CH_2CH=CH_2 + NaBr + H_2O \end{cases}$$

卤代烷的活性顺序：

叔卤代烷＞仲卤代烷＞伯卤代烷

在仲卤代烷或叔卤代烷分子中，若存在几种不同的β-氢原子，进行消除时，就可能生成几种不同的烯烃。例如：

$$CH_3—CH_2—\underset{\displaystyle Br}{\underset{|}{CH}}—CH_3 \xrightarrow[\triangle]{KOH,乙醇} \underset{2-丁烯(81\%)}{CH_3—CH{=}CH—CH_3} + \underset{1-丁烯(19\%)}{CH_3—CH_2—CH{=}CH_2}$$

$$CH_3—CH_2—\underset{\displaystyle Br}{\underset{|}{\overset{\displaystyle CH_3}{\overset{|}{C}}}}—CH_3 \xrightarrow[\triangle]{KOH,乙醇} \underset{2-甲基-2-丁烯(71\%)}{CH_3—CH{=}\overset{\displaystyle CH_3}{\overset{|}{C}}—CH_3} + \underset{2-甲基-1-丁烯(29\%)}{CH_3—CH_2—\overset{\displaystyle CH_3}{\overset{|}{C}}{=}CH_2}$$

通过大量实验，札依采夫总结出以下规律：卤代烷消除卤化氢时，主要是从含氢较少的β-碳原子上消除氢原子形成烯烃，也就是生成双键碳上连接较多烃基的烯烃。这就是札依采夫规则。

3. 与金属镁反应——格氏试剂的生成

卤代烷能与某些金属(如锂、镁等)反应，生成金属原子与碳原子直接相连的一类化合物，也就是含有碳—金属键的化合物，这类化合物称为金属有机化合物。在金属有机化合物中，有机镁和有机锂化合物在有机合成中最为重要。它们的碳—金属键是高度极性的共价键($\overset{\delta-}{R}:\overset{\delta+}{M}gBr$ 和 $\overset{\delta-}{R}:\overset{\delta-}{Li}$)，富电子的碳(潜在的$R^-$离子)具有很强的亲核性和碱性。它既是一个极强的碱($pK_b \approx -28$)，又是一个很强的亲核试剂。本书只介绍有机镁化合物。

在甘醚(不含乙醇和水的乙醚称为绝对乙醚或无水乙醚，简称甘醚)中，卤代烷与金属镁反应，生成烷基卤化镁。

$$R—X + Mg \xrightarrow[回流]{基醚} \underset{烷基卤化镁}{R—Mg—X}$$

烷基卤化镁(RMgX)称为格利雅试剂，简称格氏试剂。凡是应用格氏试剂进行的反应，通称为格氏反应。

制备格氏试剂时，卤代烷的活性顺序：碘代烷＞溴代烷＞氯代烷。碘代烷太贵及较易发生偶联副反应，氯代烷活性较小，所以实验室中一般用溴代烷来制备格氏试剂。格氏试剂的产率：伯卤代烷＞仲卤代烷＞叔卤代烷。

$$CH_3CH_2CH_2CH_2Br + Mg \xrightarrow{无水乙醚} \underset{94\%}{CH_3CH_2CH_2CH_2MgBr}$$

$$CH_3CH_2\underset{\displaystyle Br}{\underset{|}{C}}HCH_3 + Mg \xrightarrow{无水乙醚} CH_3CH_2\underset{\displaystyle CH_3}{\underset{|}{C}}HMgBr \quad 78\%$$

格氏试剂是在乙醚中制备的。格氏试剂溶解在乙醚中，乙醚与格氏试剂生成如下所示的络合物：

$$
\begin{array}{c}
CH_3CH_2OCH_2CH_3 \\
\downarrow \\
R—Mg—X \\
\uparrow \\
CH_3CH_2OCH_2CH_3
\end{array}
$$

生成上述络合物是格氏试剂在乙醚中较易生成和在乙醚中较为稳定的一个原因。用格氏试剂合成各类有机化合物时，不需要把它从乙醚溶液中分离出来，而是直接使用它的乙醚溶液进行反应。

活性较小的卤代烃(如 $CH_2═CH—X$、$C_6H_5—X$ 等)制备格氏试剂时，则需要在环醚四氢呋喃(四氢呋喃环，缩写为 THF)中进行。

$$CH_2═CH—Cl + Mg \xrightarrow[\text{回流}]{\text{无水 THF}} CH_2═CH—MgCl$$

乙烯基型格氏试剂

这是因为四氢呋喃是一个环醚，它的立体阻碍比乙醚的小，路易斯碱的碱性比乙醚的强，能比乙醚更好地通过络合来稳定格氏试剂，从而更有利于格氏试剂的生成。

格氏试剂($\overset{\delta-}{R}—\overset{\delta+}{Mg}X$)作为碱，它能与含活泼氢的化合物(如酸、水、醇、氨、炔烃等)反应，被分解生成烷烃。

$$
RMgX \xrightarrow{\text{无水乙醚}}
\begin{cases}
\xrightarrow{H—OR} RH + Mg(OR)X \\
\xrightarrow{H—OH} RH + Mg(OH)X \\
\xrightarrow{H—OCOR} RH + Mg(OCOR)X \\
\xrightarrow{H—NH_2} RH + Mg(NH_2)X \\
\xrightarrow{H—X} RH + MgX_2 \\
\xrightarrow{R'—C≡C—H} RH + R'C≡X
\end{cases}
$$

上述反应都是酸碱反应，质子从弱碱转移到强碱，其中格氏试剂与末端炔烃反应，生成乙炔基型的格氏试剂是间接制备格氏试剂的一种方法。格氏试剂与水、醇的反应，说明了制备格氏试剂时，所用的醚为什么必须是无水、无醇的干醚。此外，格氏试剂也与氧反应生成氧化产物。

$$R—MgX + O_2 \longrightarrow R—O—O—MgX$$

$$R—O—O—MgX + R—MgX \longrightarrow 2R—O—MgX$$

因此，在制备格氏试剂时，最好是在氮气保护的情况下进行。

格氏试剂作为亲核试剂，在有机合成上有突出的重要性，这些反应将在以后相应的章节中介绍。

9.5 亲核取代和消除的反应机理

9.5.1 亲核取代反应机理

通过化学动力学和立体化学的研究发现，卤代烷的亲核取代反应，通常按两种反应机理进行:双分子亲核取代反应机理(S_N2)和单分子亲核取代反应机理(S_N1)。

1. 双分子亲核取代反应机理(S_N2)

实验表明,溴甲烷在碱性水溶液中的水解反应,其反应速率与溴甲烷和碱的浓度都成正比。

$$CH_3Br + OH^- \longrightarrow CH_3OH + Br^-$$

$$\upsilon = k[CH_3Br][OH^-]$$

说明 CH_3Br 和 OH^- 都参与了反应速率的控制步骤(慢步骤),因此认为,在离去基团溴原子离开碳原子(亦称中心碳原子)的同时,亲核试剂 OH^- 也与中心碳原子发生部分键合,即 C—Br 键的断裂与 C—OH 键的形成是同时进行的。C—Br 键断裂所需的能量,部分由 C—O 键形成时所放出的能量供给。当 C—Br 键断裂与 C—O 键形成处于"均势"(Br---C---O)时,体系的能量最高,称为过渡态(图 9-1 中能量曲线上的 T 点)。反应继续进行,最后 C—Br 键完全断裂,C—O 键完全形成,反应过程完成,生成产物。其反应机理及反应进程中的能量变化如图 9-1所示。

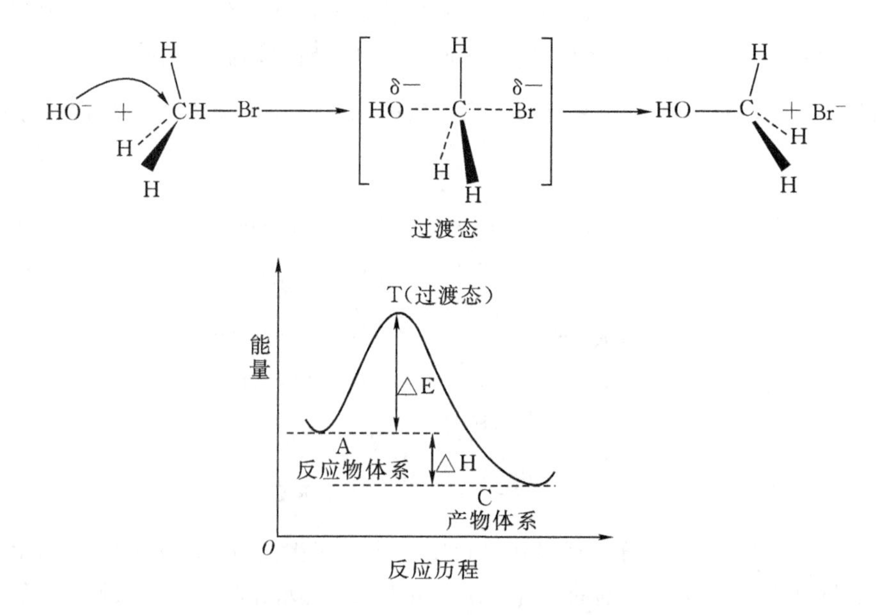

图 9-1 溴甲烷水解反应的能量曲线

在溴甲烷碱性水解反应时,亲核试剂 OH^- 进攻中心碳原子的方向,通常认为是从离去基团溴原子的背面沿着碳原子和溴原子连接的中心线进攻中心碳原子,因为这样进攻时,OH^- 受溴原子的电子效应和空间效应影响较小(量子力学计算也指出,从此方向进攻所需的能量最低)。立体化学的研究也证明了这一点。因为从化合物的构型考虑,亲核试剂 OH^- 从离去基团溴原子背面进攻中心碳原子,生成产物后,羟基处于原来溴原子的对面,所得产物甲醇与反应物溴甲烷具有相反的构型,称为构型反转,或构型转化。但是这种构型转化,只有当中心碳原子是手性碳原子时,才能观察出来(非手性碳原子构型翻转后仍然是同一个化合物)。例如,(S)-2-碘辛烷与放射线的 $^{128}I^-$ ($Na^{128}I$)作用,则转变为(R)-2-碘(^{128}I)辛烷。

$$^{128}I^- + \underset{H_3C}{\overset{C_6H_{13}}{H\cdots C}}-I \longrightarrow \left[{}^{128}\overset{\delta-}{I}\cdots\overset{C_6H_{13}}{\underset{H\quad CH_3}{C}}\cdots\overset{\delta-}{I} \right] \longrightarrow {}^{128}I-C\overset{C_6H_{13}}{\underset{CH_3}{\cdots H}}$$

(S)-2-碘辛烷　　　　过渡态　　　　(R)-2-碘(^{128}I)辛烷

像上述反应物和亲核试剂两者都参与了反应速率控制步骤的亲核取代反应，称为双分子亲核取代反应(S_N2)。

综上所述，S_N2 机理是一步反应，动力学上是二级反应，其立体化学特征是存在构型翻转。

2. 单分子亲核取代反应机理(S_N1)

实验表明，叔丁基溴在碱性水溶液中的水解反应，其反应速率只与叔丁基溴的浓度成正比，而与碱的浓度无关。

$$CH_3-\underset{CH_3}{\overset{CH_3}{C}}-Br + OH^- \longrightarrow CH_3-\underset{CH_3}{\overset{CH_3}{C}}-OH + Br^-$$

$$v = k[(CH_3)_3CBr]$$

说明只有叔丁基溴参与了反应速率的控制步骤。因此，可以认为反应的第一步是叔丁基溴在溶剂中首先离解成叔丁基正离子和溴负离子。在离解过程中，C—Br 键逐渐伸长，C—Br 键之间的电子云也逐渐偏移向溴原子，使碳原子上的正电荷和溴原子上的负电荷逐渐增加，经过渡态并继续离解，直至生成活性中间体叔丁基正离子和溴负离子。

$$\text{第一步}\quad CH_3-\underset{CH_3}{\overset{CH_3}{C}}-Br \xrightarrow{\text{慢}} \left[CH_3-\underset{CH_3}{\overset{CH_3}{\overset{\delta+}{C}}}\cdots\cdots\overset{\delta-}{Br} \right] \longrightarrow CH_3-\underset{CH_3}{\overset{CH_3}{C^+}} + Br^-$$

过渡态 T_1

由于 C—Br 共价键离解成离子需要的能量较高，故这一步反应是慢的。其离解时所需要的能量，可从生成的离子的溶剂化能中得到部分补偿，故叔丁基正离子是一个能量较高的活性中间体，但其能量比过渡态 T_1 低。反应的第二步是活性中间体叔丁基正离子与亲核试剂 OH^- 作用，生成产物叔丁醇。

$$\text{第二步}\quad CH_3-\underset{CH_3}{\overset{CH_3}{C^+}} + OH^- \xrightarrow{\text{快}} \left[CH_3-\underset{CH_3}{\overset{CH_3}{\overset{\delta+}{C}}}\cdots\cdots\overset{\delta-}{OH} \right] \longrightarrow CH_3-\underset{CH_3}{\overset{CH_3}{C}}-OH$$

过渡态 T_2

由于叔丁基正离子的能量较高且有较大的活性，它与 OH^- 的结合只需要较少的能量，而且反应是很快的。叔丁基正离子与 OH^- 的结合，也是逐渐进行的，且经过渡态最后生成叔丁醇。叔丁基溴水解反应的能量曲线如图 9-2 所示。

由图 9-2 可以看出，第一步反应所需的活化能$\triangle E_1$，比第二步反应所需的活化能$\triangle E_2$ 大很多，因此第一步是决定反应速率的慢步骤。由于在决定反应速率的慢步骤中只有反应物(如

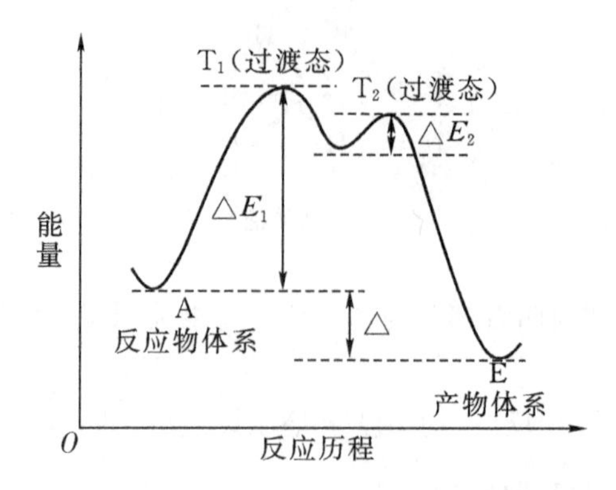

图 9-2　叔丁基溴水解反应的能量曲线

叔丁基溴)参加，所以将按这种机理进行的反应，称为单分子亲核取代反应(S_N1)。

由于 S_N1 反应的活性中间体是碳正离子，其中心碳原子为 sp^2 杂化，具有平面构型。当亲核试剂与之反应时，亲核试剂可以从平面的两侧进攻中心碳原子，因此，当中心碳原子是手性碳原子，分子具有旋光性时，反应以后，中心碳原子虽然仍为手性碳原子，但所得产物是由两个构型相反的化合物组成的外消旋混合物。与 S_N2 反应的立体化学特征是构型反转不同，S_N1 反应的立体化学特征是外消旋化。例如：

$$\underset{\text{(S)-}\alpha\text{-氯代乙苯}}{C_6H_5CH(CH_3)-Cl} \xrightarrow[H_2O]{OH^-} \underset{\text{平面构型}}{C_6H_5\overset{+}{C}H(CH_3)} \xrightarrow[H_2O]{OH^-} \underset{\substack{\text{(S)-}\alpha\text{-苯乙醇}\\ \text{构型保持 49\%}}}{C_6H_5CH(CH_3)-OH} + \underset{\substack{\text{(R)-}\alpha\text{-苯乙醇}\\ \text{构型反转 51\%}}}{HO-CH(CH_3)C_6H_5}$$

但是，由于影响因素较多，反应结果一般是发生部分外消旋化。常常构型翻转产物多于构型保持产物。

另外，由于 S_N1 反应生成碳正离子中间体，而越稳定的碳正离子越容易生成，因此反应按 S_N1 机理进行时，常伴有重排反应发生。例如：

$$H_3C-C(CH_3)_2-CHBr-CH_3 \xrightarrow[S_N1]{H_2O} H_3C-C(CH_3)_2-\overset{+}{C}H-CH_3 \xrightarrow{\text{重排}}$$

$$H_3C-\overset{+}{C}(CH_3)-CH(CH_3)-CH_3 \xrightarrow[-H^+]{H_2O} H_3C-C(OH)(CH_3)-CH(CH_3)-CH_3$$

这是 S_N1 反应的另一个特点，而 S_N2 反应则不发生重排。

综上所述，S_N1 机理是二步反应，动力学上是一级反应，常伴随部分外消旋化，也就是构型部分翻转。

9.5.2　消除反应机理

与亲核取代反应相似，β-消除反应的机理也有两种：双分子消除反应机理和单分子消除反应机理。

1. 双分子消除反应机理(E2)

在通常采用的消除卤化氢的反应条件下(与浓的强碱乙醇溶液共热)，卤代烷(无论是伯卤代烷、仲卤代烷、还是叔卤代烷)消除卤化氢一般都是 E2 机理，可以表示如下：

$$CH_3-\underset{H}{\overset{H}{C}}-CH_2-Br + OH^- \longrightarrow \left[CH_3-\underset{H\cdots\overset{\delta-}{OH}}{\overset{H}{C}}\text{==}CH_2\cdots\overset{\delta-}{Br} \right] \longrightarrow CH_3-CH=CH_2 + Br^- + H_2O$$

过渡态

$$v=k[CH_3CH_2CH_2Br][OH^-]$$

在发生 E2 反应时，OH^- 逐渐接近 β-H，逐渐与之结合，与此同时，X 带着一对键合电子逐渐离开中心碳原子，在此期间电子云也逐渐重新分配，经过一个过渡态，反应继续进行，最后旧键完全断裂，新键完全生成，形成烯烃。此反应是一步完成的，其反应速率与反应物和亲核试剂的浓度都成正比，故称为双分子消除反应机理。

OH^- 既是碱，又是亲核试剂。如果 OH^- 进攻的是卤代烷分子中的 α-碳原子，这时 OH^- 就是一个亲核试剂，导致 S_N2 反应发生(产物是 $R-CH_2-CH_2-OH$)；如果 OH^- 夺取的是卤代烷分子中的 β-氢原子，这时 OH^- 是一个碱，导致 E2 反应发生(产物是 $R-CH=CH_2$)。所以，S_N2 与 E2 经常是同时发生的两个互相平行、互相竞争的反应。

$$\underset{①}{H}-\overset{R}{\underset{\beta}{CH}}-\underset{②}{\overset{\alpha}{CH_2}}-X \xrightarrow{OH^-} \begin{cases} \xrightarrow[-X^-]{①S_N2} \overset{R}{CR_2}-CH_2-OH \\ \xrightarrow[-HX]{②E2} H\overset{R}{C}=CH_2 \end{cases}$$

2. 单分子消除反应机理(E1)

在 OH^- 浓度很低时，叔卤代烷消除卤化氢一般是 E1 机理，以叔丁基卤为例消除反应的机理可以表示如下：

$$H_3C-\underset{CH_3}{\overset{CH_3}{C}}-X \longrightarrow \left[H_3C-\underset{CH_3}{\overset{CH_3}{\overset{\delta+}{C}}}\cdots\overset{\delta-}{X} \right] \xrightarrow{-X^-} H_3C-\underset{CH_3}{\overset{CH_3}{C^+}} \quad (\text{慢})$$

过渡态 Ⅰ

$$\xrightarrow{OH^-} \left[H_3C-\underset{CH_2\cdots H\cdots\overset{\delta-}{OH}}{\overset{CH_3}{\overset{\delta+}{C}}} \right] \xrightarrow{-H_2O} H_3C-\underset{CH_2}{\overset{CH_3}{C}} \quad (\text{快})$$

过渡态 Ⅱ

$$v=k[(CH_3)_3CBr]$$

在发生 E1 反应时，首先卤代烷在碱性水溶液中离解为碳正离子，然后 OH^- 夺取卤代烷 β-氢原子发生消除反应生成烯烃。E1 机理是两步反应机理。第一步是慢步骤，第二步是快步骤，第一步是控制反应速率的一步，即反应速率取决于卤代烷的浓度，故称为单分子消除反应机理。

E1 和 S_N1 机理相似，第一步都生成碳正离子。在第二步中，如果 OH^- 与碳正离子结合，则导致 S_N1 反应发生(产物是$(CH_3)_3C—OH$)；如果 OH^- 夺取卤代烷 β-氢原子，导致 E1 反应发生(产物是$(CH_3)_2C=CH_2$)。所以，S_N1 与 E1 经常是同时发生的两个互相平行、互相竞争的反应。

$$(CH_3)_3C^+ \xrightarrow{OH^-} \begin{cases} \xrightarrow{S_N1} (CH_3)_3C—OH \\ \xrightarrow[-H_2O]{E1} (CH_3)_2C=CH_2 \end{cases}$$

与 S_N1 反应相似，E1 反应也常常发生重排反应。例如，在下列反应中，碳正离子(Ⅰ)不如(Ⅱ)稳定，由于越稳定的碳正离子越容易生成，因此发生甲基的重排反应。

$$(CH_3)_3C—CH_2Br \xrightarrow[\text{离解}]{C_2H_5OH} \underset{(\text{Ⅰ})}{(CH_3)_3C—\overset{+}{C}H_2} \xrightarrow[\text{重排}]{\text{甲基迁移}}$$

$$\underset{(\text{Ⅱ})}{(CH_3)_2\overset{+}{C}—CH_2—CH_3} \xrightarrow{-H^+} (CH_3)_2C=CH—CH_3$$

3. 取代反应和消除反应的竞争

由于亲核试剂(如 OH^-、RO^-、CN^- 等)本身也是碱，所以卤代烷发生亲核取代反应的同时也可能发生消除反应，而且每种反应都可能按单分子历程和双分子历程进行。因此卤代烷与亲核试剂作用时可能有四种反应历程，即 S_N1、S_N2、E1、E2。究竟哪种历程占优势，主要由卤代烷烃的结构、亲核试剂的性质(亲核性、碱性)、溶剂的极性及反应的温度等因素决定。

一般说来，叔卤代烷易发生消除反应，伯卤代烷易发生取代反应，而仲卤代烷则介于二者之间。对于一个给定的卤代烷，进攻试剂的碱性强、浓度大，溶剂的极性小，反应温度高都有利于消除；反之，则有利于取代。这就解释了从卤代烷消除卤化氢的经典方法为什么是用热的浓氢氧化钾乙醇溶液，而稀的氢氧化钠或氢氧化钾水溶液则有利于把卤代烷(伯卤代烷)转变成醇(S_N)。

从这里也可看出，有机化学的反应是比较复杂的，受许多因素的影响。在进行某种类型的反应时，往往还伴随有其他反应发生。在得到一种主要产物的同时，还有副产物生成。为了使主要反应顺利进行，以得到高产率的主要产物，应当仔细地分析反应的特点及各种因素对反应的影响，严格控制反应条件。

9.6　卤代烯烃和卤代芳烃

烯烃分子中的氢原子被卤原子取代后生成的产物叫做卤代烯烃。芳烃分子中的氢原子被卤原子取代后生成的产物叫做卤代芳烃。

9.6.1　卤代烯烃和卤代芳烃分类

根据分子中卤原子与双键(或芳香环)的相对位置不同,卤代烯烃和卤代芳烃可分为三类。

1. 乙烯基型卤代烃

卤原子与双键(或芳香环)上的碳原子直接相连。例如:

$$CH_2{=}CH{-}X \qquad C_6H_5{-}X$$

2. 烯丙基型卤代烃

卤原子与双键(或芳香环)上的碳原子相隔一个碳原子。例如:

$$CH_2{=}CHCH_2{-}X \qquad C_6H_5{-}CH_2{-}X$$

3. 孤立型卤代烃

卤原子与双键(或芳香环)上的碳原子相隔两个或两个以上的碳原子。例如:

$$CH_2{=}CH(CH_2)_n{-}X \qquad C_6H_5{-}(CH_2)_n{-}X \qquad n\geqslant 2$$

9.6.2　物理性质

常温下,卤代烯烃中的氯乙烯、溴乙烯为气体,其余多为液体,高级的卤代烯烃为固体。卤代芳烃大多为有香味的液体,苄基卤有催泪性。卤代芳烃相对密度都大于 1,不溶于水,易溶于有机溶剂。

9.6.3　化学性质

不同类型的卤代烃由于卤原子与双键或芳香环的相对位置不同,相互影响也不同,因此化学反应活性有很大差异。

1. 乙烯基型卤代烃

这类卤代烃的特点是卤原子的活性较小,例如,它们不与硝酸银-乙醇溶液反应。也不与碘化钠-丙酮溶液反应。在 $CH_3CH_2{-}Cl$ 与亲核试剂 $NaOH$、$RONa$、$NaCN$、NH_3 等发生取代反应的条件下,它们很难或者不发生反应。卤原子的活性顺序:

$$CH_3{-}CH_2{-}Cl \quad > \quad \begin{matrix} CH_2{=}CH{-}Cl \\ C_6H_5{-}Cl \end{matrix}$$

具有 $C{=}C{-}Cl$ 构造的卤代烃(如 $CH_2{=}CH{-}Cl$)的卤原子活性较小的原因是,在氯乙烯分子中,在 C、C 和 Cl 3 个原子之间存在着共轭 π 键——3 个原子、4 个电子的共轭 π 键(图 9-3)。

由于共轭 π 键的存在,增强了氯乙烯分子中的 Cl 原子与相邻 C 原子之间的结合能力。除了一个 σ 键外,还有一个共轭 π 键把 Cl 原子和 C 原子连接起来,从而使它们之间结合得更牢固。所以,氯乙烯分子中的 Cl 原子作为离去基 Cl^- 离去就较难(与 $CH_3—CH_2—Cl$ 分子中的 Cl 原子相比)。

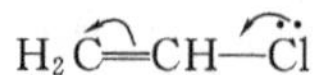

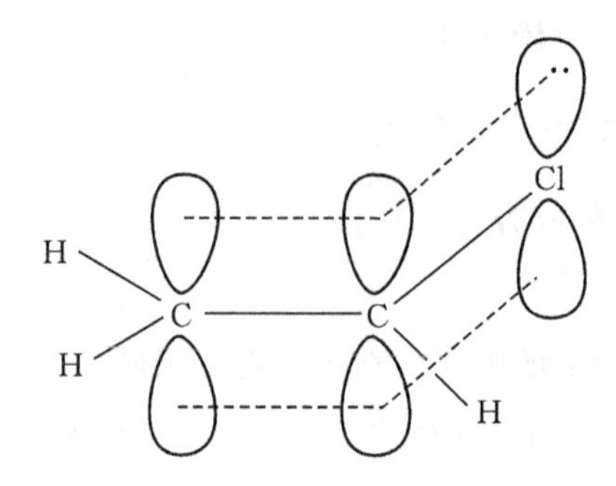

图 9-3　氯乙烯分子中的 σ 键和共轭 π 键

2. 烯丙基型卤代烃

这类卤代烃的特点是卤原子的活性较大(既可以按 S_N1 反应进行,又可以按 S_N2 反应进行),例如,它们与硝酸银-乙醇溶液反应时,立即生成卤化银沉淀。卤原子的活性顺序:

$CH_2═CH—CH_2—Cl$

$C_6H_5—CH_2—Cl$　>　$CH_3—CH_2—CH_2—Cl$

这是由它们分子的构造所决定的。

在烯丙基氯分子中,如果 Cl 原子作为离去基 Cl^- 离去,剩下的是烯丙基正离子 $CH_2═CH—CH_2^+$。在这个烯丙基正离子中,存在着一个 3 个原子、2 个电子的共轭 π 键(图 9-4)。由于共轭 π 键的存在,降低了烯丙基正离子的能量,稳定了烯丙基正离子,从而使 Cl 原子作为离去基 Cl^- 从烯丙基氯分子中离去生成烯丙基正离子比从 $CH_3—CH_2—CH_2—Cl$ 分子中离去生成 $CH_3—CH_2—CH_2^+$ 容易。这就是烯丙基氯分子中 Cl 原子活性较大的原因。

$H_2C═CH—\overset{+}{C}H_2$

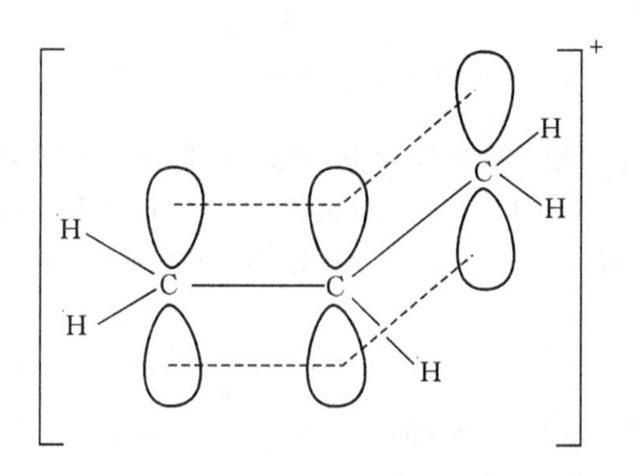

图 9-4　烯丙基正离子中的 σ 键和共轭 π 键

3. 孤立型卤代烃

孤立型卤代烃分子中的卤原子与碳碳双键(或芳香环)相隔较远,彼此相互影响很小,其化学性质与相应的卤代烷相似。

综上所述,三类卤代烃的反应活性为烯丙基型卤代烃>孤立型卤代烃>乙烯基型卤代烃。

卤代烃的鉴别:用 $AgNO_3$ 的乙醇溶液和不同烃基的卤代烃作用,根据卤化银沉淀生成的快慢,可以测得这些卤代烃的活性的次序。

$$R—X + AgNO_3 \xrightarrow{\text{乙醇溶液}} R—O—NO_2 + AgX\downarrow$$

一般来讲,具有相同烃基结构的卤代烃,反应活性的次序是 RI>RBr>RCl。而卤原子相同,烃基结构不同时,反应活性的次序是 3°>2°>1°。综合考虑,碘代烷或三级卤代烷在室温即可与硝酸银的乙醇溶液反应生成卤化银沉淀,而一级、二级氯代烷和溴代烷则需要温热几分钟才能产生卤化银沉淀。烯丙基型卤代烃的卤素非常活泼,能与硝酸银的乙醇溶液迅速进行反应,而乙烯基型卤代烃则不易发生此反应,即使在加热的条件下也不起反应。两个或多个卤原子连在同一个碳原子上的多卤代烷,也不发生反应。它们的化学活性次序可归纳如下:

$$>C=C(-)—CH_2X，C_6H_5—CH_2X > R_3CX > R_2CHX > RCH_2X > CH_3X > H_2C=CHX$$

9.7　重要的卤代烃

重要的卤代烃

第 9 章习题

学习总结

第 10 章　醇 酚 醚

学习目标

【掌握】醇、酚、醚的分类和命名法；醇、酚、醚的重要制法和化学性质。

【理解】醇与酚的结构特点所引起的化学性质的异同；氢键对醇、酚物理性质的影响；环氧乙烷的结构特征、反应活性及应用。

【了解】重要的醇、酚、双酚 A 和环氧树脂；冠醚的结构特点及其在有机反应中的应用。

醇、酚、醚都属于烃的含氧衍生物，醇和酚是烃的羟基衍生物，而醚通常是由醇或酚通过化学反应制得的，故合在一起讨论。

Ⅰ 醇

醇可以看成是烃分子中饱和碳原子上的氢原子被羟基（—OH）取代后的生成物，常用通式 R—OH 表示。羟基是醇的官能团。

10.1　醇的分类和命名法

10.1.1　醇的分类

根据醇分子中烃基的不同，醇可以分为脂肪醇、脂环醇和芳香醇（羟基连在芳香环的侧链）。根据醇分子中烃基是否饱和，醇可分为饱和醇和不饱和醇。例如：

$CH_3CH_2—OH$	环己基—OH	苯基—CH_2OH
乙醇	环己醇	苯甲醇
脂肪醇	脂环醇	芳香醇
饱和醇	饱和醇	饱和醇

$CH_2=CHCH_2OH$	$HC≡CCH_2OH$
2-丙烯醇（烯丙醇）	2-丙炔醇（炔丙醇）
脂肪醇	脂肪醇
不饱和醇	不饱和醇

根据醇分子中所含羟基的数目，醇可分为一元醇、二元醇和多元醇。例如：

$$CH_3CH_2OH$$
乙醇
一元醇

$$\begin{array}{cc} CH_2 - & CH_2 \\ | & | \\ OH & OH \end{array}$$
乙二醇（甘醇）
二元醇

$$\begin{array}{ccc} CH_2 - & CH - & CH_2 \\ | & | & | \\ OH & OH & OH \end{array}$$
丙三醇（甘油）
三元醇

$$\begin{array}{c} CH_2OH \\ | \\ HOH_2C - C - CH_2OH \\ | \\ CH_2OH \end{array}$$
新戊四醇（季戊四醇）
多元醇

根据羟基所连接的碳原子类型不同，醇可分为伯(1°)醇、仲(2°)醇和叔(3°)醇。羟基与伯碳原子相连的是伯醇，与仲碳原子相连的是仲醇，与叔碳原子相连的是叔醇。例如：

$$\overset{1^\circ}{RCH_2OH}$$
伯醇

$$\begin{array}{c} \quad\quad\quad 2^\circ \\ RCH_2 - CH - R' \\ \quad\quad | \\ \quad\quad OH \end{array}$$
仲醇

$$\begin{array}{c} R' \\ |3^\circ \\ R - C - R'' \\ | \\ OH \end{array}$$
叔醇

10.1.2 醇的命名法

1. 普通命名法

简单的一元醇可用普通命名法命名，即根据与羟基相连的烃基名称来命名。在“醇”字前面加上烃基的名称，一般把烃基中的“基”字省去。例如：

$$CH_3OH$$
甲醇

$$\begin{array}{c} OH \\ | \\ CH_3CH - CH_3 \end{array}$$
异丙醇

$$\begin{array}{c} CH_3 \\ | \\ CH_3 - CH - CH_2OH \end{array}$$
异丁醇

$$\begin{array}{c} CH_3 - CH_2 - CH - CH_3 \\ | \\ OH \end{array}$$
仲丁醇

$$\begin{array}{c} CH_3 \\ | \\ CH_3 - C - CH_3 \\ | \\ OH \end{array}$$
叔丁醇

$C_6H_{11}-OH$（环己基—OH）
环己醇

$C_6H_5-CH_2OH$（苯环—CH_2OH）
苄醇

2. 衍生命名法

衍生命名法是以甲醇为母体，把其他醇看作是甲醇的烃基衍生物。例如：

$(C_6H_5)_3C-OH$（三个苯环连于 C—OH）
三苯基甲醇

$$\begin{array}{c} CH_3 \\ | \\ CH_2 \\ | \\ CH_3 - CH_2 - C - OH \\ | \\ CH_2 \\ | \\ CH_3 \end{array}$$
三乙基甲醇

衍生命名法常用于构造不太复杂的醇的命名。

3. 系统命名法

构造比较复杂的醇，采用系统命名法。羟基为官能团，以醇为母体命名，命名原则：选择含有羟基的最长碳链为主链，把支链看作取代基，从离羟基最近的一端开始编号，按照主链所含碳原子的数目称为“某醇”；醇名称前按次序规则规定的顺序冠以取代基的位次、数目、名称及羟基的位次、数目。如果羟基在 1 位的醇，可省去羟基的位次数。例如：

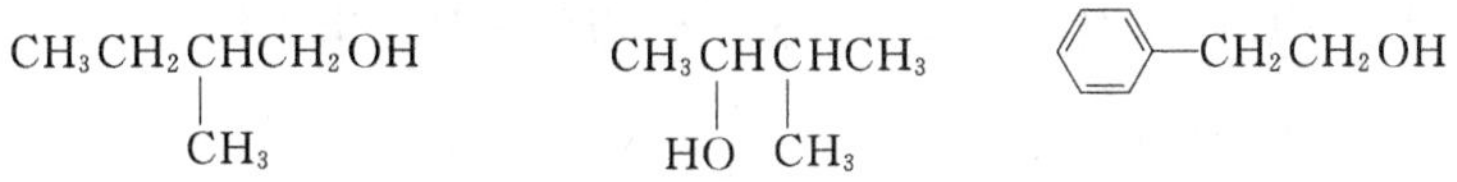

$CH_3CH_2CH(CH_3)CH_2OH$　　2-甲基-1-丁醇

$CH_3CH(OH)CH(CH_3)CH_3$　　3-甲基-2-丁醇

$C_6H_5-CH_2CH_2OH$　　2-苯基乙醇

不饱和醇应选择同时含有羟基和不饱和键的最长碳链作为主链。例如：

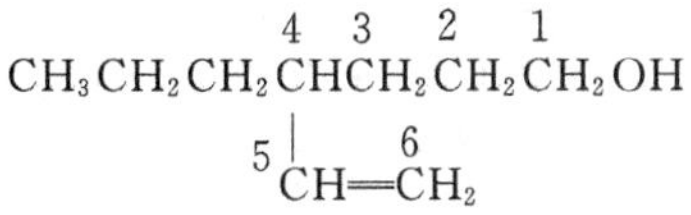

$\overset{}{CH_3CH_2CH_2}\overset{4}{C}H(\overset{5}{C}H=\overset{6}{C}H_2)\overset{3}{C}H_2\overset{2}{C}H_2\overset{1}{C}H_2OH$

4-丙基-5-己烯-1-醇

脂环醇则从连有羟基的环碳原子开始编号。例如：

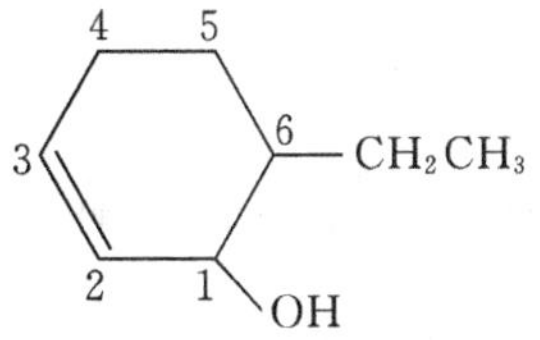

（环己烯环：C1 连 OH，C2=C3 双键，C6 连 CH_2CH_3）

6-乙基-2-环己烯-1-醇

10.2 醇的制法

10.2.1 烯烃酸催化水合

工业上以烯烃为原料，通过直接或间接水合法可制低级醇。除了乙烯水合可制得伯醇（乙醇）以外，其他烯烃水合的产物是仲醇或叔醇。例如：

$$CH_2=CH_2 + H_2O \xrightarrow[\sim300\ ℃,\ \sim7\ MPa]{磷酸-硅藻土} CH_3CH_2OH$$

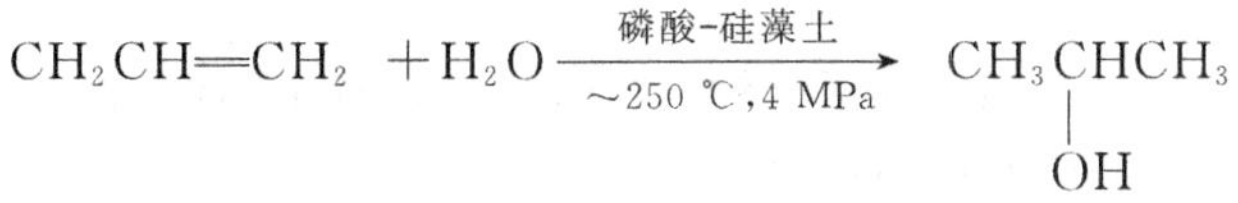

$$CH_2CH=CH_2 + H_2O \xrightarrow[\sim250\ ℃,4\ MPa]{磷酸-硅藻土} CH_3CH(OH)CH_3$$

10.2.2 卤代烃水解

$$R—X+H_2O \xrightarrow{OH^-} R—OH+HX$$

伯卤代烃和仲卤代烃水解时常需要碱溶液，叔卤代烃用水就可以水解。水解的主要副反应是消除反应，尤其是叔卤代烃更容易发生消除反应。此法应用范围有限，只有在相应的卤代烃容易得到时才有制备意义。例如，从烯丙基氯或苄氯合成烯丙醇或苄醇。

$$CH_2{=}CH—CH_2Cl + H_2O \xrightarrow{Na_2CO_3} CH_2{=}CH—CH_2OH + HCl$$

$$C_6H_5—CH_2Cl + H_2O \xrightarrow[105\ ℃]{Na_2CO_3} C_6H_5—CH_2OH + HCl$$

10.2.3 醛、酮、羧酸、酯的还原

醛、酮还原成相应的伯醇和仲醇，羧酸、酯还原为伯醇。

$$—\overset{|}{C}{=}O \xrightarrow{[H]} —\overset{|}{C}H—OH$$

$$—\overset{O}{\overset{\|}{C}}—OR \xrightarrow{[H]} —CH_2OH + ROH$$

还原可采用催化加氢法，Ni、Pt、Pd 和 Cu/Cr 氧化物是常用的催化剂；也可采用化学还原剂还原，$NaBH_4$、$LiAlH_4$是实验室中常用的还原剂。

10.2.4 格氏试剂合成

使用不同的醛和酮与格氏试剂反应可制备伯醇、仲醇和叔醇。

$$—\overset{|}{C}{=}O + RMgX \xrightarrow{干醚} \xrightarrow{H_2O} —\underset{R}{\underset{|}{\overset{|}{C}}}—OH$$

酯与格氏试剂反应可制备叔醇和仲醇。

$$—\overset{O}{\overset{\|}{C}}—OR + 2R'MgX \xrightarrow{干醚} \xrightarrow{H_2O} —\underset{R'}{\underset{|}{\overset{R'}{\overset{|}{C}}}}—OH + OH + ROH$$

10.3 醇的物理性质

常温常压下，$C_1 \sim C_4$的醇是无色透明带有酒味的液体；$C_5 \sim C_{11}$的醇是具有令人不愉快气味的无色油状液体；C_{12}以上的醇为无色无味的蜡状固体；二元醇、三元醇等多元醇是具有甜味的无色液体或固体。

醇分子中含有羟基，分子间能形成氢键。氢键比一般分子间作用力强得多，它明显地影响醇的物理性质。一些醇的物理常数见表 10-1。

表 10-1　醇的物理常数

名称	熔点/℃	沸点/℃	相对密度 d_4^{20}	折射率 $n_{(d^{20})}$	溶解度/(25 ℃) g·(100 g 水)$^{-1}$
甲醇	—97	64.96	0.7914	1.3288	∞
乙醇	—114.3	78.5	0.7893	1.3611	∞
1-丙醇	—126.5	97.4	0.8035	1.3850	∞
1-丁醇	—89.53	117.25	0.8098	1.3993	8.00
1-戊醇	—79	137.3	0.817	1.4101	2.70
1-癸醇	7	231	0.829	—	—
2-丙醇	—89.5	82.4	0.7855	1.3776	∞
2-丁醇	—114.7	99.5	0.808	1.3978	12.5
2-甲基-1-丙醇	—108	108.39	0.802	1.3968	11.1
2-甲基-2-丙醇	25.5	82.2	0.789	1.3878	∞
2-戊醇	—	118.9	0.8103	1.4053	4.9
2-甲基-1-丁醇	—	128	0.8193	1.4102	
2-甲基-2-丁醇	—12	102	0.809	1.4052	12.15
3-甲基-1-丁醇	—117	131.5	0.812	1.4053	3
2-丙烯-1-醇	—129	97	0.855		∞
环己醇	25.15	161.5	0.9624	1.4041	3.6
苯甲醇	—15.3	205.35	1.0419	1.5396	4
乙二醇	—16.5	198	1.13	1.4318	∞
丙三醇	20	290(分解)	1.2613	1.4746	∞

低级醇的沸点比相对分子质量相近的烷烃和卤代烃高得多(表 10-2)。

表 10-2　低级醇与分子量相近的烷烃和卤代烃的沸点

物质	相对分子质量	沸点/℃	物质	相对分子质量	沸点/℃
CH_3OH	32	65	CH_3Cl	50	−23.8
CH_3CH_3	30	−88.5	$CH_3CH_2CH_2OH$	60	97.4
CH_3CH_2OH	46	78.5	$CH_3(CH_2)_2CH_3$	58	0
$CH_3CH_2CH_3$	44	−42	CH_3CH_2Cl	64	13.1

低级醇沸点较高的原因:醇分子中羟基的极性较强,醇分子间通过氢键缔合。

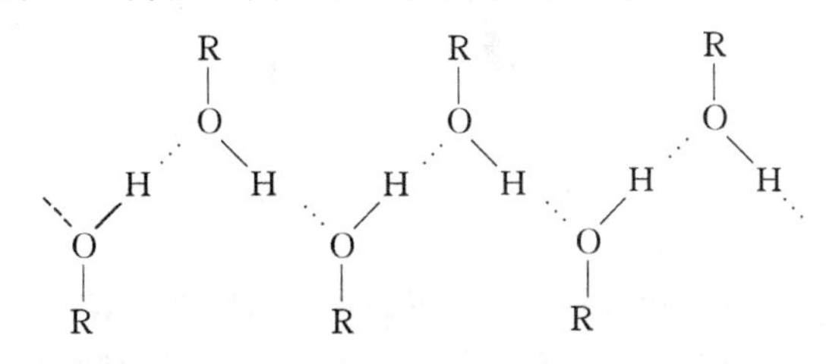

要使醇达到沸点,除提供克服分子间的范德华力所需的能量以外,还需提供破坏氢键所需

的能量(氢键键能为 16~33 kJ·mol^{-1})。因此,低级醇的沸点较高。醇分子中烃基的存在对缔合有阻碍作用,烃基越大,阻碍作用越大。因此,随着相对分子质量的增加,醇分子间形成氢键的难度加大,沸点也越来越与相应的烷烃接近。同样原因,烃基的数目越多,对形成氢键的空间阻碍作用也越大。因此在醇的同分异构体中,直链醇的沸点比支链醇高,支链越多,沸点越低。

C_1~C_3的醇可以任何比例与水混溶,C_4以上的醇随相对分子质量的增加,在水中的溶解度显著降低,C_9以上的醇实际上已不溶于水。这是因为低级醇与水分子间也能形成氢键(图10-1),所以易溶于水。

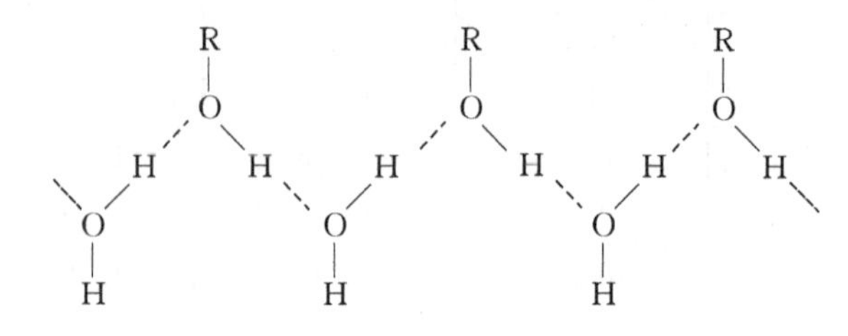

图 10-1 醇和水分子间的氢键

随着醇分子中烃基的增大,空间阻碍作用加大,难与水形成氢键,醇在水中的溶解度也逐渐减小,直到不溶。多元醇由于分子中羟基较多,与水分子间形成氢键的机会增多,所以在水中的溶解度也较大。例如乙二醇、丙三醇等具有强烈的吸水性,常用作吸湿剂和助溶剂。

饱和一元醇的相对密度小于1,比水轻。芳香醇和多元醇的相对密度大于1,比水重。

低级醇能与某些无机盐类形成结晶醇,如 $MgCl_2 \cdot 6CH_3OH$ 、$CaCl_2 \cdot 4C_2H_5OH$、$CaCl_2 \cdot 4CH_3OH$等。结晶醇不溶于有机溶剂而溶于水,在实际工作中常利用这一性质使醇与其他化合物分离,或从反应产物中除去少量醇类杂质。例如,工业用的乙醚中,常杂有少量乙醇,利用乙醇与 $CaCl_2$生成结晶醇的性质,可引入 $CaCl_2$除去乙醚中的少量乙醇。也由于这一性质,实验室中干燥醇类时不能使用无水 $CaCl_2$等作为干燥剂。

10.4 醇的化学性质

最简单的醇是甲醇。测定其结构可知 C—O—H 的键角为 108.9°,由此表明醇分子中的氧原子呈 sp^3杂化状态,两个 sp^3杂化轨道分别与氢原子、碳原子成键,两对孤对电子分别占据其他两个 sp^3杂化轨道。由于醇分子中氧的电负性比氢、碳都强,因此氧原子上电子云密度较高,与其相连的碳原子和氢原子上的电子云密度较低,使分子呈现较强的极性。图 10-2 是甲醇的结构。

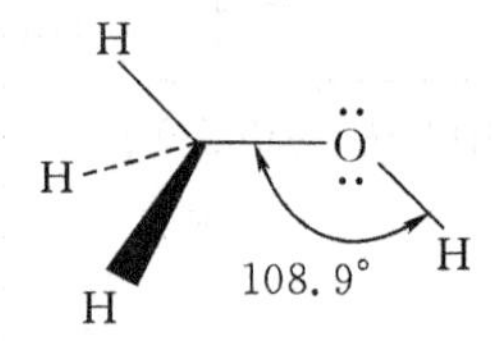

图 10-2 甲醇的结构

醇的化学性质主要发生在官能团羟基及受羟基影响而比较活泼的 α-H 和 β-H 上:O—H键断裂,氢原子被取代;C—O 键断裂,羟基被取代;α-(或 β-)C—H 键断裂,形成不饱和键。

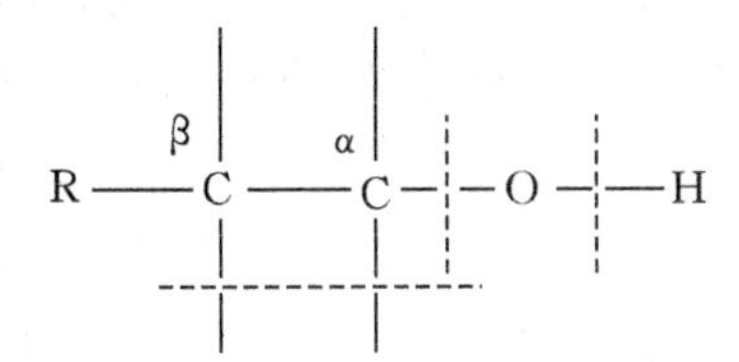

10.4.1 醇的酸碱性

水可以与金属钠反应，生成氢氧化钠和氢气。

$$2H_2O + 2Na \longrightarrow 2NaOH + H_2\uparrow$$

乙醇也可以和金属钠反应，生成乙醇钠和氢气，醇分子中的羟基（—O—H）的氢也可以被金属钠取代生成醇钠和氢气。

$$2C_2H_5OH + 2Na \longrightarrow 2C_2H_5ONa + H_2\uparrow$$

生成的乙醇钠溶解在过量的乙醇中。若使反应在无水乙醚中进行，则得到固态的乙醇钠。

醇与金属钠反应比水与金属钠反应缓和得多，这说明醇的酸性比水（$pK_a = 15.7$）要弱，或者说烷氧基负离子 RO^- 的碱性比 OH^- 强，所以当醇钠遇水时立即水解而恢复到醇和氢氧化钠。

$$RCH_2ONa + H_2O \longrightarrow RCH_2OH + NaOH$$

随着醇烃基的逐渐加大，醇与金属钠反应的速率也会逐渐减慢。醇的反应活性顺序：

甲醇＞ 伯醇 ＞ 仲醇 ＞ 叔醇

醇分子中的 O—H 键的强弱决定着羟基氢原子的活泼性，三级醇羟基的氧受到三个供电子基团（R）的影响，使氧原子上的电子云密度较高，氢原子和氧原子结合得比较牢。而一级醇羟基的氧只受到一个供电子基团（R）的影响，氧原子上的电子云密度较低，氢原子受到的束缚力较小，易被取代。

醇钠在有机合成中作为强碱试剂，其碱性比 NaOH 还强。另外醇钠也常用作分子中引入烷氧基（RO^-）的亲核试剂。

醇不仅具有酸性而且还具有碱性。

醇分子中羟基氧原子上有孤电子对，能从强酸接受质子生成𬭩盐：

$$C_2H_5-\ddot{\underset{..}{O}}H + HI \rightleftharpoons C_2H_5-\overset{+}{\ddot{\underset{..}{O}}}HI^-$$

醇还能与路易斯酸生成𬭩盐：

$$C_2H_5-\ddot{\underset{..}{O}}H + BF_3 \rightleftharpoons C_2H_5-\ddot{\underset{\underset{BF_3}{..}}{O}}H$$

10.4.2 羟基被卤原子取代

醇与氢卤酸反应生成卤代烷，反应中醇羟基被卤原子取代。

$$R-OH + HX \longrightarrow R-X + H_2O$$

其反应速率与醇的结构和氢卤酸的性质有关。醇的活性次序：烯丙醇、苄醇＞ 叔醇 ＞ 仲

醇 > 伯醇。叔醇易反应，只需浓盐酸在室温振荡即可反应，氢溴酸在低温也能与叔醇进行反应。如用氯化氢、溴化氢气体在 0 ℃通过叔醇，反应在几分钟内就可完成，这是制备叔卤代烷的常用方法。

$$CH_3-\underset{\underset{OH}{|}}{\overset{\overset{CH_3}{|}}{C}}-CH_3 \xrightarrow[\text{室温}]{\text{浓 HCl}} CH_3-\underset{\underset{Cl}{|}}{\overset{\overset{CH_3}{|}}{C}}-CH_3$$

氢卤酸的活性次序：HI > HBr > HCl（HF 通常不起反应）。若用伯醇分别与这三种氢卤酸反应，氢碘酸可直接反应，氢溴酸需用硫酸来增强酸性，而浓盐酸需与无水氯化锌混合使用，才能发生反应。氯化锌是强的路易斯酸，在反应中的作用与质子酸类似。例如：

$$CH_3CH_2CH_2CH_2OH \xrightarrow[\Delta]{HI} CH_3CH_2CH_2CH_2I$$

$$CH_3CH_2CH_2CH_2OH \xrightarrow[\Delta]{HBr,H_2SO_4} CH_3CH_2CH_2CH_2Br$$

$$CH_3CH_2CH_2CH_2OH \xrightarrow[\Delta]{HCl,ZnCl_2} CH_3CH_2CH_2CH_2Cl$$

浓盐酸和无水氯化锌的混合物称为卢卡斯试剂。可用来鉴别六碳和六碳以下的伯、仲、叔醇，将三种醇分别加入盛有卢卡斯试剂的试管中，经振荡后可发现，叔醇立刻反应，生成油状氯代烷，它不溶于酸，溶液呈浑浊后分两层，反应放热；仲醇 2～5 min 反应，放热不明显，溶液分两层；伯醇在室温下几乎不反应，必须加热才能反应。

醇与氢氯酸的反应是亲核取代反应。醇羟基不是一个好的离去基团，必须酸催化，使羟基质子化生成𬸚离子后以水的形式离去，从而提高离去基团的离去能力。

$$R-OH+H^+ \rightleftharpoons R-\overset{+}{O}H_2 \xrightarrow[S_N1\text{ 或 }S_N2]{X^-} R-X+H_2O$$

氢卤酸与大多数伯醇按 S_N2 机理进行反应：

$$RCH_2OH+HX \rightleftharpoons RCH_2\overset{+}{O}H_2+X^-$$

$$X^-+RCH_2-\overset{+}{O}H_2 \longrightarrow RCH_2X+H_2O$$

氢卤酸与大多数仲、叔醇和空间位阻特别大的伯醇按 S_N1 机理进行反应：

$$ROH+HX \rightleftharpoons R\overset{+}{O}H_2+X^-$$

$$R\overset{+}{O}H_2 \rightleftharpoons R^+ + H_2O$$

$$R^+ + X^- \rightleftharpoons RX$$

如果按 S_N1 机理反应，就有重排产物产生，如 2 -戊醇与氢溴酸反应生成 86%的 2 -溴戊烷与 14%的 3 -溴戊烷；异丁醇在氢溴酸与硫酸中加热反应，有 80%的异丁基溴与 20%的叔丁基溴生成，新戊醇由于 β 位位阻太大，得到的是重排产物 2 -甲基- 2 溴丁烷。

$$CH_3-\underset{H}{\overset{CH_3}{\underset{|}{\overset{|}{C}}}}-\underset{OH}{\underset{|}{CH}}-CH_3 \xrightleftharpoons{H^+} CH_3-\underset{H}{\overset{CH_3}{\underset{|}{\overset{|}{C}}}}-\underset{\overset{+}{O}H_2}{\underset{|}{CH}}-CH_3 \xrightleftharpoons{-H_2O} CH_3-\underset{H}{\overset{CH_3}{\underset{|}{\overset{|}{C}}}}-\overset{+}{C}H-CH_3\ (2^\circ)$$

$$\xrightleftharpoons{\text{重排}} CH_3-\underset{(3^\circ)}{\overset{CH_3}{\overset{|}{\overset{+}{C}}}}-CH_2-CH_3 \xrightarrow{Br^-} CH_3-\underset{Br}{\overset{CH_3}{\underset{|}{\overset{|}{C}}}}-CH_2-CH_3$$

唯一产物

10.4.3　脱水反应

在浓硫酸或氧化铝的催化作用下，醇能发生脱水反应。醇的脱水反应有两种方式，一种是在较高温度下分子内脱水生成烯烃，另一种是在较低温度下分子间脱水生成醚。

分子内脱水：

$$\underset{H}{\underset{|}{CH_2}}-\underset{OH}{\underset{|}{CH_2}} \xrightarrow[\text{或 } Al_2O_3\text{，360 ℃}]{\text{浓 } H_2SO_4\text{，170 ℃}} CH_2=CH_2$$

乙烯

分子间脱水：

$$CH_3CH_2-OH + H-OCH_2CH_3 \xrightarrow[\text{或 } Al_2O_3\text{，240 ℃}]{\text{浓 } H_2SO_4\text{，140 ℃}} CH_3CH_2OCH_2CH_3$$

乙醚

实验室中常用醇脱水反应来制取少量烯烃。

醇在发生分子内脱水反应时，与卤代烷脱卤化氢相似，遵循札依采夫规则，即脱去羟基和与它相邻的含氢较少的碳原子上的氢原子，而生成含烷基较多的烯烃。例如：

$$CH_3\overset{CH_3}{\overset{|}{C}H}\underset{H}{\underset{|}{C}H}\underset{OH}{\underset{|}{C}H}CH_3 \xrightarrow[350\sim400\ ℃]{Al_2O_3} CH_3\overset{CH_3}{\overset{|}{C}H}CH=CHCH_3$$

$$CH_3\underset{H}{\underset{|}{C}H}-\underset{OH}{\overset{CH_3}{\underset{|}{\overset{|}{C}}}}-CH_3 \xrightarrow[90\sim95\ ℃]{46\%\ H_2SO_4} CH_3CH=\overset{CH_3}{\overset{|}{C}}-CH_3$$

各级醇分子内脱水反应的活性：

叔醇＞仲醇＞伯醇

10.4.4　酯化反应

醇与无机含氧酸作用，发生分子间脱水生成酯。

1. 硫酸酯的生成

醇与硫酸作用，断裂 C—O 键，生成酸性硫酸氢酯和中性硫酸酯。例如：

$$CH_3CH_2-OH + H-OSO_2OH \rightleftharpoons CH_3CH_2OSO_2OH + H_2O$$

硫酸氢乙酯（乙基硫酸）

硫酸氢脂是酸性酯，可以和碱作用生成盐。高级醇的硫酸氢脂的钠盐如十二醇的硫酸氢酯的钠盐（$C_{12}H_{25}-O-SO_2ONa$）是一种合成洗涤剂，具有去污垢的作用。

把硫酸氢甲酯或乙酯在减压条件下蒸馏即可得到硫酸二甲酯或二乙酯。

$$CH_3CH_2OSO_2-OH + HOSO_2-OCH_2CH_3 \xrightarrow{\text{减压蒸馏}} \underset{\text{硫酸二乙酯}}{CH_3CH_2OSO_2OCH_2CH_3} + H_2SO_4$$

硫酸二甲酯或二乙酯是中性酯，不溶于水，具有很强的毒性，在有机合成中用作烷基化试剂，可以通过此反应向其他化合物中引入甲基或乙基。

2. 硝酸酯的生成

醇与硝酸作用，生成硝酸酯。工业上用丙三醇（甘油）与浓硝酸发生酯化反应，可以制得三硝酸甘油酯：

$$\begin{array}{l} CH_2-OH \\ | \\ CH-OH \\ | \\ CH_2-OH \end{array} + 3H-ONO_2 \xrightarrow[10\sim20\ ^\circ C]{\text{浓 }H_2SO_4} \begin{array}{l} CH_2-ONO_2 \\ | \\ CH-ONO_2 \\ | \\ CH_2-ONO_2 \end{array} + 3\,H_2O$$

三硝酸甘油酯（硝酸甘油）

三硝酸甘油酯俗称硝化甘油，是无色或淡黄色黏稠液体。受热或撞击时立即发生爆炸，是一种烈性炸药。由于其具有扩张冠状动脉的作用，在医学上用作治疗心绞痛的急救药物。

3. 磷酸酯的生成

醇与磷酸作用，生成磷酸酯。例如：

$$3C_4H_9OH + (HO)_3P{=}O \longrightarrow (C_4H_9O)_3P{=}O + 3H_2O$$

磷酸三丁酯

磷酸三丁酯常用作萃取剂或增塑剂。许多磷酸酯是重要的农药。

4. 羧酸酯的生成

醇与有机酸或酰卤、酸酐反应可生成羧酸酯。例如：

$$CH_3CH_2OH + \underset{\overset{\|}{O}}{CH_3COH} \overset{H^+}{\rightleftharpoons} \underset{\overset{\|}{O}}{CH_3COC_2H_5} + H_2O$$

乙酸乙酯

这个反应将在第 12 章中进一步介绍。

10.4.5 氧化与脱氢

氧化反应是有机化学中较重要和较普遍的反应，广义地讲在有机化合物分子中加入氧或脱去氢都属于氧化反应。醇分子中与羟基直接相连的 α-碳原子上若有氢原子，由于羟基的影响，α-H 较活泼，较易脱氢或氧化生成羰基化合物。

1. 氧化

伯醇在重铬酸钾的硫酸溶液中氧化先生成醛，醛能继续氧化生成酸，生成的醛和酸与原来的醇含有相同的碳原子数。如果要制得醛，必须把生成的醛立即从反应混合物中蒸馏除去，以避免继续氧化成羧酸，此法只能用于制备低沸点（<100 ℃）醛。

$$\underset{\text{伯醇}}{R-CH_2-OH}+\underset{\text{橙红}}{Cr_2O_7^{2-}}\longrightarrow \underset{\text{醛}}{R-\overset{\overset{H}{|}}{C}=O}+\underset{\text{绿}}{Cr^{3+}}$$

$$\xrightarrow{K_2Cr_2O_7} \underset{\text{羧酸}}{R-C(=O)OH}$$

沙瑞特试剂是近年来开发的高选择性氧化剂，它是三氧化铬-吡啶络合物 $CrO_3\cdot 2C_5H_5N$（将 CrO_3 小心地加到过量吡啶中所形成的络合物），它可控制伯醇氧化生成醛而不继续氧化生成酸，且产率较高。例如：

$$C_6H_5-CH=CH-CH_2OH \xrightarrow[CH_2Cl_2,25\ ℃]{\text{三氧化铬-吡啶络合物}} C_6H_5-CH=CH-CHO \quad (81\%)$$

这类氧化剂对碳碳双键、三键也无影响。

仲醇氧化会生成与醇含有相同碳原子数的酮。

$$\underset{\text{仲醇}}{R-\underset{\underset{OH}{|}}{CH}-R'} \xrightarrow[\text{或 }CrO_3\text{ 冰醋酸}]{K_2Cr_2O_7} \underset{\text{酮}}{R-\underset{\underset{O}{\|}}{C}-R'}$$

叔醇分子中不含 α—氢，在上述条件下不被氧化。但在剧烈条件下与高锰酸钾或重铬酸钾的硫酸溶液一起加热回流，则氧化断链生成含碳原子数较少的产物。

$$\underset{\text{叔丁醇}}{CH_3-\underset{\underset{CH_3}{|}}{\overset{\overset{CH_3}{|}}{C}}-OH} \xrightarrow{[O]} \underset{\text{丙酮}}{CH_3-\underset{\underset{O}{\|}}{C}-CH_3} + \underset{\text{甲醛}}{H-\underset{\underset{O}{\|}}{C}-H}$$

$$\text{丙酮}\xrightarrow{[O]}\underset{\text{乙酸}}{CH_3COOH}+CO_2 \qquad \text{甲醛}\xrightarrow{[O]}CO_2+H_2O$$

重铬酸钾的硫酸溶液一般对碳碳双键、三键无影响。反应时 $Cr_2O_7^{2-}$ 被还原为 Cr^{3+}，溶液由橙红色变成绿色，所以可用于醇的鉴别。例如检查司机是否酒后驾车的“呼吸分析仪”就是根据乙醇被重铬酸钾氧化后，溶液变色的原理设计的。

2. 脱氢

伯、仲醇的蒸气在高温下通过催化剂活性铜时发生脱氢反应，生成醛或酮。

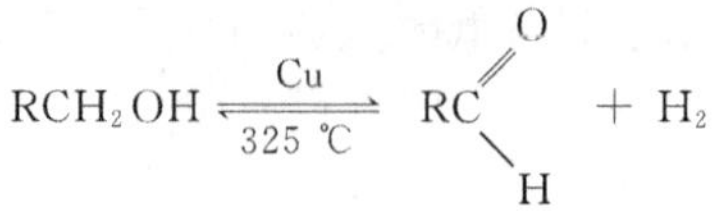

$$RCH_2OH \underset{325\ ℃}{\overset{Cu}{\rightleftharpoons}} RCHO + H_2$$

醛

$$RR'CH—OH \underset{325\ ℃}{\overset{Cu}{\rightleftharpoons}} RR'C=O + H_2$$

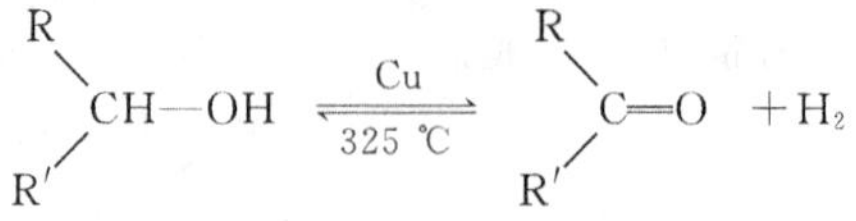

酮

如果同时通入空气，则氢气被氧化成水，反应可以进行到底。例如：

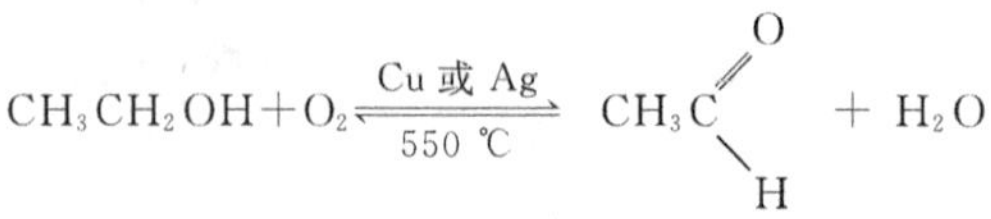

$$CH_3CH_2OH + O_2 \xrightarrow[550\ ℃]{Cu 或 Ag} CH_3CHO + H_2O$$

催化脱氢对 C═C 双键的存在没有影响，是工业上生产醛、酮常用的方法。

10.5 重要的醇

重要的醇

Ⅱ 酚

10.6 酚的命名法

酚是通式为 Ar—OH 的化合物，是羟基直接连在芳香环上的化合物。最简单的酚是苯酚（C_6H_5—OH）。

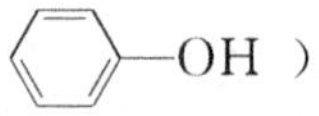

酚的命名一般是在酚字的前面加上芳香环的名称作为母体。其他取代基按最低系列原则及立体化学中的次序规则冠以位次、数目和名称。例如：

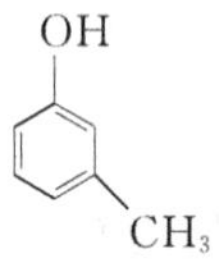

间甲苯酚 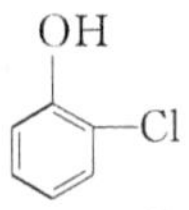　　邻氯苯酚 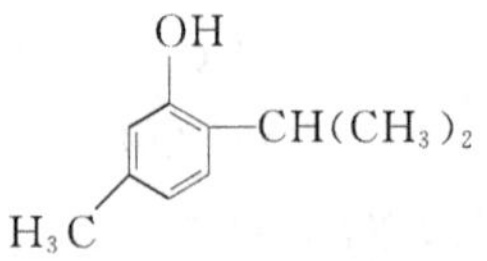　　5-甲基-2-异丙基苯酚（百里酚） 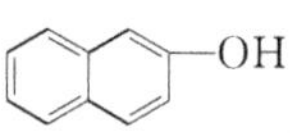　　2-萘酚（β-萘酚）

如果芳香环上连有—COOH、—SO_3H 等官能团时，羟基要作为取代基来命名。例如：

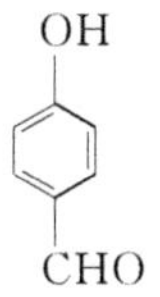

$$p\text{-}HOC_6H_4CHO$$

对羟基苯甲醛

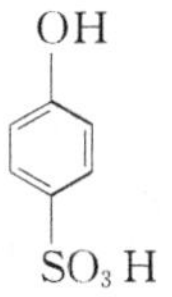

$$p\text{-}HOC_6H_4SO_3H$$

对羟基苯磺酸

多元酚则需要表示出羟基的位次和数目。例如：

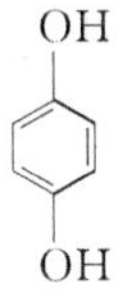

$$p\text{-}C_6H_4(OH)_2$$

对苯二酚

$$1,2,3\text{-}C_6H_3(OH)_3$$

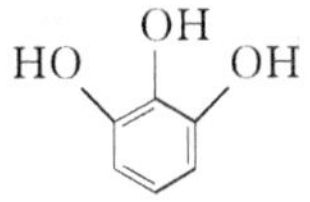

1,2,3-苯三酚
（连苯三酚）

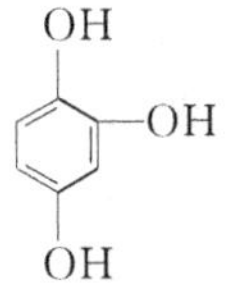

$$1,2,4\text{-}C_6H_3(OH)_3$$

1,2,4-苯三酚
（偏苯三酚）

10.7 酚的制法

10.7.1 异丙苯氧化法

在无水氯化铝的催化下，苯与丙烯反应生成异丙苯，然后用空气氧化为氢过氧化异丙苯，最后用稀硫酸使之分解为苯酚和丙酮。

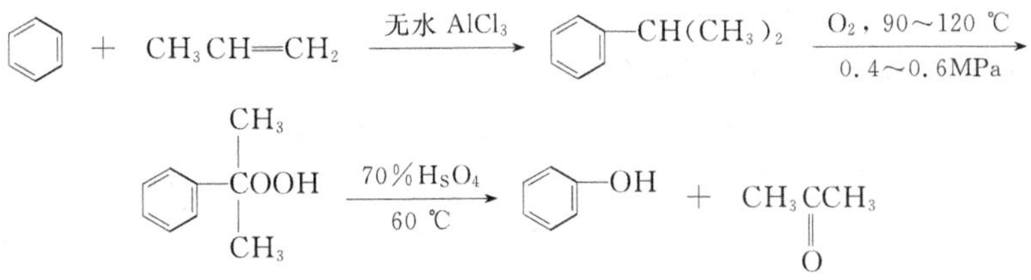

$$C_6H_6 + CH_3CH{=}CH_2 \xrightarrow{\text{无水 } AlCl_3} C_6H_5CH(CH_3)_2 \xrightarrow[0.4\sim0.6\,MPa]{O_2,\ 90\sim120\ ℃}$$

$$C_6H_5C(CH_3)_2OOH \xrightarrow[60\ ℃]{70\%\,H_sO_4} C_6H_5OH + CH_3\overset{\overset{O}{\|}}{C}CH_3$$

氢过氧化异丙苯

此法最大的优点是原料廉价易得，可以连续生产并能同时获得苯酚和丙酮两种重要的原料，是目前工业上生产苯酚最重要的方法。

10.7.2 氯苯水解法

氯苯中的氯原子很不活泼，一般条件下，很难水解，需在高温、高压和催化剂的作用下，和氢氧化钠水溶液作用生成苯酚钠，经酸化得到苯酚。

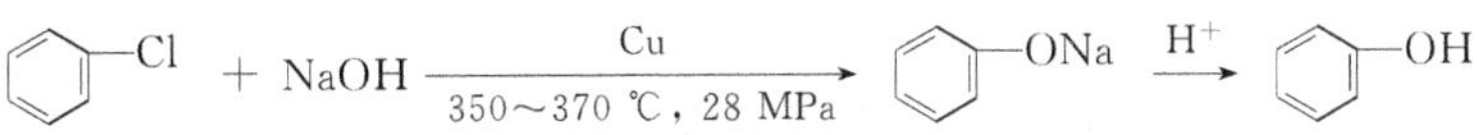

$$C_6H_5Cl + NaOH \xrightarrow[350\sim370\ ℃,\ 28\ MPa]{Cu} C_6H_5ONa \xrightarrow{H^+} C_6H_5OH$$

如果卤原子的邻位或对位上连有较强的吸电子基，则较易水解成相应的酚。例如：

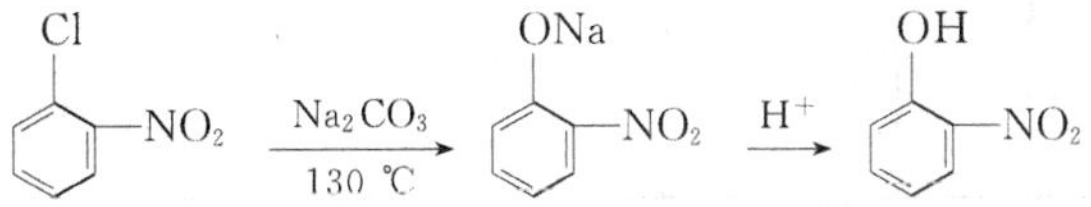

$$o\text{-}ClC_6H_4NO_2 \xrightarrow[130\ ℃]{Na_2CO_3} o\text{-}NaOC_6H_4NO_2 \xrightarrow{H^+} o\text{-}HOC_6H_4NO_2$$

$$\text{2-Cl-1,5-}(NO_2)_2C_6H_3 \xrightarrow[100\ ℃]{Na_2CO_3} \text{2,4-}(NO_2)_2C_6H_3ONa \xrightarrow{H^+} \text{2,4-}(NO_2)_2C_6H_3OH$$

10.7.3 苯磺酸钠碱熔法

苯磺酸钠碱熔法是苯酚较早的工业制法。其原理是将苯磺酸钠与氢氧化钠共熔(称为碱熔),得到酚钠,再酸化,即得苯酚。

$$C_6H_5SO_3Na + 2NaOH \xrightarrow[碱熔]{300\sim350\ ℃} C_6H_5ONa + Na_2SO_3 + H_2O$$

$$C_6H_5ONa \xrightarrow{H^+} C_6H_5OH$$

磺化碱熔法的产率高,技术成熟,对设备要求不高,但工序多,同时耗用大量的酸和碱,对设备腐蚀严重,成本也高。目前还有些中小型工厂使用此方法制酚。此法对芳香环上连有对碱敏感的基团(如—X、—NO_2等)的化合物不适用。

10.8 酚的物理性质

常温下,大多数酚是无色晶体,只有少数烷基酚为高沸点液体。纯的酚是无色的,但酚容易被空气氧化而呈粉红色或红褐色。

由于分子间能形成氢键,酚有较高的沸点,其熔点也比相应的烃高。酚的熔点与分子的对称性有关。一般来说,对称性较大的酚,其熔点较高;对称性较小的酚,熔点较低。

酚具有极性,也能与水分子形成氢键,应该易溶于水,但由于酚的相对分子质量较高,分子中烃基所占的比例较大,因此一元酚只能微溶于水,多元酚由于分子中极性羟基的增多,在水中的溶解度也随之增大。一些酚的物理常数见表 10-3。

表 10-3 常见酚的物理常数

名称	熔点/℃	沸点/℃	$n(d^{20})$	溶解度/g·(100 g 水)$^{-1}$(25 ℃)	pK_a
苯酚	43	181		9.3	9.89
邻甲苯酚	30	191	1.5509^{21}	2.5	10.20
间甲苯酚	11	201	1.5361	2.3	10.17
对甲苯酚	35.5	201	1.5438	2.6	10.01
邻硝基苯酚	44.5	214	1.5312	0.2	7.23
间硝基苯酚	96	194(9333Pa)	1.5723^{50}	1.4	8.40
对硝基苯酚	114	279(分解升华)		1.6	7.15
2,4-二硝基苯酚	113		1.604	0.56	4.0
2,4,6-三硝基苯酚	122			1.4	0.71
邻苯二酚	105	245		45.1	9.48

续表

名称	熔点/℃	沸点/℃	$n(d^{20})$	溶解度/ g·(100 g 水)$^{-1}$(25 ℃)	pK_a
间苯二酚	110	281		123	9.44
对苯二酚	170	286		8	9.96
1,2,3-苯三酚	133	309	1.561^{134}	62	7.0
α-萘酚	94	279	1.6624^{99}	难	9.31
β-萘酚	123	286		0.1	9.55

10.9　酚的化学性质

最简单的酚是苯酚。在苯酚中，酚羟基的氧原子处于 sp^2 杂化状态，氧上两对孤对电子，一对占据 sp^2 杂化轨道，另一对占据未参与杂化的 p 轨道，p 电子云正好能与苯的大 π 键电子云发生侧面重叠，形成 p－π 共轭体系，在 p－π 共轭体系中，氧的 p 电子云向苯环偏移，p 电子云的偏移导致了氢氧之间的电子云进一步向氧原子偏移，从而使氢原子较易离去，p－π 共轭的结果：增加了苯环上的电子云密度，苯环受到活化；增加了羟基上氢的离解能力。图 10－3 是苯酚的结构示意图。

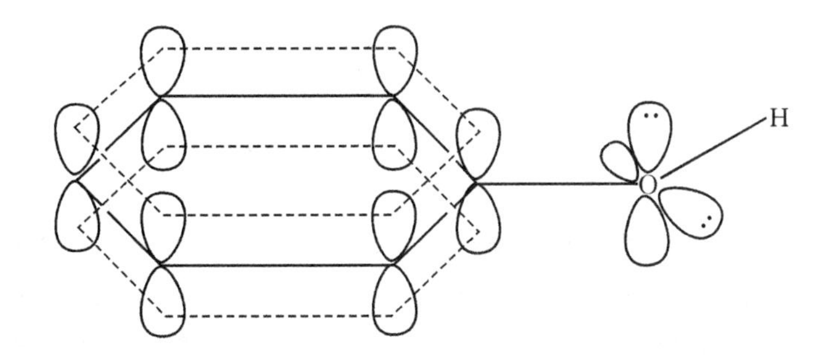

图 10－3　苯酚的结构示意图

酚的化学性质主要发生在酚羟基和芳香环上。酚与醇分子中都有极性的 C—O 和 C—H 键，它们能发生类似的反应。但由于酚羟基与芳香环共轭，使 O—H 键极性增大，C—O 键加强，因此，酚酸性比醇强，较难发生羟基被取代的反应。酚羟基使芳香环活化，容易发生环上的亲电取代反应。

10.9.1　酚羟基的反应

1. 酸性

酚具有酸性，酚的酸性比醇、水强(如苯酚的 $pK_a \approx 10$，其水溶液可使石蕊变红，而醇 $pK_a \approx 18$，水的 $pK_a = 15.7$)，但比碳酸弱(碳酸的 $pK_{a1} = 6.35$)。因此酚能溶于氢氧化钠溶液生成钠盐，而醇不能。

$$C_6H_5OH + NaOH \longrightarrow C_6H_5ONa + H_2O$$

苯酚钠

当苯酚钠溶液中通入CO_2气之后，可以使酚又重新游离出来。

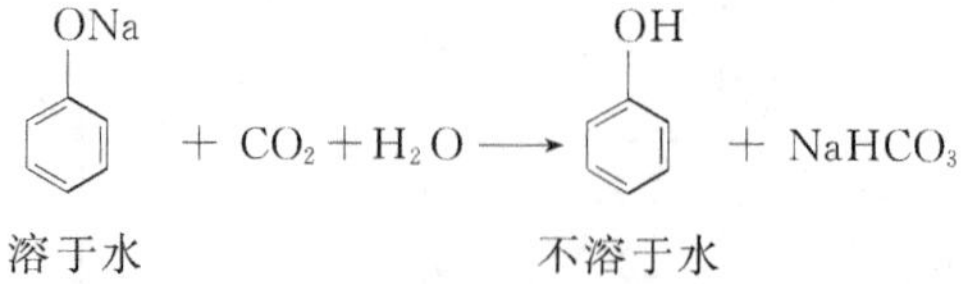

$$C_6H_5ONa + CO_2 + H_2O \longrightarrow C_6H_5OH + NaHCO_3$$

溶于水　　　　不溶于水

这个性质可以用来区别、分离不溶于水的醇、酚和羧酸，或者从混合物中分离提纯酚。

苯酚的酸性为什么比醇强？由于酚羟基氧原子上孤对电子与苯环π电子共轭，电子离域使氧原子上电子云密度降低，有利于氢以质子形式离解，离解后生成苯氧负离子，其负电荷能更好地离域而分散到整个共轭体系，从而使苯氧负离子比苯酚更稳定，因此酚与H_2O的反应平衡趋向于生成其共轭碱和H_3O^+，故K_a较大。与酚相比，无论是醇羟基氧上的孤对电子还是氢离解后的烷氧负离子的负电荷都不能与烷基发生共轭作用，其烷氧负离子的负电荷是定域在氧原子上的，K_a较小，故酚的酸性比醇强得多。

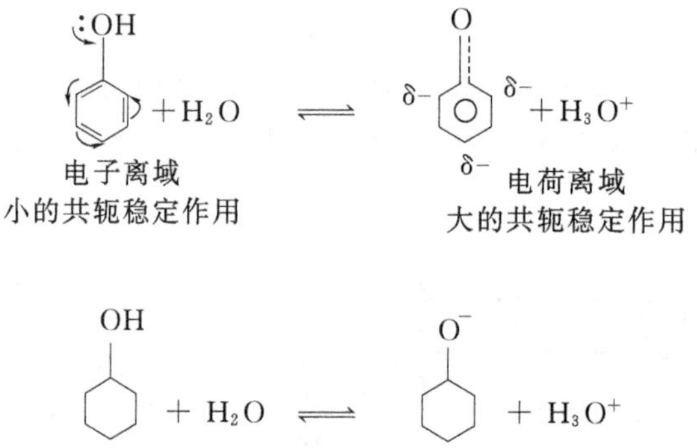

$$C_6H_5OH + H_2O \rightleftharpoons C_6H_5O^- + H_3O^+$$

电子离域
小的共轭稳定作用

电荷离域
大的共轭稳定作用

$$C_6H_{11}OH + H_2O \rightleftharpoons C_6H_{11}O^- + H_3O^+$$

苯环上的取代基对酚酸性强弱的影响很大。邻、对位上的吸电子基团能增强酚的酸性，例如对硝基苯酚的酸性比苯酚的酸性强600倍，这是因为—NO_2具有吸电子诱导效应和吸电子共轭效应，并可使负电荷离域到硝基的氧上，从而使硝基苯氧负离子更加稳定。如硝基位于羟基的邻位，负电荷也可以离域到硝基的氧上，使酸性增强；硝基位于间位时，不能通过共轭效应使负电荷离域到硝基的氧上，只有吸电子诱导效应产生影响。因此，间硝基苯酚的酸性虽也比苯酚的强（强40倍），但对酚的酸性影响远不如硝基在邻位或对位的大。二硝基苯酚的酸性更强，与羧酸强度差不多。羟基的邻、对位上都有硝基的2,4,6-三硝基苯酚为强酸，酸强度约等于三氟乙酸。

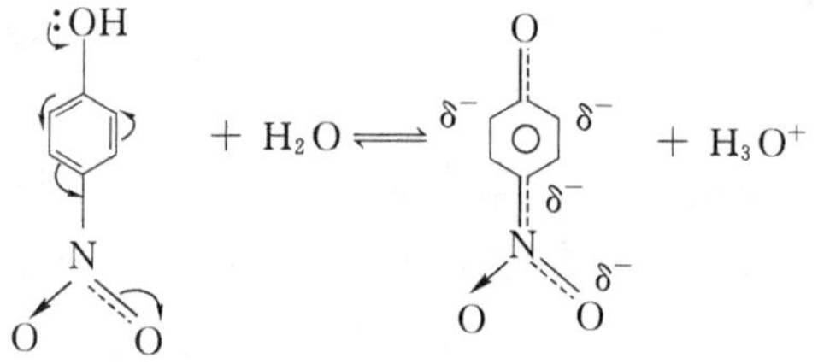

$$p\text{-}O_2NC_6H_4OH + H_2O \rightleftharpoons p\text{-}O_2NC_6H_4O^- + H_3O^+$$

与上述情况相反，有给电子基的酚的酸性比苯酚弱，这主要是由于给电子基增加了苯环上的电子云密度，负电荷较难离域到苯环上，使得酚氧负离子不稳定，即酚羟基不易离解给出质子，所以酸性比苯酚的弱。

	对甲苯酚 (p-$CH_3C_6H_4OH$)	苯酚 (C_6H_5OH)	邻硝基苯酚 (o-$NO_2C_6H_4OH$)	间硝基苯酚 (m-$NO_2C_6H_4OH$)	对硝基苯酚 (p-$NO_2C_6H_4OH$)	2,4-二硝基苯酚	2,4,6-三硝基苯酚
pK_a	10.01	9.89	7.23	8.40	7.15	4.0	0.71

2. 酚醚的生成

与醇相似，酚也可以生成醚。但酚醚不能通过酚分子之间脱水制得。通常是通过酚钠与较强的烃基化试剂如卤代烷或硫酸二甲酯反应制得。例如：

$$C_6H_5ONa + CH_3OSO_2OCH_3 \longrightarrow \underset{\text{苯甲醚}}{C_6H_5OCH_3} + CH_3OSO_2ONa$$

$$\underset{\beta\text{-萘酚钠}}{C_{10}H_7ONa} + CH_3CH_2Br \xrightarrow{\Delta} \underset{\beta\text{-萘乙醚}}{C_{10}H_7OCH_2CH_3} + NaBr$$

这是工业上制备芳香族醚的方法。苯甲醚主要用于制取香料和驱虫剂，也用作溶剂。β-萘乙醚是常用的皂用、化妆品用香料和定香剂。

酚醚的化学性质较稳定，但与氢碘酸作用可分解为原来的酚。

$$C_6H_5OCH_3 + HI \xrightarrow{\Delta} C_6H_5OH + CH_3I$$

在有机合成上，常用酚醚来保护酚羟基，以免羟基在反应中被破坏，待反应结束，再将醚分解为相应的酚。

3. 酚酯的生成

酚与羧酸直接酯化较困难。一般是酚与酰氯、酸酐等作用时，生成酚酯。例如：

$$C_6H_5OH + \underset{\text{苯甲酰氯}}{C_6H_5COCl} \xrightarrow[40\sim45\ ^\circ C]{10\%NaOH} \underset{\text{苯甲酸苯酯}}{C_6H_5COOC_6H_5} + HCl$$

$$\underset{\text{邻羟基苯甲酸(水杨酸)}}{o\text{-}HOC_6H_4COOH} + \underset{\text{乙酸酐}}{(CH_3CO)_2O} \xrightarrow[85\ ^\circ C]{H_2SO_4} \underset{\text{乙酰水杨酸}}{o\text{-}CH_3C(=O)OC_6H_4COOH} + CH_3COOH$$

这是工业上制备酚酯的方法。乙酰水杨酸又名阿司匹林，为白色针状晶体，是解热镇痛药，也用于防治心脑血管病。

4. 与三氯化铁的显色反应

大多数酚与三氯化铁溶液作用能生成带颜色的络离子。不同的酚所产生的颜色也不相同(表 10-4)，这个特性常用于鉴定酚。例如：

$$\underset{\text{苯酚}}{6C_6H_5OH} + FeCl_3 \longrightarrow \underset{\text{紫色}}{H_3[Fe(OC_6H_5)_6]} + 3HCl$$

表 10-4 各类酚与三氯化铁反应所显颜色

酚	颜色	酚	颜色
苯酚	蓝紫色	对苯二酚	暗绿色结晶
间甲苯酚	蓝紫色	间苯二酚	蓝紫色
邻苯二酚	深绿色	α-萘酚	紫红色沉淀
连苯三酚	淡棕红色	β-萘酚	绿色沉淀
对甲苯酚	蓝色		

10.9.2 芳香环上的反应

由于酚羟基与苯环的 p-π 共轭,使芳香环的电子云密度增加。例如:苯环使邻对位电子云密度增加最多,所以苯酚的羟基是邻位、对位的定位基,使邻、对位的亲电取代反应容易进行。

1. 卤代

苯酚与溴水在常温下可迅速反应生成 2,4,6-三溴苯酚白色沉淀。

$$C_6H_5OH + 3Br_2 \xrightarrow{H_2O} \text{2,4,6-}Br_3C_6H_2OH \downarrow + 3HBr$$

这个反应很灵敏,极稀的苯酚溶液($10\mu g \cdot g^{-1}$)也能与溴生成沉淀,此反应常用作苯酚的鉴别和定量测定。

如果反应在 CS_2、CCl_4 等非极性溶剂中进行,即可制得一溴代苯酚。

$$C_6H_5OH + Br_2 \xrightarrow[0\ ℃]{CS_2 \text{ 或 } CCl_4} \underset{67\%}{p\text{-}BrC_6H_4OH} + \underset{33\%}{o\text{-}BrC_6H_4OH} + HBr$$

如果在酸性溶液中进行卤化,则可得到 2,4-二卤代苯酚。

$$C_6H_5OH + Br_2 \xrightarrow[30\ ℃]{HBr} \text{2,4-}Br_2C_6H_3OH$$

2. 硝化

苯酚比苯容易硝化,在室温下苯酚与稀硝酸作用生成邻硝基苯酚和对硝基苯酚的混合物。

$$C_6H_5OH + HNO_3(\text{稀}) \xrightarrow{20\ ℃} \underset{(30\%\sim40\%)}{o\text{-}O_2NC_6H_4OH} + \underset{(15\%)}{p\text{-}O_2NC_6H_4OH}$$

邻硝基苯酚能形成分子内氢键,并容易随水蒸气挥发,对硝基苯酚能形成分子间氢键,不易挥发，因此可采用水蒸气蒸馏的方法将这两种异构体分离开。这是实验室制取少量邻硝基苯酚的方法。邻硝基苯酚和对硝基苯酚均有毒，是重要的有机合成原料。

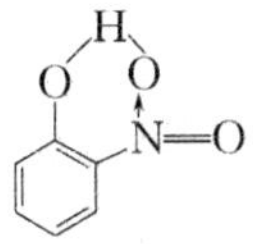

邻硝基苯酚的分子内氢键 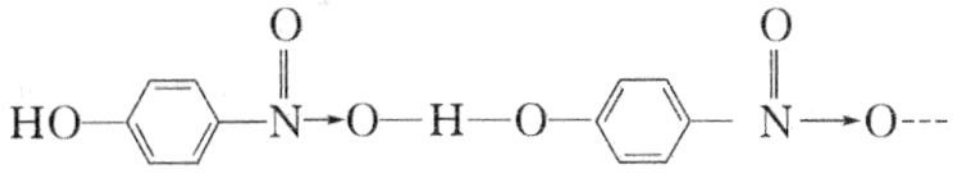　　　　对硝基苯酚的分子间氢键

3. 磺化

浓硫酸易使苯酚磺化。如果在室温下反应，生成几乎等量的邻位和对位取代产物；如果在高温下反应，则对位异构体为主要产物。如果进一步磺化可得 4 -羟基苯- 1，3 -二磺酸。

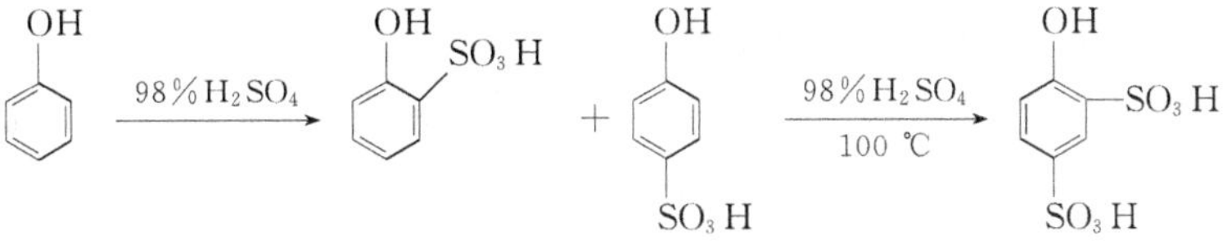

$$C_6H_5OH \xrightarrow{98\%\ H_2SO_4} o\text{-}HOC_6H_4SO_3H + p\text{-}HOC_6H_4SO_3H \xrightarrow[100\ ℃]{98\%\ H_2SO_4} HOC_6H_3(SO_3H)_2$$

	邻位	对位
20℃	49%	51%
100℃	10%	90%

磺化是一个可逆反应。

4. 傅瑞德尔-克拉夫茨反应

酚羟基易与无水氯化铝反应，生成不溶于有机溶剂的络合物酚氯化铝盐（$PhOAlCl_2$），使芳香环亲电取代活性降低，使反应进行得很慢。这时可采用其他的路易斯酸（如三氟化硼）作催化剂处理苯酚和乙酸，可获得高产率的对羟基苯乙酮。

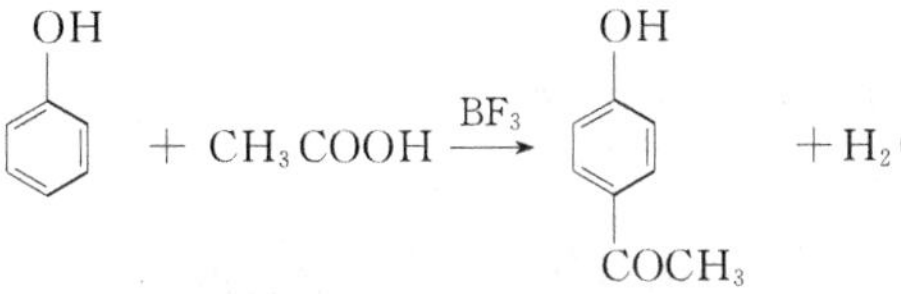

$$C_6H_5OH + CH_3COOH \xrightarrow{BF_3} p\text{-}HOC_6H_4COCH_3 + H_2O$$

酚的傅瑞德尔—克拉夫茨烷基化反应通常是以烯烃或醇为烷基化试剂，以浓硫酸、磷酸或酸性离子交换树脂作为催化剂，反应迅速生成二和三烷基化产物。

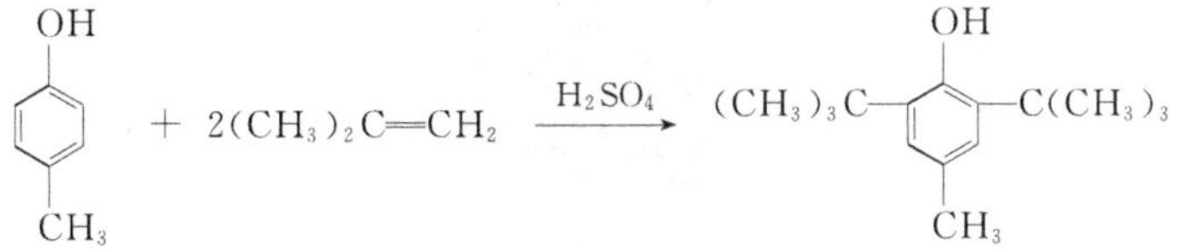

$$p\text{-}CH_3C_6H_4OH + 2(CH_3)_2C{=}CH_2 \xrightarrow{H_2SO_4} 2,6\text{-}[(CH_3)_3C]_2\text{-}4\text{-}CH_3C_6H_2OH$$

4 -甲基- 2，6 -二叔丁基苯酚

4 -甲基- 2，6 -二叔丁基苯酚（俗称二四六抗氧剂，简称 BHT）是白色晶体，熔点为 70 ℃，可用作有机物的抗氧剂和食品防腐剂。该反应可用来制备烷基酚，但产率往往较低。

10.9.3　氧化和加氢

1. 氧化

酚容易被氧化，但酚氧化是一个很复杂的反应，可以用不同的氧化剂得到多种类型的氧化产物。酚置于空气中，随着氧化的不断进行，酚的颜色由无色逐渐变为粉红色、红色甚至红褐色。

苯酚用铬酸氧化，生成黄色的对苯醌。

$$C_6H_5OH \xrightarrow[0\ ℃]{CrO_3 + CH_3COOH} O{=}C_6H_4{=}O$$

羟基对位的取代基可在氧化反应中脱去：

$$\underset{2,4\text{-二甲基苯酚}}{C_6H_3(OH)(CH_3)_2} \xrightarrow[H_2SO_4]{Na_2Cr_2O_7} \underset{2\text{-甲基对苯醌}}{O{=}C_6H_3(CH_3){=}O}$$

二元酚更易被氧化。例如：邻或对苯二酚在室温下即可被弱氧化剂如氧化银或氯化铁氧化为邻或对苯醌。

$$C_6H_4(OH)_2 \xrightarrow{Ag_2O} \underset{\text{邻苯醌}}{C_6H_4O_2} + 2Ag + H_2O$$

2. 加氢

酚可以通过催化加氢生成环烷基醇。例如：

$$C_6H_5OH + 3H_2 \xrightarrow[140\sim160\ ℃]{\text{雷尼镍}} C_6H_{11}OH$$

这是工业上生产环己醇的方法。环己醇是制备聚酰胺类合成纤维的原料。

10.10 重要的酚

重要的酚

Ⅲ 醚

10.11　醚的分类和命名法

10.11.1　醚的分类

醚的通式是R—O—R、Ar—O—Ar或Ar—O—R，醚是两个烃基通过氧原子结合起来的化合物。从结构上可以看作是水分子中的两个氢原子被烃基取代的生成物，而C—O—C键称为醚键，是醚的官能团。

当与氧原子相连接的两个烃基相同时，称为简单醚，简称为单醚。当与氧原子相连接的两个烃基不相同时，称为混合醚，简称为混醚。

当与氧原子相连接的两个烃基都是饱和烃时，称为饱和醚。当与氧原子相连接的两个烃基中有一个是不饱和烃，则称为不饱和醚。当与氧原子相连接的两个烃基中有一个是芳基，则称为芳醚。当烃基与氧原子连接成环，则称为环醚［$(CH_2)_nO$，$n \geqslant 2$］。多氧大环醚称为冠醚。

10.11.2　醚的命名法

醚的命名用得比较广的是习惯命名法，通常是在“醚”之前先写出与氧相连的两个烃基的名称(基字可以省去)。单醚在烃基名称前加“二”字，(一般烃基可以省去，但芳醚和某些不饱和醚除外)。混醚则将次序规则中较优先的烃基放在后面。芳醚则是把芳基放在前面。例如：

$CH_3CH_2OCH_2CH_3$	C_6H_5—O—C_6H_5	$CH_3OCH_2CH{=}CH_2$	C_6H_5—OCH_3
(二)乙醚	二苯醚	甲基烯丙基醚	苯甲醚(茴香醚)

结构比较复杂的醚利用系统命名法命名，可以将醚当作烃的氧基衍生物，将较大的烃基当作母体，剩下的RO—部分(烷氧基)看作取代基。烷氧基的命名，只要在相应的烃基名称后面加“氧”字即可。芳醚则以芳香环为母体，也可以大的烃基为母体。例如：

$CH_3CH_2CH_2CH(OCH_3)CH_2CH_3$	$HOCH_2CH_2CH_2CH_2OCH(CH_3)CH_3$
3-甲氧基己烷	4-异丙氧基-1-丁醇

环醚一般叫做环氧某烃或按杂环化合物命名的方法命名。例如：

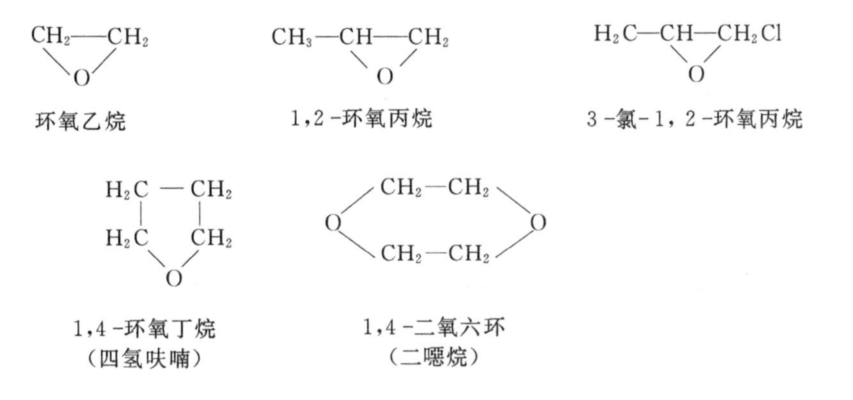

环氧乙烷　　1,2-环氧丙烷　　3-氯-1,2-环氧丙烷

1,4-环氧丁烷(四氢呋喃)　　1,4-二氧六环(二噁烷)

多元醚(多元醇的烃衍生物)命名时,首先写出多元醇的名称,再写出另一部分烃基的数目和名称,最后加上"醚"字。例如:

$$\begin{array}{l} CH_2-O-CH_2CH_3 \\ | \\ CH_2-O-CH_2CH_3 \end{array} \qquad CH_3OCH_2CH_2OH$$

乙二醇二乙醚　　　　乙二醇一甲醚

10.12 醚的制法

10.12.1 醇脱水

在酸催化下,醇分子间脱水生成醚。例如:

$$R-OH+HO-R \xrightarrow[\Delta]{浓\ H_2SO_4} R-O-R+H_2O$$

这是制备低级单醚的方法。伯醇产率较高,叔醇只能脱水生成烯烃。

10.12.2 威廉森合成法

卤代烃与醇钠或酚钠作用生成醚是制备醚的一个重要方法,称为威廉森合成法。

$$R-O^-Na^+ + R'-X \xrightarrow{S_N} R-O-R' + NaX$$

$$Ar-O^-Na^+ + R'-X \xrightarrow{S_N} Ar-O-R' + NaX$$

例如:

$$CH_3CH_2CH_2CH_2Br+CH_3CH_2ONa \xrightarrow{C_2H_5OH\ 中回流} CH_3CH_2CH_2CH_2OCH_2CH_3+NaBr$$

由于卤代烃在强碱条件下进行亲核取代生成醚的同时,常伴有消除反应生成烯烃,因此用威廉森法制备醚时,必须注意原料的选择。伯卤代烷生成醚的产率较好,叔卤代烷在强碱条件下几乎都是消除产物。例如,合成乙基叔丁基醚,需采用卤乙烷与叔丁醇钠反应。

(1) $(CH_3)_3CO^-Na^+ + CH_3-I \xrightarrow{S_N2} (CH_3)_3COCH_3+NaI$

(2) $(CH_3)_3CBr+CH_3O^-Na^+ \xrightarrow{E_2} CH_2=C(CH_3)-CH_3 +CH_3OH+NaBr$

制备芳基醚时,用酚酞和卤代烃,而不用卤代芳烃和酚钠。因为卤代芳烃非常不活泼。例如:

$$C_6H_5-O^-Na^+ + CH_3-I \xrightarrow{E_2} C_6H_5-OCH_3 + NaI$$

$$2,4\text{-}Cl_2C_6H_3-O^-Na^+ + ClCH_2-COONa \xrightarrow{E_2} 2,4\text{-}Cl_2C_6H_3-OCH_2COONa + NaCl$$

10.13　醚的物理性质

在常温下除了甲醚和甲乙醚为气体之外，大多数醚均为易燃的、具有芳香气味的液体。醚分子中没有与强负电性原子相连接的氢，因此分子间不能形成氢键。所以醚的沸点比与其相对分子量相同的醇的沸点低得多。例如：甲醚的沸点为－23 ℃，乙醇的沸点为 78.5 ℃；正丁醇的沸点为 117.3 ℃，乙醚的沸点为 34.5 ℃。

醚在水中的溶解度与相同碳原子数的醇相近，例如：乙醚和正丁醇在水中的溶解度都是每 100 g 水中约溶解 8 g，因为醚分子中的氧原子仍能与水分子中的氢原子生成氢键。另外醚分子中 C—O—C 键的键角不是 180°，而是与水相似，两个 C—O 键的偶极矩不能互相抵消，所以醚具有一定的偶极矩，分子具有弱极性。

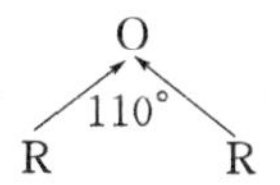

醚的极性比烷烃大，因此在水中有一定的溶解度，醚是良好的有机溶剂，常用来提取有机物或作有机反应的溶剂。常见醚的物理常数见表 10－5。

表 10－5　醚的物理常数

名称	熔点/ ℃	沸点/ ℃	相对密度(d_4^{20})	折射率(n_D^{20})
甲醚	138.5	23	……	……
甲乙醚	……	10.8	0.7252	1.3420^{4}
乙醚	116.62	34.5	0.7137	1.3526
丙醚	122	90.1	0.7360	1.3809
异丙醚	85.89	68	0.7241	1.3679
正丁醚	95.3	142	0.7689	1.3992
正戊醚	69	190	0.7833	1.4119
乙烯基醚	101	28	0.773	1.3989
苯甲醚	37.5	155	0.9961	1.5179
苯乙醚	29.5	170	0.9666	1.5076
二苯醚	26.8	257.93	1.0748	1.5787^{25}
环氧乙烷	111	10.73(101325Pa)	0.8824^{10}	1.3597^{7}
四氢呋喃	65	67	0.8892	1.4050
1,4－二氧六环	11.8	101(99992Pa)	1.0337	1.4224

10.14　醚的化学性质

醚是一类不活泼的化合物(除环醚外)，对于大多数试剂比如碱、稀酸、氧化剂、还原剂等都十分稳定，醚在常温下和金属钠不反应，可以用金属钠作为干燥剂来干燥醚。但是稳定性是相对的，由于醚键(C—O—C)的存在，可以发生一些特有的反应。

10.4.1 锌盐和配化合物的生成

由于醚链上的氧原子上具有未共用的孤电子对，能接受强酸中的 H^+ 而生成锌盐，所以醚都能溶于强酸中。

$$R-\ddot{\underset{\cdot\cdot}{O}}-R + H_2SO_4 \rightleftharpoons \left[R-\underset{\underset{H}{|}}{\ddot{O}}-R \right]^+ + HSO_4^-$$

锌盐是强酸弱碱盐，不稳定，遇水很快分解为原来的醚。在此过程中如果冷却程度不够，则部分醚可能水解生成醇。这一性质通常用于将醚从烷烃或卤代烃等混合物中分离出来。

醚所提供的孤电子对与亲电试剂(路易斯酸)如 BF_3、$AlCl_3$、RMgX(格利雅试剂)等生成配位化合物。箭头表示成键电子对都由氧提供。

$$R-\ddot{\underset{\cdot\cdot}{O}}-R + BF_3 \longrightarrow R_2O \rightarrow BF_3$$

$$R-\ddot{\underset{\cdot\cdot}{O}}-R + AlCl_3 \longrightarrow R_2O \rightarrow AlCl_3$$

$$2R-\ddot{\underset{\cdot\cdot}{O}}-R + R'MgX \longrightarrow R'-\underset{\underset{OR_2}{\uparrow}}{\overset{\overset{OR_2}{\downarrow}}{Mg}}-X$$

锌盐或络合物的生成使醚分子中 C—O 键变弱，因此在酸性试剂的作用下，醚链会断裂。

10.14.2 醚键断裂

在较高温度下，强酸能使醚键断裂，能使醚键断裂的最有效的试剂是浓氢卤酸(一般用 HI 或 HBr)。例如：

$$R-O-R' + HX \rightleftharpoons R-\underset{\underset{H}{|}}{\overset{+}{O}}-R' + X^- \xrightarrow[\triangle]{S_N2} R-X + R'-OH$$

$$R'-OH \xrightarrow{HX} R'-X + H_2O$$

醚与氢卤酸反应的活性顺序：HI>HBr> HCl

芳基烷基醚与氢卤酸作用时，总是烷氧键断裂，生成酚和卤代烷。这是因为氧原子和芳香环之间的键由于 p-π 共轭结合得牢固，而烷基没有这种效应。例如：

$$C_6H_5-O \vdots CH_3 \xrightarrow[120\sim130\ ℃]{57\%HI} C_6H_5-OH + CH_3I$$

而 Ar—OH 不能进一步生成 Ar—X。二芳基醚(如二苯基醚)即使在氢碘酸的作用下醚链也不易断裂(即不反应)。

10.14.3　过氧化物的生成

醚对氧化剂是比较稳定的,但许多烷基醚在长时间和空气接触时可被空气中的氧气氧化为过氧化物。过氧化物是不稳定的,而且不易挥发,加热时容易发生强烈的爆炸。沸点比醚要高,蒸馏醚时切勿蒸干,蒸干醚是很危险的。因此醚类应尽量避免暴露在空气中,一般应放在棕色玻璃瓶中,避光保存。可以加入微量的对苯二酚或其他阻氧化剂以阻止过氧化物生成。

储存过久的乙醚在使用前,尤其是在蒸馏前,应当检验是否有过氧化物存在。检验过氧化物的方法:①可以用硫酸亚铁和硫氰化钾(KCNS)混合液与醚一起振荡,如果有过氧化物存在,会将亚铁离子氧化为铁离子,铁离子与硫氰根作用生成血红色的络离子:

$$\text{过氧化物} + Fe^{2+} \longrightarrow Fe^{3+} \xrightarrow{SCN^-} [Fe(SCN)_6]^{3-}$$

②将少量醚、2%碘化钾溶液、几滴稀硫酸和两滴淀粉溶液一起振荡,如有过氧化物则碘离子被氧化为碘,遇淀粉呈蓝色。

除去过氧化物的方法:在蒸馏以前,加入适量 5%的 $FeSO_4$ 于醚中并振荡,使过氧化物分解除去。

10.15　环醚和冠醚

环醚和冠醚

第 10 章习题

学习总结

第 11 章　醛　酮

学习目标

【掌握】多官能团有机化合物的命名原则；醛、酮的重要制法和化学性质。

【理解】羰基结构与性质之间的关系；亲核加成反应机理和反应规律。

【了解】醛、酮的物理性质；重要的醛、酮。

醛和酮的分子中都含有羰基（$-\overset{\overset{\displaystyle O}{\|}}{C}-$）官能团，它们都是羰基化合物。

羰基碳原子上至少连有一个氢原子的叫作醛，因此常将“$-\overset{\overset{\displaystyle O}{\|}}{C}H$”叫作醛基，是醛的官能团。醛基总是位于碳链的一端，醛的通式为 $R-\overset{\overset{\displaystyle O}{\|}}{C}H$。甲醛 $H-\overset{\overset{\displaystyle O}{\|}}{C}-H$ 是最简单的醛，其羰基碳原子连有两个氢原子。羰基碳原子上同时连有两个烃基的叫做酮，酮分子中的羰基也叫作酮羰基，是酮的官能团。酮基必然位于碳链中间，酮的通式为 $R-\overset{\overset{\displaystyle O}{\|}}{C}-R'$。最简单的酮是丙酮 $H_3C-\overset{\overset{\displaystyle O}{\|}}{C}-CH_3$，其羰基碳原子连有两个甲基。醛和酮是非常重要的有机化合物，具有十分广泛的用途。

11.1　醛和酮的分类和命名法

11.1.1　醛和酮的分类

根据与羰基相连的烃基不同，醛和酮可以分为脂肪族醛酮、脂环族醛酮和芳香族醛酮；根据烃基是否饱和又可分为饱和醛酮和不饱和醛酮；根据分子中所含羰基的数目还可分为一元醛酮、二元醛酮等。一元酮又可分为单酮和混酮：羰基连接两个相同烃基的酮叫单酮；羰基连接两个不同烃基的酮叫混酮。

碳原子相同的醛和酮互为同分异构体。饱和一元醛和酮的通式为 $C_nH_{2n}O$，例如：CH_3COCH_3 和 CH_3CH_2CHO，其分子式都是 C_3H_6O。

11.1.2 醛和酮的命名

醛、酮的命名法主要有两种，即习惯命名法和系统命名法。简单的醛、酮用习惯命名法命名，复杂的醛、酮则用系统命名法命名。

1. 习惯命名法

醛的习惯命名和伯醇相似，只要把“醇”字改为“醛”字即可。例如：

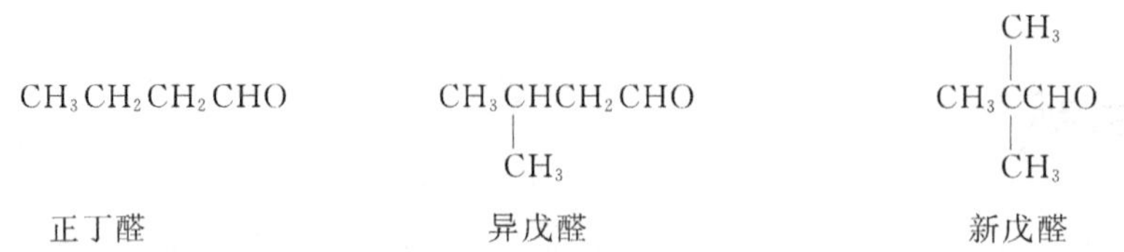

正丁醛　　　异戊醛　　　新戊醛

酮的习惯命名法与醚相似，只需在羰基所连接的两个烃基名称后面加上“酮”字。混酮命名时将“次序规则”中较优的烃基写在后，如有芳基则要将芳基写在前。例如：

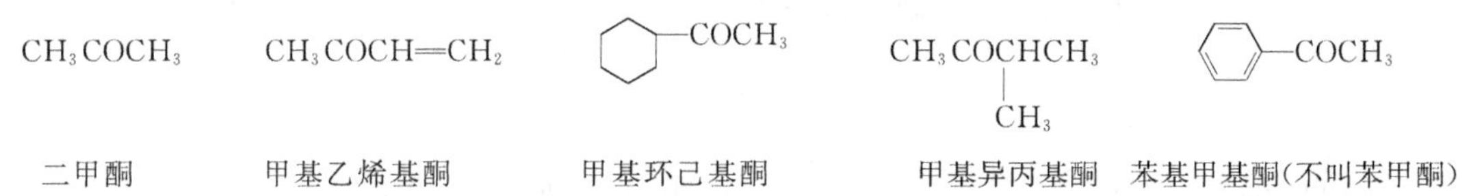

二甲酮　　　甲基乙烯基酮　　　甲基环己基酮　　　甲基异丙基酮　　　苯基甲基酮(不叫苯甲酮)

2. 系统命名法

(1)命名脂肪族醛、酮时，按照以下原则：

①选择含有羰基的最长碳链为主链，根据主链上所含的碳原子数称为某醛或某酮。

②从靠近羰基最近的一端给主链碳原子编号，然后把取代基的位次、数目、名称写在醛、酮母体名称前面。此外，还需在酮名称前面标明羰基的位次。因醛基总在碳链一端，醛基编号永远为1号，所以命名醛时，没有必要标明醛的位次。主链碳原子位次除用阿拉伯数字表示外，也可用希腊字母表示，与羰基直接相连的碳原子为α-碳原子，其余依次为β，γ，δ，…。酮分子中有两个α-碳原子，可分别用α、α′表示，其余依次为β、β′等。例如：

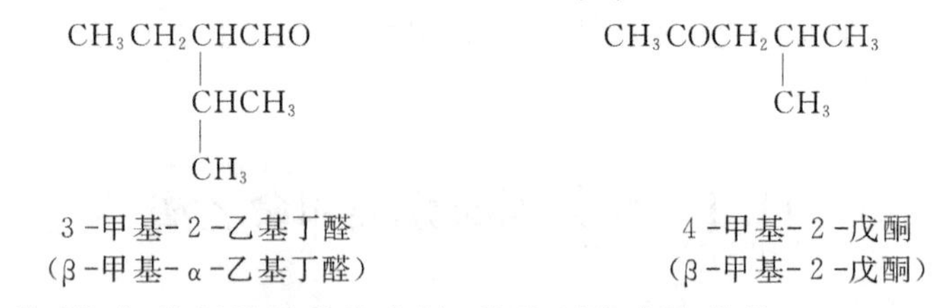

3-甲基-2-乙基丁醛
(β-甲基-α-乙基丁醛)

4-甲基-2-戊酮
(β-甲基-2-戊酮)

(2)命名芳香醛、酮时，常把脂链作为主链，芳香环作为取代基。

苯乙酮　　　苯甲醛

(3)命名不饱和醛酮时，应选择同时含有不饱和键和羰基在内的最长碳链为主链，编号从靠近羰基的一端开始，称为某烯醛(或酮)，同时要标明不饱和键及酮羰基的位次。

$CH_2=CHCH(CH_3)COCH_3$

3-甲基-4-戊烯-2-酮

$C_6H_5-CH=CHCHO$

3-苯基-2-丙烯醛
(肉桂醛)

11.2 多官能团有机化合物的命名法

对于多官能团的有机化合物，根据国际纯粹与应用化学联合会(IUPAC)公布的有机化合物官能团优先次序确定母体和取代基。在同一个分子中有多个官能团时，以表11-1中处于最前面的一个官能团为优先基团，由它决定母体名称，其他官能团都作为取代基来命名。命名时，按最低系列原则在母体名称前冠以取代基的位次、数目和名称。

表11-1 一些重要官能团的优先次序

官能团名称	官能团结构	官能团名称	官能团结构	官能团名称	官能团结构
羧基	—COOH	酮基	>C=O	三键	—C≡C—
磺基	$—SO_3H$	醇羟基	—OH	双键	—C=C<
酯基	—COOR	酚羟基	—OH	烷氧基	—OR
酰卤基	—COX	巯基	—SH	烷基	—R
酰氨基	$—CONH_2$	过氧化氢基	—O—O—H	卤原子	—X
腈基	—C≡N	氨基	$—NH_2$	硝基	$—NO_2$
醛基	—CHO	亚氨基	>NH		

例如：

$\overset{4}{C}H_2(Cl)—\overset{3}{C}H(Br)—\overset{2}{C}H(CH_3)—\overset{1}{C}HO$

2-甲基-4-氯-3-溴丁醛

（苯环：1位 $—SO_3H$，2位 Cl，4位 CH_3，5位 HO）

4-甲基-5-羟基-2-氯苯磺酸

$CH_3—\underset{\|}{C}(O)—CH_2—COOH$

3-丁酮酸

11.3 醛和酮的制法

11.3.1 醇的氧化或脱氢

伯醇和仲醇通过氧化或脱氢反应，可以分别生成醛和酮。叔醇不含α-H，在相同条件下不被氧化。实验室中常用的氧化剂是$K_2Cr_2O_7$-H_2SO_4。由仲醇氧化制备酮，产量相当高。

$$CH_3CH(OH)(CH_2)_5CH_3 \xrightarrow[H_2SO_4]{K_2Cr_2O_7} \underset{96\%}{CH_3CO(CH_2)_5CH_3}$$

但在这种条件下，由伯醇氧化制备醛的产率很低，因为生成的醛还会继续被氧化生成羧酸。所以该法适用于制备低级的挥发性较大的醛，反应时需及时将生成的醛蒸出。

工业上，在高温下将伯醇或仲醇的蒸气，通过铜、银等催化剂，分别脱氢生成醛或酮。

$$RCH_2OH \xrightarrow[300\ ℃]{Cu} ECHO + H_2$$

$$R_2CHOH \xrightarrow[300\ ℃]{Cu} RCOR + H_2$$

11.3.2 炔烃水合

在硫酸汞和稀硫酸的催化下，炔烃和水加成，生成羰基化合物。除乙炔水合生成乙醛，其他炔烃水合都生成酮。

$$HC\equiv CH + H_2O \xrightarrow[10\%H_2SO_4]{5\%HgSO_4} H_2C=CH-OH \xrightarrow{分子重排} CH_3-CHO$$

11.3.3 羰基合成

在八羰基二钴的催化下，α-烯烃与一氧化碳和氢气反应，生成比原料烯烃多一个碳原子的醛。这个反应称作羰基合成，是工业上制取醛的重要方法，也是有机合成中使碳链增加一个碳原子的方法之一。例如：

$$RCH=CH_2 + CO + H_2 \xrightarrow[110\sim150\ ℃,\ 20\ MPa]{[Co(CO)_4]_2} \underset{主产物}{RCH_2CH_2CHO} + R-\underset{CH_3}{\underset{|}{C}}HCHO$$

羰基合成又称氢甲酰化反应，相当于氢原子与甲酰基(—CHO)加到 C═C 上。产物通常以直链醛为主。羰基合成得到的醛催化加氢可得到伯醇。这是工业上生产低级伯醇的一个重要方法。

11.3.4 傅列德尔-克拉夫茨酰基化反应

在无水三氯化铝的作用下，苯与酰卤或酸酐作用，苯环上的氢原子被酰基取代生成芳酮。

$$C_6H_6 + Cl-\overset{O}{\overset{\|}{C}}-CH_3 \xrightarrow{无水\ AlCl_3} C_6H_5-\overset{O}{\overset{\|}{C}}-CH_3 + HCl$$

$$C_6H_6 + (CH_3CO)_2O \xrightarrow{无水\ AlCl_3} C_6H_5-\overset{O}{\overset{\|}{C}}-CH_3 + CH_3COOH$$

11.3.5　烯烃臭氧化物水解

将含有6%～8%的臭氧气流通入液态烯烃或烯烃的四氯化碳溶液，再用锌粉还原，可得醛或酮。

$$CH_3CH_2—CH═CH_2 \xrightarrow[2.\ Zn,H_2O]{1.\ O_3} CH_3CH_2—\overset{\overset{O}{\|}}{C}—H + H\overset{\overset{O}{\|}}{C}H$$

11.3.6　酰氯还原

酰氯在"中毒"的 Pd-BaSO$_4$ 催化剂作用下，可被氢气还原得到醛，或在还原剂 LiAlH[OC(CH$_3$)$_3$]作用下，制得醛。

$$RCOCl + H_2 \xrightarrow{Pd\text{-}BaSO_4} RCHO + HCl$$

$$RCOCl \xrightarrow{LiAlH[OC(CH_3)_3]} RCHO + HCl$$

11.3.7　由乙酰乙酸乙酯合成酮

乙酰乙酸乙酯在强碱作用下生成乙酰乙酸乙酯钠盐，其负离子为亲核试剂，与卤代烃反应生成取代的乙酰乙酸乙酯，再进行酮式分解，就可得到一取代的丙酮。

$$CH_3COCH_2COOC_2H_5 \xrightarrow{C_2H_5ONa} [CH_3COCHCOOC_2H_5]^- Na^+$$

$$[CH_3COCHCOOC_2H_5]^- Na^+ \xrightarrow{RX} CH_3CO\underset{\underset{R}{|}}{C}HCOOC_2H_5 \xrightarrow{5\%NaOH} CH_3COCH_2R$$

11.4　醛和酮的物理性质

在常温下，除甲醛是气体外，C$_{12}$以下的醛、酮为液体，C$_{12}$以上的醛、酮为固体。低级醛具有强烈的刺激气味，中级醛具有果香味，中级酮具有花香味，因此常用于香料工业。

醛、酮的沸点比分子质量相近的醇低，但比分子质量相近的醚和烷烃高，这是因为醛、酮分子间不能形成氢键，没有缔合现象，因而沸点比相应醇低。但由于醛、酮分子的极性较大，分子间的静电引力比烷烃和醚大，因而沸点又比相应的烷烃和醚沸点高。

低级醛、酮易溶于水，例如甲醛、乙醛、丙酮可以任意比例与水混溶，这是因为羰基上的氧原子可以与水分子中的氢原子形成氢键。随着碳原子数的增加，水溶性降低，C$_6$以上的醛、酮基本上不溶于水。芳醛和芳酮一般难溶于水。醛、酮可溶于一般的有机溶剂。丙酮是良好的有机溶剂，能溶解很多有机化合物。

脂肪醛和脂肪酮的相对密度小于1，比水轻；芳醛和芳酮的相对密度大于1，比水重。一些重要醛、酮的物理常数见表11－2。

表 11-2　一些重要醛、酮的物理常数

化合物名称	构造式	熔点/ ℃	沸点/ ℃	相对密度	溶解度/(g/100g 水)
甲醛	HCHO	−92	−21	0.815	55
乙醛	CH_3CHO	−123	20.8	0.781	混溶
丙醛	CH_3CH_2CHO	−80	48.8	0.807	20
丁醛	$CH_3CH_2CH_2CHO$	−97	74.4	0.817	4
苯甲醛	PhCHO	−26	179	1.046	0.33
丙酮	CH_3COCH_3	−95	56	0.792	混溶
丁酮	$CH_3COCH_2CH_3$	−86	79.6	0.805	35.3
2-戊酮	$CH_3COCH_2CH_2CH_3$	−77.8	102	0.812	微溶
3-戊酮	$CH_3CH_2COCH_2CH_3$	−42	102	0.814	4.7
苯乙酮	$PhCOCH_3$	19.7	202	1.026	微溶

11.5　醛和酮的化学性质

醛和酮的化学性质主要由羰基($-\overset{O}{\overset{\|}{C}}-$)官能团决定。羰基具有平面三角形结构，碳原子呈 sp^2 杂化状态，碳氧双键与烯烃的碳碳双键一样，它由一个 σ 键和一个 π 键所组成。由于羰基中氧的电负性大于碳，拉电子能力较强，把流动性较大的 π 电子强烈地拉向氧原子一边，使其明显地带有部分负电荷，而碳原子则明显地带有部分正电荷(图 11-1)，故羰基是强极性基团。最简单的醛——甲醛的结构见图 11-2。

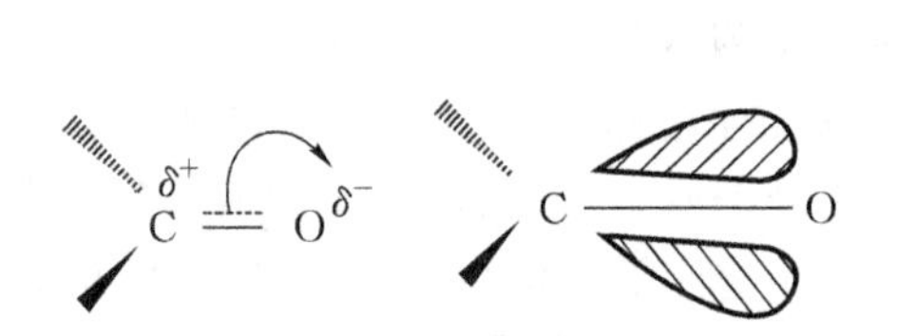

图11-1　羰基 π 电子或 π 电子云分布示意图

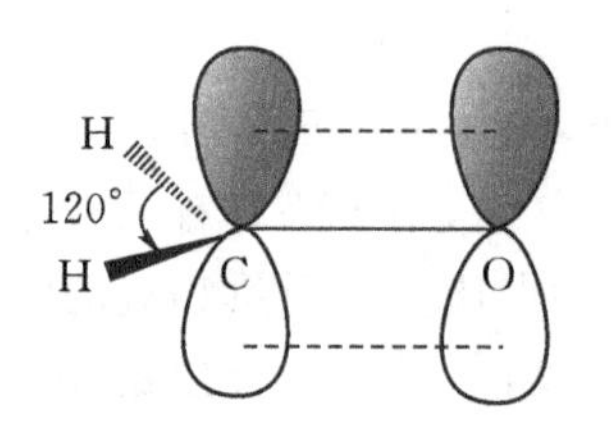

图 11-2　甲醛的结构

由于氧原子具有较大的容纳负电荷的能力，带有部分正电荷的碳原子比带有部分负电荷的氧原子活性大，因此，羰基易受亲核试剂进攻而发生亲核加成反应；受羰基影响，α-H 具有活性，且醛基氢也具有活性，易被氧化。因此，醛和酮可发生三种类型的反应：羰基亲核加成、α-H的反应、醛基氢的氧化还原反应。

11.5.1　羰基的亲核加成反应

当亲核试剂 Nu^{-}: 与羰基作用时，Nu^{-}: 首先进攻带有部分正电荷的羰基碳原子，生成氧负离子中间体。此时，羰基碳原子由 sp^2 杂化转变为 sp^3 杂化，然后氧负离子与试剂的亲电部分(通常是 H^+)结合生成产物。亲核加成反应机理：

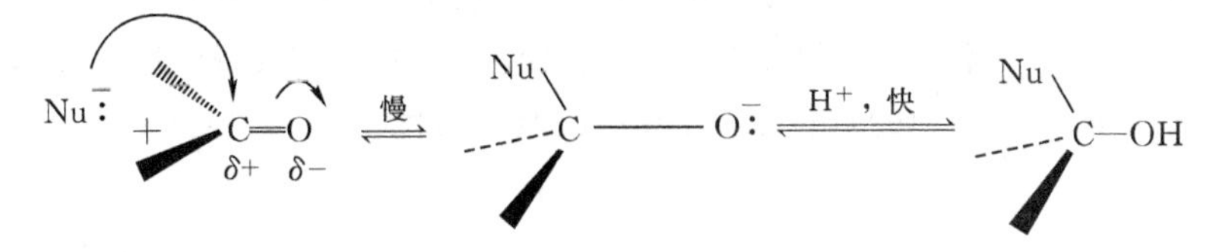

氧负离子中间体(四面体结构)

由于决定加成反应速率的一步是亲核试剂进攻,故称亲核加成反应,该反应受酸、碱催化。

(1)酸催化,当存在酸时,羰基氧首先质子化。

$$-\overset{|}{C}=O + H^+ \rightleftharpoons -\overset{|}{C}=\overset{+}{O}H$$

其结果是增加了羰基碳的正电性,使它更容易受亲核试剂进攻。酸催化可以增大羰基化合物的活性。

(2)碱催化,当存在碱时,则可增大亲核试剂的活性和/或浓度,从而加大羰基亲核加成的速率。例如,氢氰酸(HCN)是弱酸($pK_a=9.22$),溶液中 CN^- 浓度很低,氢氰酸与羰基的亲核加成反应很慢。当加入 1 滴 NaOH 或 KOH 溶液则反应很快,可在几分钟内完成。其原因是碱促使氢氰酸电离,从而增大了 CN^- 浓度;加酸则相反。作为亲核试剂,CN^- 的活性显然比 HCN 大得多。

$$HCN + OH^- \rightleftharpoons H_2O + CN^-$$

醛和酮进行亲核加成的难易程度是不同的。由于电子效应和立体阻碍两个因素,酮比醛亲核加成反应的活性小。且羰基所连烃基的体积愈大,立体位阻愈大,愈不利于亲核加成。综上所述,亲核加成反应活性次序大致如下:

$$HCHO > RCHO > ArCHO > CH_3COCH_3 > CH_3COR > RCOR$$

1. 与氢氰酸加成

在碱的催化下,氢氰酸能与醛、脂肪族甲基酮及 C_8 以下的环酮发生加成反应,生成 α-羟基腈(α-氰醇)。

$$\underset{H(CH_3)}{\overset{R}{>}}C=O \xrightarrow[OH^-]{HCN} \underset{H(CH_3)}{\overset{R}{>}}C\underset{CN}{\overset{OH}{<}}$$

α-羟基腈

α-羟基腈比原料醛、酮多了一个碳原子,这是一种使碳链增长一个碳原子的方法。α-羟基腈根据不同的条件可以转化为 α-羟基酸和 α,β-不饱和酸,在有机合成中有重要用途。

$$CH_3-\overset{O}{\overset{\|}{C}}-H \xrightarrow[OH^-]{HCN} CH_3-\overset{OH}{\overset{|}{C}H}-CN$$

$$\xrightarrow[-H_2O]{H^+,\ \Delta} CH_2=CH-CN \quad \text{丙烯腈}$$

$$\xrightarrow{H^+,\ H_2O} CH_3-\overset{OH}{\overset{|}{C}H}-COOH \quad \text{α-羟基丙酸}$$

由于氢氰酸是剧毒试剂，沸点较低，极易挥发（沸点 26 ℃），不便使用。通常是把无机酸（硫酸）加入醛（或酮）和氰化钠（或氰化钾）水溶液的混合物中，以便 HCN 一生成就立即与醛（或酮）作用。氰化钠或氰化钾的毒性虽然也很大，但不易挥发，容易控制。

$$CH_3COCH_3 \xrightarrow[10\sim20\ ℃]{NaCN,\ H_2SO_4} (CH_3)_2C(OH)CN \xrightarrow[CH_3OH,\ \Delta]{H_2SO_4} CH_2{=}C(CH_3)COOCH_3$$

α-甲基丙烯酸甲酯

2. 与亚硫酸氢钠加成

醛、脂肪族甲基酮、C_8 以下的环酮与 $NaHSO_3$ 饱和溶液发生亲核加成反应，产物 α-羟基磺酸钠易溶于水，但不溶于饱和 $NaHSO_3$ 溶液，以无色晶体析出。利用此性质可以鉴别醛、脂肪族甲基酮和 C_8 以下的环酮。

$$\text{R(H)CH}_3\text{C}{=}\text{O} + \overset{+}{\text{Na}}\overset{-}{\text{O}}\text{S(=O)OH}\ (\text{饱和}) \rightleftharpoons \text{R(H)CH}_3\text{C(ONa)SO}_3\text{H} \rightleftharpoons \text{R(H)CH}_3\text{C(OH)SO}_3\text{Na}\downarrow$$

α-羟基磺酸钠

加成产物 α-羟基磺酸钠遇稀酸或稀碱都可以重新分解为原来的醛、酮，利用这个反应可以分离和提纯醛、脂肪族甲基酮及 C_8 以下环酮。

$$\text{R(H)CH}_3\text{C(OH)SO}_3\text{Na} \rightleftharpoons \text{R(H)CH}_3\text{C}{=}\text{O} + NaHSO_3$$

$$NaHSO_3 \xrightarrow{\text{稀}\ Na_2CO_3} Na_2SO_3 + CO_2\uparrow + H_2O$$

$$NaHSO_3 \xrightarrow{\text{稀}\ HCl} NaCl + SO_2\uparrow + H_2O$$

实验室中常用 α-羟基磺酸钠与氰化钠反应来制取 α-羟基腈，以避免使用易挥发的氰氢酸，并且产率比较高。

$$C_6H_5CHO + \overset{+}{Na}\overset{-}{O}S(=O)OH\ (\text{饱和}) \longrightarrow C_6H_5CH(OH)SO_3Na \xrightarrow[-Na_2SO_3]{NaCN} C_6H_5CH(OH)CN \xrightarrow[H_2O]{HCl} C_6H_5CH(OH)COOH$$

(67%)

苦杏仁酸

3. 与格利雅试剂加成

格利雅试剂 RMgX（简称格氏试剂）中的碳镁键是高度极化的，碳原子带有部分负电荷，可作为强的亲核试剂，所有的醛、酮都可与格氏试剂发生亲核加成反应，生成的加成产物水解可以得到不同种类的醇，这是工业上合成醇的主要方法。

$$RMgX + \rangle C{=}O \xrightarrow{\text{无水乙醚}} R{-}\overset{|}{\underset{|}{C}}{-}OMgX \xrightarrow{H_3O^+} R{-}\overset{|}{\underset{|}{C}}{-}OH$$

格氏试剂与甲醛作用生成伯醇，与其他醛作用生成仲醇，与酮作用生成叔醇。

$$HCHO + RMgX \xrightarrow{\text{无水乙醚}} RCH_2OMgX \xrightarrow{H_3O^+} ECH_2OH$$

伯醇

$$R'CHO + RMgX \xrightarrow{\text{无水乙醚}} \begin{array}{c} RCHOMgX \\ | \\ R' \end{array} \xrightarrow{H_3O^+} \begin{array}{c} RCHOH \\ | \\ R' \end{array}$$

仲醇

$$R'COR'' + RMgX \xrightarrow{\text{无水乙醚}} \begin{array}{c} R' \\ | \\ RCOMgX \\ | \\ R'' \end{array} \xrightarrow{H_3O^+} \begin{array}{c} R'' \\ | \\ RCOH \\ | \\ R' \end{array}$$

叔醇

由此可见，只要选择适当的原料（不宜选用立体位阻太大的酮和格氏试剂），除甲醇外，几乎任何醇都可以通过格氏试剂来合成。

【例 11-1】以简单醛、酮为原料，用格氏试剂合成下列化合物。

$$① \begin{array}{l} CH_3CHCH_2CH_3 \\ \quad\ | \\ \quad OH \end{array} \qquad ② \begin{array}{c} CH_3 \\ | \\ CH_3—C—CH_2CH_3 \\ | \\ OH \end{array}$$

解：①2-丁醇为仲醇，根据产物的结构，可选择醛和格氏试剂来制备。

$$CH_3CH_2MgBr + CH_3CHO \xrightarrow{\text{无水乙醚}} \begin{array}{c} CH_3CH_2CHCH_3 \\ | \\ OMgBr \end{array} \xrightarrow{H_3O^+} \begin{array}{c} CH_3CH_2CHCH_3 \\ | \\ OH \end{array}$$

$$CH_3MgBr + CH_3CH_2CHO \xrightarrow{\text{无水乙醚}} \begin{array}{c} CH_3CH_2CHCH_3 \\ | \\ OMgBr \end{array} \xrightarrow{H_3O^+} \begin{array}{c} CH_3CH_2CHCH_3 \\ | \\ OH \end{array}$$

②2-甲基-2-丁醇为叔醇，根据其结构，可选择酮和格氏试剂来制备。

$$CH_3COCH_3 + CH_3CH_2MgBr \xrightarrow{\text{无水乙醚}} \begin{array}{c} CH_3 \\ | \\ CH_3—C—CH_2CH_3 \\ | \\ OMgBr \end{array} \xrightarrow{H_3O^+} \begin{array}{c} CH_3 \\ | \\ CH_3—C—CH_2CH_3 \\ | \\ OH \end{array}$$

$$CH_3COCH_2CH_3 + CH_3MgBr \xrightarrow{\text{无水乙醚}} \begin{array}{c} CH_3 \\ | \\ CH_3—C—CH_2CH_3 \\ | \\ OMgBr \end{array} \xrightarrow{H_3O^+} \begin{array}{c} CH_3 \\ | \\ CH_3—C—CH_2CH_3 \\ | \\ OH \end{array}$$

4. 与醇加成

在干燥氯化氢或浓硫酸的作用下，一分子醛或酮与一分子醇发生亲核加成反应分别生成半缩醛或半缩酮。半缩醛不稳定，容易分解为原来的醛。半缩醛在酸性条件下，继续与醇反应，发生分子间脱水而生成稳定的缩醛。反应是可逆的，需在无水的酸性条件下形成缩醛。

$$\begin{array}{l} R \\ \quad \diagdown \\ \quad\ C{=}O \\ \quad \diagup \\ H \end{array} + H—OR' \xrightleftharpoons{\text{干 HCl}} \begin{array}{c} OH \\ | \\ R—C—OR' \\ | \\ H \end{array} \xrightleftharpoons[HOR']{\text{干 HCl}} \begin{array}{c} OR' \\ | \\ R—C—OR' \\ | \\ H \end{array}$$

半缩醛　　缩醛
不稳定　　稳定

与醛相比，酮形成半缩酮和缩酮要困难些，其很难和一元醇反应。但在少量酸催化下，酮可与过量的二元醇(如乙二醇)反应，生成环状缩酮。为使平衡向右边进行，需不断除去水。

$$R(R')C{=}O + HO{-}CH_2{-}CH_2{-}OH \underset{}{\overset{H^+}{\rightleftharpoons}} R(R')C(O{-}CH_2)_2 + H_2O$$

环状缩酮

缩醛与环状缩酮是稳定的醚型结构，对碱、氧化剂和还原剂都很稳定，在稀酸中都能水解生成原来的醛或酮；利用这一特性，在有机合成中，常用于保护活泼的醛基和酮羰基。

【例 11-2】 完成转化：OHC—⟨C₆H₄⟩—CH₂OH ⟶ OHC—⟨C₆H₄⟩—COOH 。

解：

$$OHC{-}C_6H_4{-}CH_2OH \xrightarrow[\text{干 HCl}]{C_2H_5OH} HC(OC_2H_5)_2{-}C_6H_4{-}CH_2OH$$

$$\xrightarrow{\text{冷稀 }KMnO_4} HC(OC_2H_5)_2{-}C_6H_4{-}COOK \xrightarrow[\Delta]{HCl} OHC{-}C_6H_4{-}COOH$$

利用缩酮保护醛基使之不被高锰酸钾氧化。

5. 与氨的衍生物加成

醛、酮能和氨的衍生物($Y{-}NH_2$)如胺($R{-}NH_2$)、羟氨($HO{-}NH_2$)、肼($H_2N{-}NH_2$)、苯肼($Ph{-}NHNH_2$)、氨基脲($H_2N\overset{O}{\overset{\|}{C}}NHNH_2$)等发生亲核加成反应，但加成产物不稳定，失去一分子水，生成具有 $\rangle C{=}N{-}$ 结构的产物，这类反应称之为加成-消除反应。反应被酸催化，可以用通式表示如下：

$$\rangle C{=}O + H^+ \rightleftharpoons \rangle C{=}\overset{+}{O}H$$

$$Y{-}\ddot{N}H_2 + H^+ \rightleftharpoons Y{-}\overset{+}{N}H_3$$

$$\rangle C{=}\overset{+}{O}H + Y{-}\ddot{N}H_2 \overset{\text{加成}}{\rightleftharpoons} \left[\rangle C(OH){-}\overset{+}{N}H_2{-}Y \right] \overset{\text{消除}}{\rightleftharpoons} \rangle C{=}N{-}Y + H_2O + H^+$$

Y 为—R、—OH、—NH_2、—NH—⟨C₆H₅⟩、—$NHCONH_2$ 等

注意，这些反应需在弱酸性条件下进行，调节溶液的 pH，使醛、酮的羰基氧质子化，增加羰基碳的正电性，有利于亲核加成；如在强酸性条件下，氨的衍生物与酸形成铵盐($Y{-}\overset{+}{N}H_3$)，

丧失了亲核性，导致反应不能进行。通常是用 AcOH－AcNa 溶液调节合适的 pH，使羰基氧足以质子化，而又不至于使游离 $Y—NH_2$ 的浓度太低。对于每个反应而言，有其适宜的 pH，它取决于试剂 $Y—NH_2$ 的碱性和羰基化合物的活性。反应如下：

1）与胺加成

醛或酮与伯胺反应生成的产物叫做希夫碱，脂肪醛形成的希夫碱不够稳定，芳香醛形成的希夫碱较稳定。

$$\text{R(H)(R)C=O} + H_2N—R' \longrightarrow \text{R(H)(R)C(OH)(NHR')} \xrightarrow{-H_2O} \text{R(H)(R)C=NR'}$$

希夫碱

希夫碱还原可得仲胺，有机合成上常利用芳醛与伯胺生成的希夫碱，加以还原制备仲胺。

$$C_6H_5—CHO + H_2N—C_6H_5 \longrightarrow C_6H_5—CH{=}N—C_6H_5 \xrightarrow{NaNH4} C_6H_5—CH_2NH—C_6H_5$$

苯亚甲基苯胺（84%～87%）

2）与羟胺加成

醛、酮与羟氨反应生成肟。

$$CH_3CHO + H_2NOH \longrightarrow CH_3CH{=}NOH \downarrow + H_2O$$

乙醛肟

$$C_6H_{10}{=}O + H_2NOH \longrightarrow C_6H_{10}{=}NOH \downarrow + H_2O$$

环己酮肟

环己酮肟经贝克曼重排，得到己内酰胺。己内酰胺是合成纤维尼龙－6（或称锦纶、卡普隆）的原料。

3）与肼加成

醛、酮与肼反应生成腙。

$$CH_3CH_2CHO + H_2NNH_2 \longrightarrow CH_3CH_2CH{=}NNH_2 \downarrow + H_2O$$

丙醛腙

$$CH_3COCH_3 + H_2NHN—C_6H_3(NO_2)_2 \longrightarrow (CH_3)_2C{=}NHN—C_6H_3(NO_2)_2 \downarrow + H_2O$$

2，4－二硝基苯肼　　丙酮－2，4－二硝基苯腙（黄色晶体）

4）与氨基脲加成

醛、酮与氨基脲反应生成缩氨脲。

$$C_6H_{10}{=}O + H_2N—NH—\overset{O}{\overset{\|}{C}}—NH_2 \longrightarrow C_6H_{10}{=}N—NH—\overset{O}{\overset{\|}{C}}—NH_2 \downarrow + H_2O$$

环己酮缩氨基脲

肟、腙、缩氨基脲均为具有确定熔点的晶体，可通过测定熔点来鉴别醛、酮。由于加成产物2，4－二硝基苯腙是黄色晶体，因而也常用2，4－二硝基苯肼试剂来鉴别醛和酮。另外，上述反应产物在稀酸存在下可水解为原来的醛、酮，故又可用来分离和提纯醛、酮。

11.5.2 α-H的反应

醛、酮分子中和羰基直接相连的α-碳上的氢原子，受到羰基吸电子效应（诱导效应、σ-π超共轭效应）影响表现出一定的活泼性，在碱的作用下，α-H能以质子（H^+）的形式离解下来，而具有一定的酸性。一般简单醛酮的 pK_a值为 19～20，比乙炔的酸性（pK_a＝25）大。

1. 卤代和卤仿反应

在酸或碱的催化下，醛、酮的α－H容易被卤素取代。如在酸催化下反应，往往得到一取代产物。

$$CH_3-\overset{\overset{O}{\|}}{C}-CH_3 + Br_2 \xrightarrow[65\ ℃]{CH_3COOH} CH_3-\overset{\overset{O}{\|}}{C}-CH_2Br + HBr$$

在碱催化下的卤代反应速率很快，较难控制。若醛、酮分子中含有 $-\overset{\overset{O}{\|}}{C}-CH_3$ 结构，则甲基上的三个氢原子都能被取代，生成同碳三卤代物结构，则甲基上的三个氢原子都能被取代，生成同碳三卤代物 $-\overset{\overset{O}{\|}}{C}-CX_3$ 。在这种三卤代物分子中，氧原子和三个卤原子强烈的吸电子效应，使碳碳键电子云密度大大下降而变得很弱，在碱性条件下很不稳定，极易发生断裂，生成三卤甲烷（卤仿）和羧酸盐，所以此反应又叫卤仿反应。其通式表示如下：

$$(H)\ R-\overset{\overset{O}{\|}}{C}-CH_3 + 3NaOX \xrightarrow[(X_2+NaOH)]{} (H)\ R-\overset{\overset{O}{\|}}{C}-CX_3 + 3NaOH$$

$$(H)\ R-\overset{\overset{O}{\|}}{C}-CX_3 \xrightarrow{NaOH} (H)\ R-\overset{\overset{O}{\|}}{C}-ONa + CHX_3$$

若用碘的氢氧化钠溶液（次碘酸钠溶液）作反应试剂进行反应，则生成一种具有特殊气味不溶于水的亮黄色晶体——碘仿，熔点为 119 ℃，因而此反应称为碘仿反应。

次卤酸盐本身是氧化剂，可使 $CH_3-\underset{\underset{OH}{|}}{CH}-$ 构造氧化成 $-\overset{\overset{O}{\|}}{C}-CH_3$ 构造，因而含有 $CH_3-\underset{\underset{OH}{|}}{CH}-$ 构造的醇也能发生卤仿反应。例如：

$$CH_3-\overset{\overset{OH}{|}}{CH}-CH_3 \xrightarrow{NaOI} H_3C-\overset{\overset{O}{\|}}{C}-CI_3 \xrightarrow{NaOH} H_3C-COONa + CHI_3\downarrow$$

利用碘仿反应可鉴定乙醛和甲基酮，以及含 $CH_3-\underset{\underset{OH}{|}}{CH}-$ 结构的醇。卤仿反应是缩短碳链的反应之一，可利用此反应合成减少一个碳原子的羧酸。

$$\triangleright\!-COCH_3 + Br_2 \xrightarrow[H_2O]{NaOH} \xrightarrow{H_3O^+} \triangleright\!-COOH + CHBr_3$$

（85%）

产物溴仿为液体易从羧酸中分离出来。

2. 羟醛缩合反应

1）羟醛缩合

在稀碱作用下，两分子含有 α－H 的醛互相结合，生成 β－羟基醛的反应，称作羟醛缩合反应。生成的羟醛在加热下易失水生成 α，β－不饱和醛。在许多情况下甚至得不到羟醛，而直接得到 α，β－不饱和醛。例如，乙醛在室温或低于室温时，用 10%NaOH 溶液处理，生成 3－羟基丁醛，失水后得 2－丁烯醛。

$$CH_3-\overset{\overset{O}{\|}}{C}-H + HCH_2-\overset{\overset{O}{\|}}{C}-H \xrightarrow[5\ ^\circ C,4\sim5\ h]{10\%NaOH} \underset{\text{3－羟基丁醛（约 50\%）}}{CH_3-\overset{\overset{OH}{|}}{CH}-CH_2-\overset{\overset{O}{\|}}{C}-H} \xrightarrow[\Delta]{-H_2O} \underset{\text{2－丁烯醛}}{CH_3-CH=CH-\overset{\overset{O}{\|}}{C}-H}$$

羟醛缩合机理：首先是碱（OH^-）夺取 α－H 形成碳负离子。例如：

$$OH^- + HCH_2-\overset{\overset{O}{\|}}{C}-H \rightleftharpoons H_2O + :\overset{-}{C}H_2-\overset{\overset{O}{\|}}{C}-H$$

形成的碳负离子作为亲核试剂进攻另一分子醛的羰基，发生亲核加成反应生成一个烷氧负离子，烷氧负离子是比 OH^- 更强的碱，它能从水分子中夺取一个质子而生成羟基醛。

$$CH_3-\overset{\overset{O}{\|}}{C}-H + :CH_2-\overset{\overset{O}{\|}}{C}-H \rightleftharpoons CH_3-\overset{\overset{O^-}{|}}{CH}-CH_2-\overset{\overset{O}{\|}}{C}-H \rightleftharpoons CH_3-\overset{\overset{OH}{|}}{CH}-CH_2-\overset{\overset{O}{\|}}{C}-H + OH^-$$

若 β－羟基醛的 α－碳上还有氢，则在受热或稍加大碱的浓度时，容易脱水形成稳定的 α，β－不饱和醛。

$$CH_3-\overset{\overset{OH}{|}}{CH}-CH_2-\overset{\overset{O}{\|}}{C}-H \xrightarrow[\Delta]{-H_2O} CH_3-CH=CH-\overset{\overset{O}{\|}}{C}-H$$

羟醛缩合反应是制备 α，β－不饱和醛的一种方法，α，β－不饱和醛进一步催化加氢，可得到饱和醇。

$$CH_3-CH=CH-\overset{\overset{O}{\|}}{C}-H \xrightarrow[Ni]{H_2} CH_3CH_2CH_2CH_2OH$$

通过羟醛缩合可以合成比原料醛多一倍碳原子的醛和醇。例如，工业上从乙醛合成正丁醇。

除乙醛外，其他醛所得到的羟醛缩合产物都是在 α－碳原子上带有支链的羟醛、烯醛。烯醛进一步催化加氢，则得到 β－碳原子上带有支链的醇。其通式表示如下：

$$RCH_2-\overset{\overset{O}{\|}}{C}-H + \underset{\underset{R}{|}}{HCH}-\overset{\overset{O}{\|}}{C}-H \xrightarrow{\text{稀 }OH^-} RCH_2-\overset{\overset{OH}{|}}{CH}-\underset{\underset{R}{|}}{CH}CHO \xrightarrow[\Delta]{-H_2O}$$

$$RCH_2CH{=}\underset{\large R}{\underset{|}{C}}{-}CHO \xrightarrow[Ni]{H_2} RCH_2CH_2\underset{\large R}{\underset{|}{C}}HCH_2OH$$

【例 11-3】 以丙醛为原料合成 2-甲基-1-戊醇。

$$CH_3CH_2CHO + H\text{-}\vdots\text{-}\underset{\large CH_3}{\underset{|}{C}}HCHO \xrightarrow{\text{稀 } NaOH} CH_3CH_2\underset{\large OH}{\underset{|}{C}}H\overset{\large CH_3}{\overset{|}{C}}HCHO \xrightarrow[\Delta]{-H_2O}$$

$$CH_3CH_2CH{=}\overset{\large CH_3}{\overset{|}{C}}CHO \xrightarrow[Ni]{H_2} CH_3CH_2CH_2\overset{\large CH_3}{\overset{|}{C}}HCH_2OH$$

2）交叉羟醛缩合

两种不同的含有 α-H 的醛之间发生的羟醛缩合反应，称为交叉羟醛缩合。产物为四种物质的混合物，有机合成中没有多大的实际意义。

如果一种醛不含 α-H（如甲醛、三甲基乙醛、苯甲醛等），一种醛含有 α-H，把含有 α-H 的醛慢慢加入不含 α-H 的醛和碱的混合物中，则混合物中含有 α-H 的醛的浓度较低，发生自身羟醛缩合的概率很小，绝大部分变为碳负离子后，即与不含 α-H 的醛发生亲核加成。这样的交叉羟醛缩合在合成上还是有实际意义的。例如：

$$CH_3{-}\overset{\large CH_3}{\overset{|}{C}}H{-}CHO + HCHO \xrightarrow[40\ ℃]{\text{稀 } Na_2CO_3} CH_3{-}\overset{\large CH_3}{\overset{|}{\underset{\large CHO}{\underset{|}{C}}}}H{-}CH_2OH$$

2,2-二甲基-3-羟基丙醛（>64%）

$$C_6H_5{-}CH_2OH + CH_3CH_2CHO \xrightarrow[10\ ℃]{OH^-} C_6H_5{-}CH{=}\overset{\large CH_3}{\overset{|}{C}}CHO$$

2-甲基-3-苯基丙烯醛（68%）

3）羟酮缩合

在碱催化下，含有 α-H 的酮也可发生缩合反应，但反应活性差，产率低。如果能把生成的产物及时分离出来，使平衡向右移动，也可以把许多含有 α-H 的酮成功转化成 β-羟基酮，脱水后的产物是 α,β-不饱和酮。

$$CH_3\overset{\large O}{\overset{\|}{C}}CH_3 + H\text{-}\vdots\text{-}CH_2\overset{\large O}{\overset{\|}{C}}CH_3 \xrightleftharpoons{OH^-} CH_3\overset{\large OH}{\overset{|}{\underset{\large CH_3}{\underset{|}{C}}}}CH_2\underset{\large O}{\underset{\|}{C}}CH_3 \xrightarrow[I_2]{\text{蒸馏}} CH_3{-}\overset{\large CH_3}{\overset{|}{C}}H{=}CH{-}\overset{\large O}{\overset{\|}{C}}{-}CH_3$$

β-羟基酮（80%）　　　　4-甲基-3-己烯-2-酮

4）α,β-不饱和醛酮的羟醛缩合

α,β-不饱和醛酮，如 2-丁烯醛，虽然分子中的羰基和甲基之间存在一个碳碳双键，但由于它与羰基碳氧双键发生共轭：

$$\mathrm{H{-}\underset{H}{\overset{H}{C}}{-}CH{=}CH{-}\overset{H}{C}{=}O}$$

氧原子的拉电子作用通过共轭链传递，使得甲基氢原子仍然保持着像乙醛 α—H 那样的活性，在稀碱作用下，也能发生羟醛缩合反应。

$$\mathrm{CH_3{-}CH{=}CH{-}CHO + CH_3{-}CH{=}CH{-}CHO \xrightarrow{稀\ OH^-} CH_3{-}CH{=}CH{-}\underset{}{\overset{OH}{C}H}{-}CH_2{-}CH{=}CH{-}CHO}$$

$$\mathrm{\xrightarrow{-H_2O} \underset{2,4,6\text{-辛三烯醛}}{CH_3{-}CH{=}CH{-}CH{=}CH{-}CH{=}CH{-}CHO}}$$

由于共轭效应沿共轭链传递时，不因共轭链的加长而降低，所以 2,4,6 -辛三烯醛分子的甲基氢原子也具有同样的活性。

11.5.3 氧化还原反应

1. 氧化反应

醛和酮的很多化学性质基本相同，但在氧化反应中有很大的差别，这与醛、酮的结构不同有关。醛有醛基氢，而酮没有，所以醛比酮易氧化，容易氧化为羧酸。常用的氧化剂有 Ag_2O、H_2O_2、$KMnO_4$、CrO_3 和过氧酸。例如：

$$\mathrm{CH_3(CH_2)_5CHO + \underset{过氧乙酸}{CH_3{-}\overset{O}{\overset{\|}{C}}OOH} \longrightarrow \underset{庚酸(88\%)}{CH_3(CH_2)_5COOH} + CH_3COOH}$$

空气中的氧也能将醛氧化，所以在存放时间较长的醛中常含有少量的羧酸。

酮较难发生氧化。在强烈条件下，例如提高反应温度，使用强氧化剂，才能使酮氧化，碳链发生断裂，生成几种羧酸的混合物。一般来说，酮氧化制羧酸实际意义不大。但是，环己酮在五氧化二钒的催化下，用硝酸氧化，生成己二酸，是工业上生产己二酸（合成尼龙- 66 的原料）的一个重要方法。

$$\text{环己酮}{=}\mathrm{O} \xrightarrow[V_2O_5]{HNO_3} \mathrm{HOOCCH_2CH_2CH_2CH_2COOH}$$

弱氧化剂如托伦试剂和斐林试剂。托伦试剂是银氨离子 $Ag(NH_3)_2^+$（硝酸银的氨水溶液）。反应时，醛氧化成酸，银离子还原成银，如果反应器壁干净，就会形成一个银镜附着在器壁上，因此这个反应又称为银镜反应。酮与托伦试剂不发生反应。因此常用托伦试剂区别醛和酮。

$$\mathrm{RCHO + 2Ag(NH_3)_2OH \longrightarrow RCOONH_4 + 2Ag\downarrow + 3NH_3 + H_2O}$$

斐林试剂是酒石酸钾钠的碱性硫酸铜溶液，可使醛氧化成羧酸，而本身被还原成砖红色沉淀。斐林试剂只氧化脂肪醛而不氧化芳香醛及酮（α -羟基酮除外）。利用斐林试剂可以区别醛与酮、脂肪醛与芳香醛。

$$RCHO + 2Cu^{2+} + OH^- + H_2O \longrightarrow RCOO^- + \underset{\text{砖红色}}{Cu_2O\downarrow} + 4H^+$$

托伦试剂和斐林试剂不氧化碳碳双键、碳碳三键，是良好的选择性氧化剂。例如，工业上用它来氧化巴豆醛制取巴豆酸。

$$\underset{\text{巴豆醛}}{CH_3—CH═CH—CHO} \xrightarrow{\text{托伦试剂或斐林试剂}} \underset{\text{巴豆酸}}{CH_3—CH═CH—COOH}$$

巴豆酸有顺式和反式两种异构体，其中反式巴豆酸比较稳定，为无色晶体，可用于制备增塑剂、合成树脂和药物，是重要的化工原料。

2. 还原反应

醛和酮都可以发生还原反应，不同条件下得到的产物不同。

1)催化加氢

醛酮在铂、钯、镍、铜的催化下加氢生成醇。醛还原为伯醇，酮还原为仲醇。

$$R—\overset{O}{\overset{\|}{C}}—R + H_2 \xrightarrow{Ni} \underset{\text{仲醇}}{R—\overset{OH}{\overset{|}{\underset{H}{\underset{|}{C}}}}—R}$$

$$RCHO + H_2 \xrightarrow{Ni} \underset{\text{伯醇}}{RCH_2OH}$$

催化加氢产率高，后处理简单，但催化剂较贵，而且如果分子中还有其他不饱和基团时，这些基团也将同时被还原。

$$CH_3CH_2CH═CHCHO \xrightarrow[Ni]{H_2} CH_3CH_2CH_2CH_2CH_2OH$$

2)用金属氢化物还原

醛和酮也可以被金属氢化物还原为相应的醇。常用的还原剂有氢化锂铝($LiAlH_4$)、硼氢化钠($NaBH_4$)等。$NaBH_4$是一种常用的缓和还原剂，并且反应的选择性高，只能还原醛和酮中的羰基，不还原其他任何不饱和基团。在水和醇中较为稳定，所以可在水或醇溶液中进行反应。例如：

$$CH_3CH_2CH═CHCHO \xrightarrow[H_2O]{NaBH_4} CH_3CH_2CH═CHCH_2OH$$

$LiAlH_4$还原能力比较强，除可以还原醛、酮外，还能还原羧酸和酯的羰基，以及$—NO_2$、—CN等不饱和基团，但不还原碳碳双键和碳碳三键。同时 $LiAlH_4$遇水会发生激烈反应，必须在无水条件下操作。例如：

$$CH_3CH_2CH═\overset{CH_3}{\overset{|}{C}}CHO \xrightarrow[\text{(2) } H_3O^+]{\text{(1) } LiAlH_4\text{无水乙醚}} CH_3CH_2CH═\overset{CH_3}{\overset{|}{C}}CH_2OH$$

除上述还原剂外，异丙醇铝-异丙醇也是一种选择性很高的还原剂，与 $NaBH_4$一样，它只还原醛和酮中的羰基，而不还原其他不饱和基团。反应可在苯或甲苯溶液中进行，异丙醇铝-异丙醇将醛、酮还原为醇，自身被氧化为丙酮。此反应为可逆反应，反应过程中需将丙酮不断蒸出，保证反应不断向右进行。

$$O=\langle\text{环己酮}\rangle + (CH_3)_2CHOH \xrightarrow{[(CH_3)_2CHO]_3Al} HO-\langle\text{环己醇}\rangle + CH_3COCH_3$$

3)克莱门森还原法

在酸性条件下,醛或酮与锌汞齐(金属锌与汞形成的合金)作用,使羰基直接还原为亚甲基转变为烃的反应叫克莱门森还原法。有机合成中常用此方法由芳酮来制备直链烷基苯。

$$C_6H_5-COCH_2CH_2CH_2CH_3 \xrightarrow[\Delta]{Zn\text{-}Hg,\ HCl} C_6H_5-CH_2CH_2CH_2CH_2CH_3$$

克莱门森还原法只适用于对酸稳定的醛、酮。若醛、酮分子中同时含有对酸敏感的基团如醇羟基、碳碳双键等,就不能用上述方法还原。

4)沃尔夫-凯惜纳-黄鸣龙还原法

沃尔夫-凯惜纳还原法是指用醛或酮与无水肼反应生成腙,然后将腙置于乙醇钠或氢氧化钾中,于高压下加热,使之分解,放出氮气,使羰基还原为亚甲基的反应。

$$\begin{matrix}R\\(H)R'\end{matrix}\!\!>C=O \xrightarrow{H_2NNH_2} \begin{matrix}R\\(H)R'\end{matrix}\!\!>C=NNH_2 \xrightarrow[\text{加压}]{KOH,200\ ℃} \begin{matrix}R\\(H)R'\end{matrix}\!\!>C=CH_2 + N_2\uparrow$$

该反应条件要求无水、高压、反应时间长(回流 100 h 以上),但产率不高。我国化学家黄鸣龙教授在 1946 年通过实验改进了这个方法,从而产生了沃尔夫-凯惜纳-黄鸣龙还原法。把醛或酮与氢氧化钠或氢氧化钾,85%的水合肼(也可用 50%的水合肼)及高沸点的水溶性溶剂(如二甘醇或三甘醇)一起回流加热生成腙,然后蒸出水和过量的肼,继续在 200 ℃下加热回流,使腙分解放出氮气,羰基变为亚甲基。

$$CH_3-C(CH_3)_2-C(=O)-CH_3 \xrightarrow[(HOCH_2CH_2)_2O,110\sim130\ ℃]{85\%\text{水合肼},KOH} \left[CH_3-C(CH_3)_2-C(=NNH_2)-CH_3\right]$$

$$\xrightarrow[(HOCH_2CH_2)_2O,\ 200\ ℃]{KOH} CH_3-C(CH_3)_2-CH_2-CH_3 + N_2$$

该法不需使用难以制备和价格昂贵的无水肼,可以在常压下完成,时间仅为 1 小时,产率大幅度提高(80%~95%),并且反应一步完成,无需分离出腙,操作方便,有机合成上应用广泛。沃尔夫-凯惜纳-黄鸣龙还原法适用于对碱稳定的醛、酮,因此它和克莱门森还原法可相互补充。

3. 坎尼扎罗反应

不含 α-氢原子的醛在浓碱作用下,发生自身氧化还原反应,一分子醛被还原为醇,另一分子醛被氧化为羧酸的反应为坎尼扎罗反应,也叫歧化反应。例如:

$$2HCHO \xrightarrow{\text{浓}\ NaOH} CH_3OH + HCOONa$$

两种不含 α-H 的醛分子间能进行交叉歧化反应,产物比较复杂,包含两种羧酸和两种醇,不易分离,在合成上通常没有什么实际意义。但是,如果甲醛和另一种不含 α-氢原子的醛进行交叉歧化反应,由于甲醛具有较强的还原性,总是被氧化为甲酸,而另一种醛总是被还原为醇。这一反应在有机合成上是很有用的——把芳醛还原为芳醇。例如:

$$\text{HCHO}+\text{C}_6\text{H}_5\text{—CHO—CHO}\xrightarrow[\Delta]{\text{浓 NaOH}}\text{HCOONa}+\text{C}_6\text{H}_5\text{—CH}_2\text{OH}$$

工业上以甲醛和乙醛为原料,先后进行交叉羟醛缩合和交叉歧化反应来制备季戊四醇。

$$3\text{HCHO}+\text{CH}_3\text{CHO}\xrightarrow[55\ ℃]{\text{Ca(OH)}_2}\text{HO—CH}_2\text{—}\begin{array}{c}\text{CH}_2\text{OH}\\|\\\text{C}\\|\\\text{CH}_2\text{OH}\end{array}\text{—CHO}$$

三羟甲基乙醛

$$\text{HO—CH}_2\text{—}\begin{array}{c}\text{CH}_2\text{OH}\\|\\\text{C}\\|\\\text{CH}_2\text{OH}\end{array}\text{—CHO}+\text{HCHO}\xrightarrow[55\ ℃]{\text{Ca(OH)}_2}\text{HOH}_2\text{C—}\begin{array}{c}\text{CH}_2\text{OH}\\|\\\text{C}\\|\\\text{CH}_2\text{OH}\end{array}\text{—CH}_2\text{OH}+(\text{HCOO})_2\text{Ca}$$

季戊四醇

季戊四醇是略有甜味的无色固体,熔点为 260 ℃,在水中溶解度为 6 g/100 g 水(20 ℃),用于涂料工业。它的硝酸酯是优良的炸药,脂肪酸酯可用作聚氯乙烯树脂的增塑剂和稳定剂。

11.6 重要的醛和酮

重要的醛和酮

第 11 章习题

学习总结

第 12 章　羧酸及其衍生物

学习目标

【掌握】重要羧酸的制法及其化学性质，羧酸衍生物的亲核取代反应，酰胺和酯的特殊反应，乙酰乙酸乙酯合成法和丙二酸二乙酯合成法。

【理解】羧酸的酸性与结构的关系，羧酸衍生物亲核取代反应机理，β-二羰基化合物的性质和互变异构。

【了解】羧酸及其衍生物的物理性质、命名，重要的羧酸及其衍生物。

由羰基和羟基组成的基团叫做羧基。羧基的构造式为 $-\overset{\overset{\displaystyle O}{\|}}{C}-OH$（简写为—COOH）。分子中含有—COOH 的化合物称为羧酸，常用通式 RCOOH（甲酸 R＝H）和 ArCOOH 来表示。羧酸的官能团是羧基。

12.1　羧酸的分类和命名法

12.1.1　羧酸的分类

根据分子中烃基种类的不同，羧酸可分为脂肪族羧酸、脂环族羧酸和芳香族羧酸；根据烃基是否饱和，可分为饱和羧酸和不饱和羧酸；根据羧酸分子中所含羧基数目的多少，又可分为一元羧酸、二元羧酸和多元羧酸。

脂肪族羧酸：$CH_3CH_2CH_2COOH$（丁酸，饱和一元羧酸）　$H_2C=CHCOOH$（丙烯酸，不饱和一元羧酸）　HOOC—COOH（乙二酸，饱和二元羧酸）

脂环族羧酸：

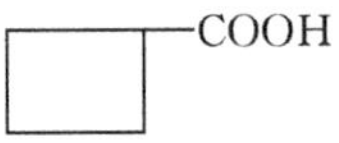

环丁基甲酸（饱和一元羧酸）

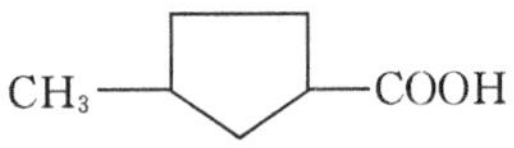

3-甲基环戊基甲酸（饱和一元羧酸）

芳香族羧酸：

苯甲酸（不饱和一元羧酸）

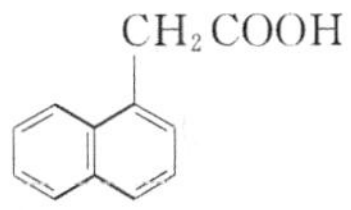

α-萘乙酸（不饱和一元羧酸）

12.1.2　羧酸的命名法

1. 俗名

羧酸广泛存在于自然界中，而且早已被人们所认识，因此，许多羧酸有俗名，这些俗名一般是根据它们的最初来源命名的。例如，甲酸最初是通过蒸馏非洲红蚂蚁所得的，故称为蚁酸，乙酸是食醋的主要成分，因此叫醋酸。

2. 系统命名法

脂肪族羧酸的系统命名原则和醛相似，即选择含有羧基的最长碳链作为主链，根据主链碳原子的数目称为“某酸”，编号从羧基碳原子开始，用阿拉伯数字(或从羧基相邻的碳原子开始用希腊字母)标明取代基的位次，并将取代基的位次、数目、名称写于酸名称之前。对于不饱和酸，则选取含有不饱和键和羧基的最长碳链作为主链称为某烯酸或某炔酸，并标明不饱和键的位次。例如：

$$\overset{4}{CH_3}-\overset{\beta}{\underset{3}{C}}H(CH_3)-\overset{\alpha}{\underset{2}{C}}H_2-\overset{1}{C}OOH$$

3-甲基丁酸
β-甲基丁酸

$$\overset{\delta}{\underset{5}{ClCH_2}}-\overset{\gamma}{\underset{4}{CH}}=\overset{\beta}{\underset{3}{CH}}-\overset{\alpha}{\underset{2}{CH_2}}-\overset{1}{COOH}$$

5-氯-3-戊烯酸
δ-氯-β-戊烯酸

脂肪族二元羧酸命名时，则选择含有两个羧基在内的最长碳链为主链，根据主链上碳原子的数目称为“某二酸”。例如：

$$HOOC-CH(Cl)-CH_2-COOH$$

氯代丁二酸

芳香酸分为两类：一类是羧基连在芳香环上，一类是羧基连在侧链上。前者以芳甲酸为母体，环上其他基团作为取代基来命名；后者以脂肪酸为母体，芳基作为取代基来命名。例如：

2-甲基苯甲酸
邻甲苯甲酸

$HOOC-C_6H_4-COOH$

1,4-苯二甲酸
对苯二甲酸

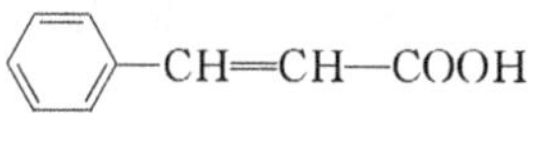

$C_6H_5-CH=CH-COOH$

3-苯丙烯酸
(肉桂酸)

$C_{10}H_7-CH_2COOH$ (α, β)

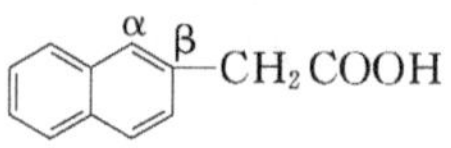

β-萘乙酸

羧酸分子除去羧基中羟基后的基团($R-\overset{O}{\overset{\|}{C}}-$ ， $Ar-\overset{O}{\overset{\|}{C}}-$)按原来酸的名称称为某酰基，对于 $R-\overset{O}{\overset{\|}{C}}-O-$ 或 $Ar-\overset{O}{\overset{\|}{C}}-O-$ 基团则称为某酰氧基。例如：

$$\underset{\text{乙酰基}}{CH_3-\overset{\overset{O}{\|}}{C}-}\qquad \underset{\text{乙酰氧基}}{CH_3-\overset{\overset{O}{\|}}{C}-O-}\qquad \underset{\text{苯乙酰基}}{C_6H_5-CH_2-\overset{\overset{O}{\|}}{C}-}\qquad \underset{\text{苯乙酰氧基}}{C_6H_5-CH_2-\overset{\overset{O}{\|}}{C}-O-}$$

12.2 羧酸的制法

12.2.1 烃的氧化

见 2.5，3.5，4.5，7.4，例如：

$$CH_3CH_2CH_2CH_3 \xrightarrow[90\sim100\ ℃；1.01\sim5.47\ MPa]{O_2,\text{醋酸钴}} \underset{57\%}{CH_3COOH} + \underset{1\%\sim2\%}{HCOOH} + \underset{2\%\sim3\%}{CH_3CH_2COOH} + \underset{17\%}{\underbrace{CO+CO_2}} + \underset{22\%}{\text{酯和酮}}$$

$$C_6H_5CH_3 + \frac{3}{2}O_2 \xrightarrow[165\ ℃；0.88\ MPa]{\text{钴盐或锰盐}} \underset{92\%}{C_6H_5COOH} + H_2O$$

上述两个反应分别是工业上生产乙酸和苯甲酸的方法之一。

12.2.2 伯醇或醛氧化

伯醇或醛氧化是制备羧酸的一种方法。常用的氧化剂有 $K_2Cr_2O_7$－稀 H_2SO_4、$KMnO_4$ 碱溶液等。例如：

$$CH_3CH_2CH_2OH \xrightarrow[H_2SO_4/H_2O]{K_2Cr_2O_7} CH_3CH_2COOH\quad(65\%)$$

$$CH_3(CH_2)_3\underset{\underset{CH_2CH_3}{|}}{CH}CHO \xrightarrow[H_2O]{KMnO_4,OH^-} CH_3(CH_2)_3\underset{\underset{CH_2CH_3}{|}}{CH}COONa \xrightarrow{H_3O^+} \underset{(78\%)}{CH_3(CH_2)_3\underset{\underset{CH_2CH_3}{|}}{CH}COOH}$$

12.2.3 腈水解

脂肪腈和芳香腈在酸或碱溶液中水解得到相应的羧酸。脂肪腈常由卤代烃制得，故此法可制备比原来卤代烃多一个碳原子的羧酸。例如：

$$ClCH_2CH_2OH \xrightarrow{NaCN} CNCH_2CH_2OH \xrightarrow[(2)H_3O^+]{(1)OH^-,\ H_2O} HOCH_2CH_2COOH$$

$$C_6H_5-CH_2Cl \xrightarrow{NaCl} C_6H_5-CH_2CN \xrightarrow{H_3O^+} C_6H_5-CH_2COOH$$

此法仅限于用伯卤代烃、苄基型和烯丙基型卤代烃制备腈，其产率很高。仲、叔卤代烃因氰化钠碱性较强易失水成烯，卤代芳烃一般不与氰化钠反应。

12.2.4 格利雅试剂与 CO_2 作用

$$(Ar)R-MgX + O=C=O \xrightarrow{\text{干醚}} (Ar)R-\overset{\overset{O}{\|}}{C}-OMgX \xrightarrow{H_3O^+} (Ar)R-\overset{\overset{O}{\|}}{C}-OH$$

X＝Cl, Br, I

例如：

$$(H_3C)_3C—OH \xrightarrow{HCl} (H_3C)C—Cl \xrightarrow[\text{干醚}]{Mg} (H_3C)_3C—MgCl \xrightarrow[(2)H_3O^+]{(1)CO_2} (H_3C)_3C—COOH$$

(79%～80%)

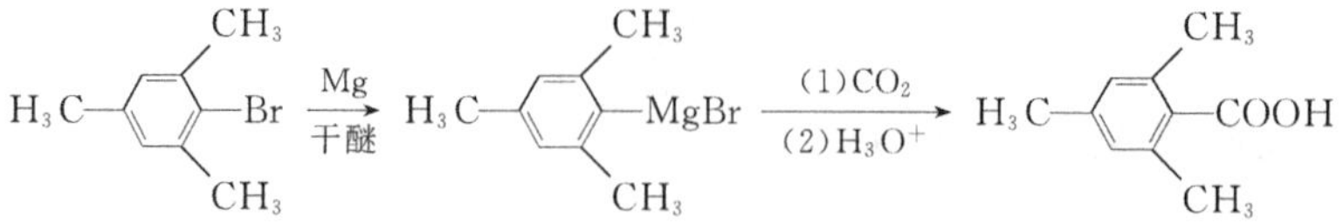

$$H_3C—C_6H_2(CH_3)_2—Br \xrightarrow[\text{干醚}]{Mg} H_3C—C_6H_2(CH_3)_2—MgBr \xrightarrow[(2)H_3O^+]{(1)CO_2} H_3C—C_6H_2(CH_3)_2—COOH$$

制备时，一般是将格利雅试剂的醚溶液倒入过量的干冰中，使格利雅试剂与二氧化碳加成，再经水解生成羧酸。此法可由卤代烃制备多一个碳原子的羧酸。

12.3 羧酸的物理性质

常温常压下，C_1～C_3羧酸都是无色透明具有刺激性气味的液体，C_4～C_9羧酸是具有腐败气味的油状液体，C_{10}以上的直链一元羧酸是无味的白色蜡状固体。脂肪族二元羧酸和芳香族羧酸都是白色晶体。

饱和一元羧酸的沸点随着相对分子质量的增加而升高。羧酸的沸点比相对分子质量相同的醇的沸点要高。例如：

	$HCOOH$	CH_3CH_2OH	CH_3COOH	$CH_3CH_2CH_2OH$
相对分子质量	46	46	60	60
沸点/℃	100.7	78	118	98

这是因为羧酸分子间能形成较强的氢键，羧酸分子间的氢键比醇分子间的氢键更强些，并通过氢键形成双分子缔合体。在固态和液态时，羧酸主要以双分子缔合体的形式存在，据测定，甲酸和乙酸在气态时仍以这种形式存在。因此，羧酸具有较高的沸点。

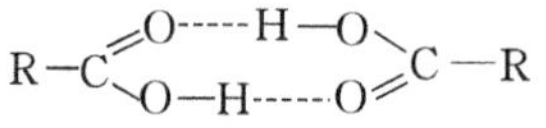

羧酸分子间的氢键
(双分子缔合体)

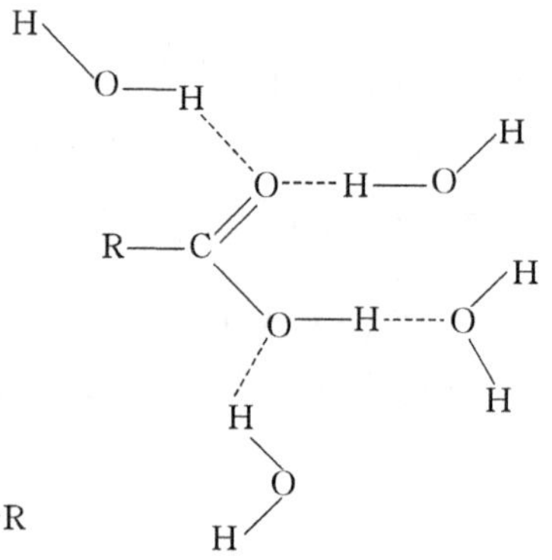

羧酸与水分子间的氢键

直链饱和一元羧酸的熔点随碳原子数增加而呈锯齿状升高。含偶数碳原子的羧酸比相邻两个含奇数碳原子的羧酸熔点要高。这是因为偶数碳原子的羧酸分子对称性较高，排列较紧密，分子间作用力较大。

羧酸也能与水形成较强的氢键，因此在水中的溶解度也比相对分子质量相当的醇大。例如，丙酸与 1-丁醇的相对分子质量相当，丙酸能与水混溶，而 1-丁醇在水中的溶解度仅为 8 g/100 g水。$C_1 \sim C_4$ 的羧酸能与水混溶，C_5 以上的羧酸溶解度逐渐降低，C_{10} 以上的羧酸已不溶于水，但都易溶于乙醇、乙醚、氯仿等有机溶剂。二元羧酸在水中的溶解度比同碳原子数的一元羧酸大。芳香族羧酸一般难溶于水。

直链饱和一元羧酸的相对密度随碳原子数的增加而降低。其中，甲酸、乙酸的相对密度大于 1，比水重，其他饱和一元羧酸的相对密度都小于 1，比水轻。二元羧酸和芳酸的相对密度都大于 1。

芳香酸一般具有升华特性，有些能随水蒸气挥发，这些特性可用来分离、精制芳香酸。一些常见羧酸的物理常数见表 12-1。

表 12-1 一些羧酸的物理常数

系统名称(俗名)	熔点/℃	沸点/℃	溶解度/(25 ℃) $g \cdot (100g 水)^{-1}$	pK_a(25 ℃)	
				pK_a 或 pK_{a1}	pK_{a2}
甲酸(蚁酸)	8	100.5	∞	3.76	
乙酸(醋酸)	16.6	118	∞	4.76	
丙酸(初油酸)	−21	141	∞	4.87	
丁酸(酪酸)	−6	164	∞	4.81	
戊酸(缬草酸)	−34	187	4.97	4.82	
己酸(羊油酸)	−3	205	1.08	4.88	
十二酸(月桂酸)	44	179(2399.8 Pa)	0.006		
十四酸(豆蔻酸)	54	200(2666.4 Pa)	0.002		
十六酸(软脂酸/棕榈酸)	63	219(2666.5 Pa)	0.0007		
十八酸(硬脂酸)	70	235(2666.4 Pa)	0.0003		
苯甲酸(安息香酸)	122	250	0.34	4.19	
1—萘甲酸	160		不溶	3.70	
2—萘甲酸	185		不溶	4.17	
乙二酸(草酸)	189(分解)		10.2	1.23	4.19
丙二酸(胡萝卜酸)	136		138	2.85	5.70
丁二酸(琥珀酸)	182	235(脱水分解)	6.8	4.16	5.60
己二酸(肥酸)	153	330.5(分解)		4.43	5.62
顺丁烯二酸(马来酸)	131		78.8	1.85	6.07
反丁烯二酸(富马酸)	287		0.70	3.03	4.44
邻苯二甲酸(酞酸)	210～211(分解)		0.7	2.89	5.41
间苯二甲酸	345(330 升华)		0.01	3.54	4.60
对苯二甲酸	384～420(300 升华)		0.003	3.51	4.82

12.4 羧酸的化学性质

羧酸的官能团是羧基(—COOH)，其化学性质主要表现在官能团羧基上。羧基形式上是由羰基和羟基组成，但又与醛、酮中的羰基和醇中的羟基有显著差别。这是羰基和羟基相互影响的结果。由于羟基氧原子上的未共用电子对与羰基中的 C ═ O 形成 p - π 共轭体系，从而使羟基氧原子上的电子向 C ═ O 偏移，使羧酸具有明显的酸性，同时也使羧基中羰基碳原子的正电性降低，不利于发生亲核反应。羧酸不能与 HCN、HO—NH_2 等亲核试剂进行羰基上的亲核加成反应。羧基对烃基的影响是使 α - H 活化；当羧基直接与芳香环相连时，使芳香环亲电取代反应钝化。

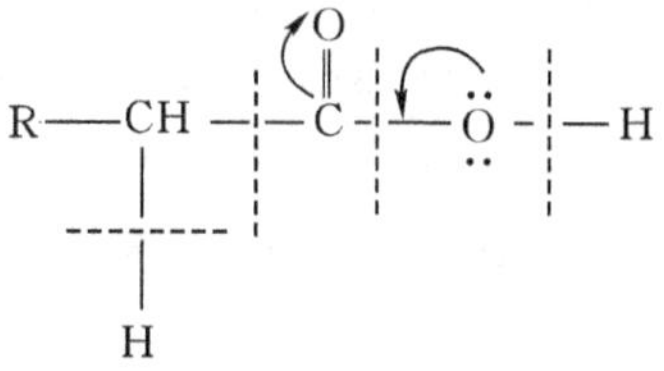

$$\mathrm{R{-}\underset{\substack{|\\ H}}{CH}{-}\overset{\substack{O\\ \|}}{C}{-}\ddot{\underset{\cdot\cdot}{O}}{-}H}$$

概括起来，羧酸的化学反应主要可分为四类：O—H 键断裂，表现出酸性；C—O 键断裂，羟基被取代；C—C 键断裂，发生脱羧反应；α - C—H 键断裂，α - H 被取代。

12.4.1　酸性

羧酸具有明显的酸性，能与氢氧化钠、碳酸钠及碳酸氢钠作用生成羧酸钠。

$$\mathrm{R{-}COOH + NaOH \longrightarrow R{-}COONa + H_2O}$$

$$\mathrm{R{-}COOH + NaHCO_3 \longrightarrow R{-}COONa + H_2O + CO_2\uparrow}$$

多数的羧酸是弱酸，pK_a 一般在 3～5 之间。将羧酸盐用无机酸酸化，又可转为原来的羧酸。可见羧酸的酸性比一般无机强酸弱，但比碳酸（pK_a＝6.36）强。

$$\mathrm{R{-}COONa + HCl \longrightarrow R{-}COOH + NaCl}$$

羧酸盐是离子化合物，熔点很高，常常在熔点分解。羧酸的钾盐、钠盐、铵盐可溶于水，这些盐除低级的外，一般不溶于有机溶剂，因此常常利用这些特性，从混合物中分离提纯与鉴别羧酸和羧酸盐。例如将羧酸与氢氧化钠水溶液作用，可以将其转化为易溶于水的盐，这样可以与很多不溶于氢氧化钠水溶液的有机化合物分离，然后再用无机酸将羧酸盐转回为原来的羧酸。如果此羧酸为固体，可用过滤法得到羧酸；如为液体，可用溶剂提取，再将溶剂蒸除，即可得羧酸。羧酸的重金属盐不溶于水。

羧酸具有酸性是因为羧羟基氧上的孤电子对可以通过与碳氧双键的共轭，使氧上的电子云向碳氧双键偏移。这种共轭会产生两种影响：①氢氧键之间的电子云进一步向氧原子转移，使氢正离子更易离去；②形成的羧酸根负离子因电荷分散而更加稳定。

$$\mathrm{R{-}\overset{\substack{O\\ \|}}{C}{-}\ddot{\underset{\cdot\cdot}{O}}{-}H + H_2O \rightleftharpoons R{-}\overset{\substack{O\\ |}}{C}{-}O + H_3O^+}$$

电子离域
较小的共轭稳定作用　　　　**电荷离域**
较大的共轭稳定作用

影响羧酸的酸性因素（如电子效应、立体效应、溶剂效应等）十分复杂，但有一点是共同的，即任何使羧酸根负离子趋向更稳定的因素都使其酸性增强，任何使羧酸根负离子趋向不稳定的因素都使其酸性减弱。以下主要讨论取代基的电子效应对羧酸酸性的影响。各种电子效应都将对羧酸的酸性产生影响。例如，当乙酸甲基上的氢被氯取代后，由于诱导效应，电子将沿着原子链向氯原子方向偏移，结果使羧酸根负离子的负电荷分散而稳定，使氢离子更容易离解而增强酸性。如果乙酸甲基上的氢逐个被氯取代，酸性会逐渐增强，三氯乙酸是个强酸。

	CH_3COOH	$ClCH_2COOH$	$Cl_2CHCOOH$	Cl_3CCOOH
pK_a 值	4.76	2.86	1.26	0.64

取代基的诱导效应随着距离的增加而迅速下降，如在 α-碳上作用很明显，在 β-碳上作用就明显下降，在 γ-碳上的作用已很小，一般在第四个碳上已没有什么作用，这从下列几个氯代酸就可以清楚地看出：

	$CH_3CH_2CHClCOOH$	$CH_3CHClCH_2COOH$	$ClCH_2CH_2CH_2COOH$	$CH_3CH_2CH_2COOH$
pK_a 值	2.82	4.41	4.70	4.82

一些二元羧酸的 pK_a 值见表 12－1。二元羧酸中有两个可离解的氢：

$$HOOC(CH_2)_nCOOH \xrightleftharpoons{K_1} HOOC(CH_2)_nCOO^- + H^+$$

$$HOOC(CH_2)_nCOO^- \xrightleftharpoons{K_2} {}^-OOC(CH_2)_nCOO^- + H^+$$

因此二元羧酸有两个离解常数 K_1 及 K_2，K_1 比 K_2 大得多，这是由于羧基有强的吸电子效应，能对另一个羧基的离解产生影响，两个羧基愈近，影响愈大。乙二酸的 pK_{a1} 为 1.27，pK_{a2} 为 4.27，相差 3.0；丙二酸的 pK_{a1} 为 2.85，pK_{a2} 为 5.70，相差 2.85；丁二酸的 pK_{a1} 为 4.21，pK_{a2} 为 5.64，相差 1.43；丁二酸以上的 pK_{a1} 和 pK_{a2} 之间的差值就明显地减少了，而且接近于一个不变的数值，但酸性均比乙酸强。第一个羧基离解后，成为羧基负离子，有给电子诱导效应，使第二个羧基离解比较困难，因此丙二酸以上的二元羧酸的 pK_{a2} 均较乙酸的 pK_a 大。可以看出，诱导效应相隔一个碳原子后，彼此影响减弱很多，因此二元羧酸的酸性增强与酸性减弱效应，均与链的距离有关。

对于苯甲酸根负离子，它同时受苯环的－I 和－C 效应的影响，苯甲酸的酸性比一般的脂肪酸强，pK_a 为 4.19. 从表 12－2 所列出的 pK_a 值可以看出，对位或间位取代苯甲酸，$-CH_3$ 是减弱酸性的基团，而 $-Cl$、$-NO_2$ 是增强酸性的基团。对于 $-OH$、$-OCH_3$ 则不同，当它们连在羧基间位时，只有－I 效应，使酸性增强；当它们连在羧基对位时，由于＋C 效应超过了－I 效应，使酸性减弱。邻位取代苯甲酸都使羧基的酸性增强约 1～2 个数量级。这可能是因为处于邻位的两个基团距离太近，空间拥挤，立体效应致使 H^+ 较易离开羧基而增加了离解度。

表 12－2　取代苯甲酸的 pK_a 值(苯甲酸 pK_a＝4.1725 ℃)

取代基 Y	($Y-C_6H_4COOH$) 的 pK_a 值		
	邻	间	对
$-CH_3$	3.89	4.24	4.34
$-C(CH_3)_3$	3.46		
$-Cl$	2.94	3.83	3.99
$-NO_2$	2.17	3.44	3.43
$-OH$	2.96	4.07	4.59
$-OCH_3$	4.08	4.09	4.28

12.4.2　羟基被取代的反应

羧酸分子羧基中的羟基被其他原子或基团取代，生成羧酸衍生物。

$$R-\overset{O}{\overset{\|}{C}}-OH \longrightarrow \begin{cases} R-\overset{O}{\overset{\|}{C}}-Cl & \text{酰氯} \\ R-\overset{O}{\overset{\|}{C}}-O-\overset{O}{\overset{\|}{C}}-R' & \text{酸酐} \\ R-\overset{O}{\overset{\|}{C}}-OR' & \text{酯} \\ R-\overset{O}{\overset{\|}{C}}-NH_2 & \text{酰胺} \end{cases}$$

1. 酰卤的生成

羧酸(除甲酸外)与三氯化磷、五氯化磷、亚硫酰氯(氯化亚砜)反应生成相应的酰氯。但HCl不能使羧酸生成酰氯。例如:

$$3H_3C-\overset{O}{\overset{\|}{C}}-OH + PCl_3 \longrightarrow \underset{(70\%)}{3H_3C-\overset{O}{\overset{\|}{C}}-Cl} + \underset{\text{亚磷酸(200℃分解)}}{H_3PO_3}$$

$$C_6H_5-COOH + PCl_5 \longrightarrow \underset{(90\%)}{C_6H_5-COCl} + \underset{\text{三氯氧化磷(沸点 107℃)}}{POCl_3} + HCl\uparrow$$

$$m\text{-}O_2N-C_6H_4-COOH + SOCl_2 \longrightarrow \underset{(90\%)}{m\text{-}O_2N-C_6H_4-COCl} + SO_2\uparrow + HCl\uparrow$$

酰氯很活泼,它是一类具有高度反应活性的化合物,广泛应用于药物和有机合成中。它易水解,通常用蒸馏法将产物分离。PCl_3适于制备低沸点酰氯如乙酰氯(沸点 52 ℃)。PCl_5适于制备沸点较高的酰氯如苯甲酰氯(沸点 197 ℃)。虽然 $SOCl_2$ 活性比氯化磷低,但它是最常用的试剂。它是低沸点(沸点 79 ℃)的液体,在制备酰氯时,它既可作溶剂又可作试剂。制备时,常将羧酸加到亚硫酰氯中,副产物 SO_2 和 HCl 作为气体释出,然后蒸出过量的试剂,所得到的酰氯纯度好、产率高。

酰氯是一类重要的酰基化试剂。甲酰氯极不稳定,不存在。

2. 酸酐的生成

羧酸(除甲酸外)在脱水剂(如 P_2O_5)作用下或在加热情况下,两个羧基间失水生成酸酐。例如:

$$\begin{matrix} R-\overset{O}{\overset{\|}{C}}-OH \\ R-\underset{O}{\underset{\|}{C}}-OH \end{matrix} \xrightarrow[\Delta]{P_2O_5} \begin{matrix} R-\overset{O}{\overset{\|}{C}} \\ \quad\quad \diagdown O \\ \quad\quad \diagup \\ R-\underset{O}{\underset{\|}{C}} \end{matrix} + H_2O$$

由于乙酸酐能较迅速地与水反应,价格又较低廉,且与水反应生成沸点较低的乙酸可通过分馏除去,因此常用乙酸酐作为制备其他酸酐时的脱水剂。例如:

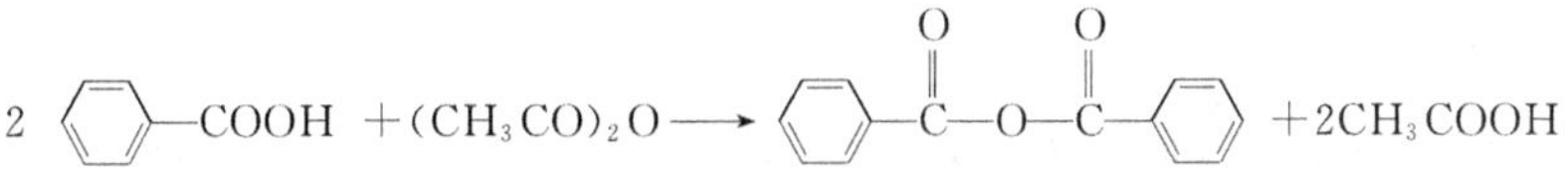

$$2\ C_6H_5\text{—COOH} + (CH_3CO)_2O \longrightarrow C_6H_5\text{—}\overset{O}{\overset{\|}{C}}\text{—O—}\overset{O}{\overset{\|}{C}}\text{—}C_6H_5 + 2CH_3COOH$$

较稳定的具有五元环或六元环的环状酸酐（环酐），可由二元酸受热分子内失水形成，不需要任何脱水剂。例如：

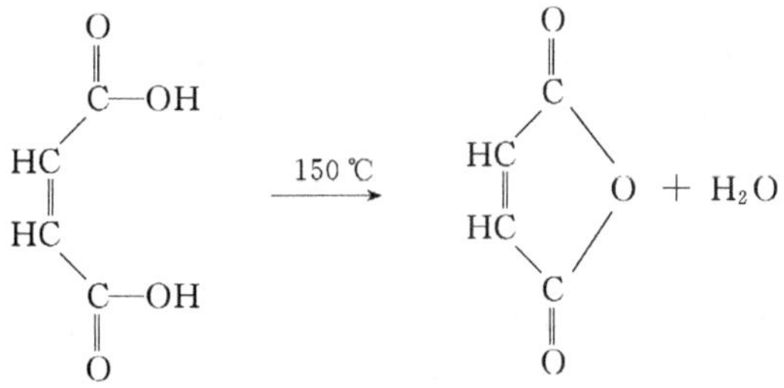

$$\text{HOOC—CH=CH—COOH} \xrightarrow{150\ ℃} \text{(顺丁烯二酸酐)} + H_2O$$

（95%）

$$C_6H_4(COOH)_2 \xrightarrow{230\ ℃} C_6H_4(CO)_2O + H_2O$$

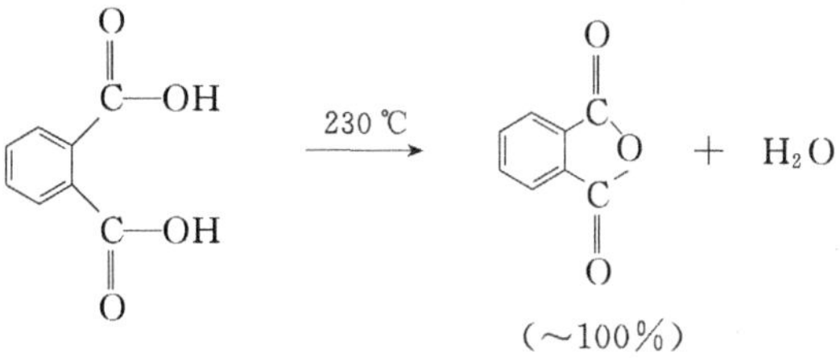

（～100%）

3. 酯的生成

在强酸（如浓 H_2SO_4、干 HCl、$CH_3\text{—}C_6H_4\text{—}SO_3H$ 或强酸性离子交换树脂）的催化作用下，羧酸可与醇反应生成酯和水，该反应被称为酯化反应。这是制备酯最重要的方法。酯化反应的通式：

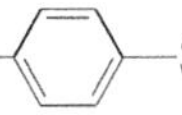

$$R\text{—}\overset{O}{\overset{\|}{C}}\text{—OH} + HOR' \overset{H^+}{\rightleftharpoons} R\text{—}\overset{O}{\overset{\|}{C}}\text{—OR}' + H_2O$$

酯化反应是可逆的，生成的酯在同样条件下可水解成羧酸和醇，称为酯的水解反应。为使平衡向生成酯的方向移动，提高酯的产率，通常加过量的酸或醇，在大多数情况下，是加过量的醇，它既作试剂又作溶剂；从反应体系中蒸出沸点较低的酯或水（或加入苯，通过蒸出苯-水恒沸混合物将水带出）。

在酸催化下，伯醇和大多数仲醇的酯化机理如下所示。

酰基氧质子化：

$$R\text{—}\overset{O}{\overset{\|}{C}}\text{—OH} + H^+ \underset{快}{\overset{快}{\rightleftharpoons}} R\text{—}\overset{^+OH}{\overset{\|}{C}}\text{—OH}$$

亲核加成：

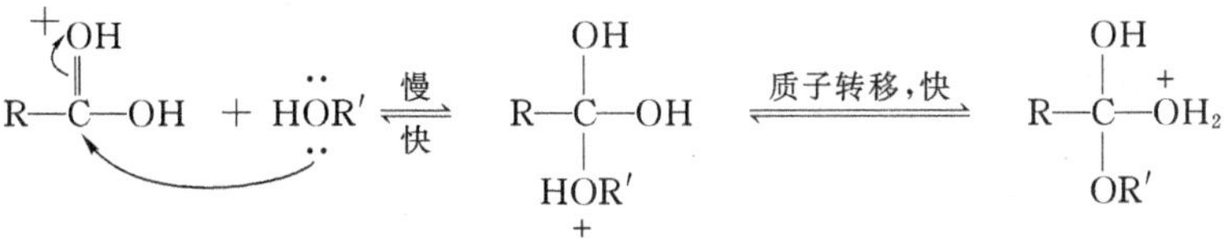

$$R\text{—}\overset{^+OH}{\overset{\|}{C}}\text{—OH} + H\ddot{O}R' \underset{快}{\overset{慢}{\rightleftharpoons}} R\text{—}\underset{\overset{|}{\underset{+}{HOR'}}}{\overset{\overset{OH}{|}}{C}}\text{—OH} \xrightleftharpoons{质子转移，快} R\text{—}\underset{\overset{|}{OR'}}{\overset{\overset{OH}{|}}{C}}\text{—}\overset{+}{O}H_2$$

消除水：

$$R-\underset{OR'}{\overset{OH}{C}}-\overset{+}{O}H_2 \underset{慢}{\overset{快}{\rightleftharpoons}} R-\overset{^+OH}{\overset{\|}{C}}-OR' + H_2O \xrightleftharpoons{消除质子} R-\overset{O}{\overset{\|}{C}}-OR' + H_3O^+$$

这个反应过程是加成-消除，最终是烷氧基取代了酰基碳上的羟基。上述酯化反应机理是有机化学中很重要的一种机理，许多羧酸及羧酸衍生物的反应都是按照羰基的亲核加成再消除的机理进行的。

4. 酰胺的生成

羧酸与氨或胺反应，首先生成羧酸的铵盐，然后高温(150 ℃以上)分解得到酰胺，分子内脱水生成酰胺。很多药物的分子结构中都含有酰胺的结构。所以酰胺是一类很重要的有机化合物。这是一个可逆反应，反应过程中不断蒸出所生成的水使平衡右移，产率很好。例如：

$$R-\overset{O}{\overset{\|}{C}}-OH + NH_3 \rightleftharpoons R-\overset{O}{\overset{\|}{C}}-O^- \ NH_4^+ \xrightarrow{150\ ℃} R-\overset{O}{\overset{\|}{C}}-NH_2 + H_2O$$

$$C_6H_5-COOH + H_2N-C_6H_5 \xrightleftharpoons{180\sim190\ ℃} C_6H_5-\overset{O}{\overset{\|}{C}}-NH-C_6H_5 + H_2O$$

12.4.3 脱羧反应

羧酸或羧酸盐脱去二氧化碳的反应称为脱羧反应。饱和一元羧酸在加热下较难脱羧，但其盐或羧酸中的 α-碳上连有吸电子基时，受热后可以脱羧；芳基作为吸电子基，使芳酸的脱羧比脂肪酸容易，尤其是芳香环上连有吸电子基时，更容易发生脱羧反应。例如：

$$Cl_3CCOOH \xrightarrow{100\sim150\ ℃} CHCl_3 + CO_2\uparrow$$

$$2,4,6\text{-}(O_2N)_3C_6H_2COOH \xrightarrow[H_2O]{\sim100\ ℃} 1,3,5\text{-}(O_2N)_3C_6H_3 + CO_2\uparrow$$

羧酸盐和碱石灰混合，在强热下可以脱去羧基生成烃。例如在实验室中加热无水醋酸钠和碱石灰的混合物可以制取甲烷。

$$CH_3COONa + NaOH(CaO) \xrightarrow{\Delta} CH_4\uparrow + Na_2CO_3$$

二元羧酸也较容易发生脱羧反应。例如：

$$HO-\overset{O}{\overset{\|}{C}}-CH_2-\overset{O}{\overset{\|}{C}}-OH \xrightarrow{120\sim140\ ℃} H_3C-\overset{O}{\overset{\|}{C}}-OH + CO_2\uparrow$$

脂肪酸在人体内是在脱羧酶的催化作用下进行脱羧反应的，这是一类很常见的反应。

12.4.4 还原反应

羧酸分子中羧基上的羰基由于受到羟基的影响，失去了典型羰基的性质，不像醛和酮中的羰基那样容易被还原。羧酸不易被一般还原剂或催化氢化法还原，但具有较强亲核性能的氢化铝锂能顺利地将羧酸还原成相应的伯醇。还原时，常以无水乙醚或四氢呋喃为溶剂，最后用稀酸水解得到产物。例如：

$$(CH_3)_3CCOOH + LiAlH_4 \xrightarrow[(2)H_2O,H^+]{(1)干醚} (CH_3)_3CCH_2OH$$

(92%)

$$H_2C=CH(CH_2)_4COOH + LiAlH_4 \xrightarrow[(2)H_2O]{(1)干醚} H_2C=CH(CH_2)_4CH_2OH$$

(83%)

氢化铝锂还原羧酸不仅可获得高产率的伯醇，而且分子中的碳碳不饱和键不受影响，但它价格昂贵，仅限于实验室使用。

12.4.5　烃基上的反应

1. α－H 的卤代反应

羧酸分子中的 α－H，由于羧基吸电子效应的影响，具有一定的活性。由于羧基吸引电子的能力比羰基小，所以羧酸中 α－H 的活性比醛和酮中 α－H 的活性小，必须在碘、硫或红磷等催化剂的存在下 α－H 才能被卤原子取代生成 α-卤代酸。

$$RCH_2COOH + X_2 \xrightarrow{P} \underset{\displaystyle X}{RCHCOOH} + HX$$

通过控制条件，可使反应停留在一元取代阶段，也可以继续发生多元取代。例如，工业上利用此反应制取一氯乙酸、二氯乙酸和三氯乙酸。

$$CH_3COOH \xrightarrow[P]{Cl_2} CH_2(Cl)COOH \xrightarrow[P]{Cl_2} CHCl_2COOH \xrightarrow[P]{Cl_2} CCl_3COOH$$

一氯乙酸、三氯乙酸是无色晶体，二氯乙酸是无色液体。三者都是重要的有机化工原料，广泛用于有机合成和制药工业。

控制反应条件可使反应停留在一元或二元取代阶段。α-卤代酸可转变为其他的 α-取代酸和 α,β-不饱和酸，例如：

$$R-CH(X)-COOH \longrightarrow \begin{cases} \xrightarrow{NaCN,\ OH^-} R-CH(CN)-COONa \xrightarrow{H_3O^+} R-CH(CN)-COOH \\ \xrightarrow{OH^-} R-CH(OH)-COO^- \xrightarrow{H_3O^+} R-CH(OH)-COOH \\ \xrightarrow[H_2O]{NH_3(过量)} R-CH(NH_2)-COO^-\ NH_4^+ \xrightarrow{H_3O^+} R-CH(NH_2)-COOH \end{cases}$$

$$R-CH(H)-CH(X)-COOH \xrightarrow[ROH]{KOH} R-CH=CH-COONa \xrightarrow{H_3O^+} R-CH=CH-COOH$$

2. 芳香酸环上的取代反应

羧基是间位定位基，芳香酸环上的亲电取代较母体芳烃困难，且使取代基进入羧基的间位。例如：

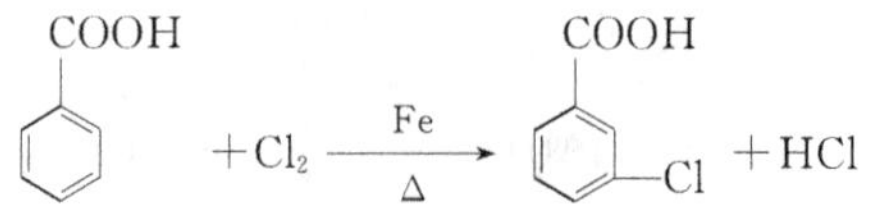

$$C_6H_5COOH + Cl_2 \xrightarrow[\Delta]{Fe} m\text{-}ClC_6H_4COOH + HCl$$

12.5 重要的羧酸

重要的羧酸

12.6 羧酸衍生物的命名法

羧酸衍生物一般指羧基中羟基被其他原子或基团取代的生成物，即指酰氯、酸酐、酯和酰胺等，它们都含有酰基 R—CO—或 ArCO—，因此统称为酰基化合物。

酰氯和酰胺都是以其相应的酰基命名的。例如：

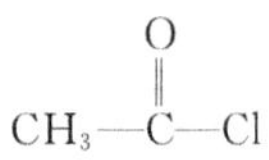

$$CH_3-\overset{\overset{\displaystyle O}{\|}}{C}-Cl \qquad C_6H_5-\overset{\overset{\displaystyle O}{\|}}{C}-Cl \qquad C_6H_5-\overset{\overset{\displaystyle O}{\|}}{C}-NH_2 \qquad C_6H_4(CO)_2NH$$

乙酰氯 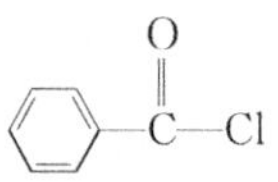　　苯甲酰氯 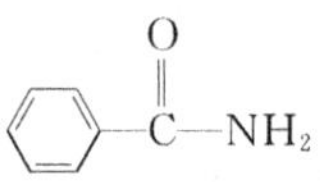　　苯甲酰胺 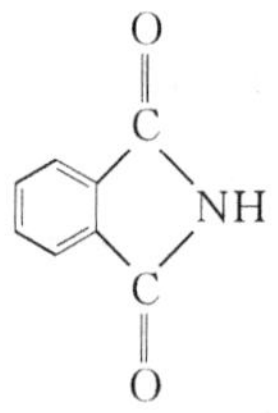　　邻苯二甲酰亚胺

酰胺分子中氮原子上的氢原子被烃基取代生成取代酰胺，命名时，在酰胺前冠以 N -烃基。例如：

$$H-\overset{\overset{\displaystyle O}{\|}}{C}-N(CH_3)_2 \qquad CH_2{=}CH-\overset{\overset{\displaystyle O}{\|}}{C}-NHCH_2OH$$

N,N -二甲基甲酰胺(DMF) 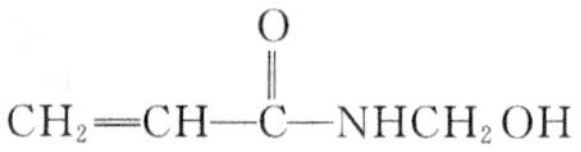　　N -羟甲基丙烯酰胺

含一个—CO—NH—基的环状酰胺称为内酰胺。例如：

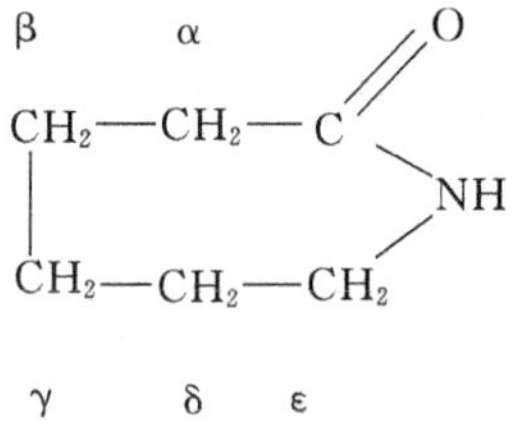

$$\underset{\gamma}{CH_2}-\underset{\delta}{CH_2}-\underset{\varepsilon}{CH_2}-NH-\overset{\overset{\displaystyle O}{\|}}{C}-\underset{\alpha}{CH_2}-\underset{\beta}{CH_2}\ (\text{环状})$$

ε -己内酰胺

酸酐根据相应的酸命名。例如：

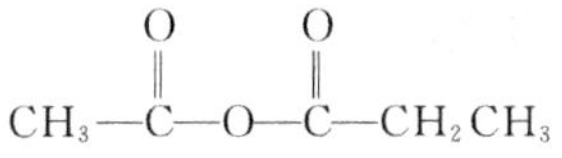

$CH_3-\overset{O}{\overset{\|}{C}}-O-\overset{O}{\overset{\|}{C}}-CH_2CH_3$　　$C_6H_5-\overset{O}{\overset{\|}{C}}-O-\overset{O}{\overset{\|}{C}}-C_6H_5$　　$C_6H_4(CO)_2O$

乙丙(酸)酐 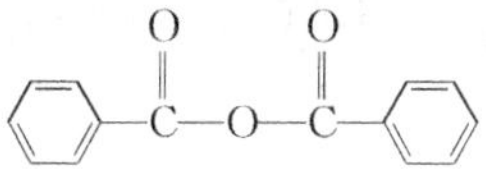　　苯甲酸酐 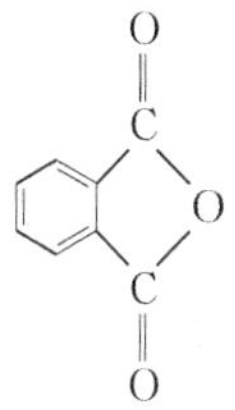　　邻苯二甲酸酐

酯的命名按照形成它的酸和醇称为某酸某酯,多元醇酯也可以把酸的名称写在后面。例如:

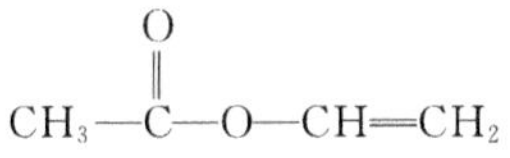

$CH_3-\overset{O}{\overset{\|}{C}}-O-CH{=}CH_2$　　$C_6H_5-\overset{O}{\overset{\|}{C}}-OCH_2CH_3$　　$CH_3-\overset{O}{\overset{\|}{C}}-OOH_2CH_2O-\overset{O}{\overset{\|}{C}}-CH_3$

乙酸乙烯酯 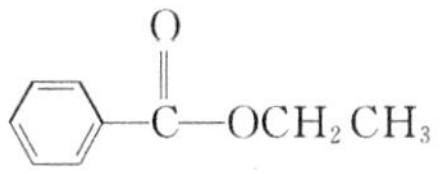　　苯甲酸乙酯 　　乙二醇二乙酸酯

含有一个 $-\overset{O}{\overset{\|}{C}}-O-$ 基的环状酯称为内酯。例如:

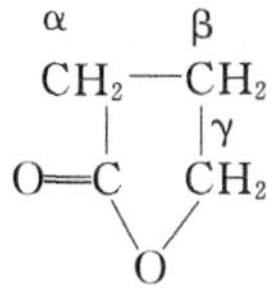

α-CH_2—β-CH_2—γ-CH_2—O—C(=O)(环)

γ-丁内酯

12.7　羧酸衍生物的物理性质

室温下,酰氯、酸酐、酯和酰胺大多为液体或低熔点的固体。低级酰氯有强烈刺激性气味,低级酸酐有不愉快气味,低级酯有果香味。例如,乙酸异戊酯有香蕉香味,丁酸甲酯有菠萝香味等。

酰氯、酸酐、酯的分子间不能通过氢键缔合,它们的沸点比分子量相近的羧酸低。酰胺分子间能形成氢键,其沸点比分子量相近的羧酸高。所有羧酸衍生物均溶于有机溶剂,如乙醚、氯仿、丙酮和苯等,难溶于水。羧酸衍生物分子中都有酰基,能发生一些相似的化学反应。但因酰基所连的基团不同,反应活性有一定的差异。一些羧酸衍生物的物理常数见表 12-3。

表 12-3　一些羧酸衍生物的物理常数

母体酸	酰氯		乙酯		酰胺		酸酐	
	熔点/ ℃	沸点/ ℃	熔点/ ℃	沸点/ ℃	熔点/ ℃	沸点/ ℃	熔点/ ℃	沸点/ ℃
甲酸	—	—	−80	55	2	193	—	—
乙酸	−112	52	−84	77.1	82	222	−73	140
丙酸	−94	80	−74	99	80	213	−45	168
丁酸	−89	102	−93	121	116	216	−75	198
苯甲酸	−1	197	−35	213	130	290	42	360
邻甲苯甲酸		213	−10	221	147			
间甲苯甲酸	−25	218		226	97		70	
对甲苯甲酸	−2	226		235	155		98	
邻苯二甲酸	11			296	219		131	284

12.8 羧酸衍生物的化学性质

12.8.1 亲核取代反应

像羧酸一样，羧酸衍生物的酰基碳也可以受到亲核试剂（：Nu^-）的进攻而发生加成，生成一个四面体的中间体（Ⅰ）：

$$R-C(=O)-\ddot{L} + :Nu^- \rightleftharpoons R-C(O^-)(Nu)(L:)$$

（Ⅰ）

（L 代表—X，—OCOR，—OR，—NH_2）

（Ⅰ）可通过消除（：L^-）重新形成共轭体系，生成含有碳氧双键的较稳定的取代产物（Ⅱ）。

$$R-C(\ddot{O}^-)(Nu)(L:) \longrightarrow R-C(=O)-\ddot{N}u + :L^-$$

（Ⅱ）

羧酸衍生物的亲核取代反应就是按照上述加成-消除机理进行的。总的反应速率与加成、消除两步反应的速率相关，但第一步更重要。酰基碳的正电性愈大，立体障碍愈小，愈有利于加成；离去基团碱性愈弱，离去能力愈强，愈有利于消除。L 的离去能力：$Cl^- > RCOO^- > RO^- > NH_2^-$。对于 RCO—Cl 而言，氯原子强的 —I 效应和较弱的 +C 效应，使酰基碳上的正电性最高；对 R—CO—NH_2 来说，氮原子较弱的 —I 效应和较强的 +C 效应，使酰基碳上的正电性最低；R—CO—O—CO—R 和 R—CO—OR′则介于中间。

综上所述，羧酸衍生物的亲核取代反应的相对活性：

$$R-\overset{O}{\overset{\|}{C}}-Cl > R-\overset{O}{\overset{\|}{C}}-O-\overset{O}{\overset{\|}{C}}-R > R-\overset{O}{\overset{\|}{C}}-OR > R-\overset{O}{\overset{\|}{C}}-NH_2$$

羧酸衍生物可以通过亲核取代反应相互转化，活性较低的酰基化合物可从活性较高的酰基化合物合成，而逆方向常常是困难的。

1. 水解

酰氯、酸酐、酯和酰胺都能发生水解反应，生成相应的羧酸。例如：

$$\left.\begin{matrix} R-\overset{O}{\overset{\|}{C}}-Cl \\ R-\overset{O}{\overset{\|}{C}}-O-\overset{O}{\overset{\|}{C}}-R \\ R-\overset{O}{\overset{\|}{C}}-OR \\ R-\overset{O}{\overset{\|}{C}}-NH_2 \end{matrix}\right\} + H_2O \longrightarrow R-\overset{O}{\overset{\|}{C}}-OH + \left\{\begin{matrix} HCl \\ R-\overset{O}{\overset{\|}{C}}-OH \\ ROH \\ NH_3 \end{matrix}\right.$$

不同羧酸衍生物水解反应的难易程度不同。酰氯和酸酐容易水解，因此在制备和储存这两类化合物时，必须隔绝水汽。

酯的水解需要用酸或碱催化并加热。酯的酸催化水解是酯化反应的逆反应，水解不完全。酯的碱催化水解反应也叫皂化反应，其产物是羧酸盐和醇。例如：

$$R-\overset{O}{\overset{\|}{C}}-OR' \xrightleftharpoons{OH^-} R-\overset{O}{\overset{\|}{C}}-OH + R'O^- \longrightarrow R-\overset{O}{\overset{\|}{C}}-O^- + R'OH$$

酰胺在酸性溶液中水解得到羧酸和铵盐；在碱作用下水解得到羧酸盐并放出氨。

$$R-\overset{O}{\overset{\|}{C}}-NH_2 + HOH \longrightarrow \left\{\begin{matrix} \xrightarrow{H_3O^+} R-\overset{O}{\overset{\|}{C}}-OH + NH_4^+ \\ \xrightarrow{OH^-} R-\overset{O}{\overset{\|}{C}}-O^- + NH_3 \end{matrix}\right.$$

2. 醇解

酰氯、酸酐、酯与醇或酚作用，生成相应的酯。

$$\left.\begin{matrix} R-\overset{O}{\overset{\|}{C}}-Cl \\ R-\overset{O}{\overset{\|}{C}}-O-\overset{O}{\overset{\|}{C}}-R \\ R-\overset{O}{\overset{\|}{C}}-OR \end{matrix}\right\} + HOR' \longrightarrow R-\overset{O}{\overset{\|}{C}}-OR' + \left\{\begin{matrix} HCl \\ R-\overset{O}{\overset{\|}{C}}-OH \\ ROH \end{matrix}\right.$$

酰氯和酸酐很容易与醇反应生成酯。工业上常利用活性较大的酰氯或酸酐制取一些难以用羧酸酯化法得到的酯。例如：

$$C_6H_5-\overset{O}{\overset{\|}{C}}-Cl + HO-C_6H_5 \xrightarrow{NaOH} C_6H_5-COO-C_6H_5 + NaCl + H_2O$$

乙酸苯酯

$$C_6H_4(CO)_2O + 2CH_3CH_2CH_2CH_2OH \xrightarrow{H_2SO_4} C_6H_4(\overset{O}{\overset{\|}{C}}-OCH_2CH_2CH_2CH_3)_2 + H_2O$$

邻苯二甲酸二丁酯

邻苯二甲酸二丁酯为无色液体，是塑料、合成橡胶、人造革等的常用增塑剂。

酯的醇解亦称酯交换反应，酯交换反应通常是“以小换大”，生成较高级醇的酯。在生产中，可以用结构简单且廉价的酯制备结构复杂的酯。例如：

$$CH_3CH_2COOCH_3 + CH_3(CH_2)_3OH \xrightleftharpoons{H_3C-C_6H_4-SO_3H} CH_3CH_2COOCH_2CH_2CH_2CH_3 + CH_3OH$$

3. 氨解

$$\left.\begin{matrix} R-\overset{O}{\overset{\|}{C}}-Cl \\ R-\overset{O}{\overset{\|}{C}}-O-\overset{O}{\overset{\|}{C}}-R \\ R-\overset{O}{\overset{\|}{C}}-OR \end{matrix}\right\} + NH_3 \longrightarrow R-\overset{O}{\overset{\|}{C}}-NH_2 + \left\{\begin{matrix} NH_4Cl \\ R-\overset{O}{\overset{\|}{C}}-O^-\ NH_4^+ \\ ROH \end{matrix}\right.$$

酰氯与浓氨水或胺在室温或低于室温下反应是实验室制备酰胺或 N -取代酰胺的方法。反应迅速，并且有较高的产率。乙酰氯与氨水的反应太激烈，故常以乙酸酐代替乙酰氯，以便控制反应。酯与氨或胺的反应虽然较慢，但也常用于合成中，例如：

$$(CH_3)_2CH-\overset{O}{\overset{\|}{C}}-Cl \xrightarrow{NH_3,H_2O} \underset{(83\%)}{(CH_3)_2CH-\overset{O}{\overset{\|}{C}}-NH_2} + NH_4Cl$$

$$\text{邻苯二甲酸酐} + 2NH_3 \xrightarrow[\text{温热}]{H_2O} \underset{(94\%)}{o\text{-}C_6H_4(CONH_2)(COO^-\ NH_4^+)} \xrightarrow[H_2O]{H_3O^+}$$

$$\underset{(81\%)}{o\text{-}C_6H_4(CONH_2)(COOH)} \xrightarrow{150\sim160\ ℃} \underset{(100\%)}{C_6H_4(CO)_2NH} + H_2O$$

12.8.2 酰胺的酸碱性、霍夫曼降解、脱水反应

1. 酰胺的酸碱性

氨呈碱性，当氨分子中的氢原子被酰基取代时，生成的酰胺一般认为是中性化合物，不能使石蕊变色。但在一定条件下，酰胺也能表现出弱酸性和弱碱性。例如，乙酰胺可与金属钠发生置换反应显示酸性，和强酸反应生成盐显示其弱碱性。例如：

$$H_3C-\overset{O}{\overset{\|}{C}}-NH_2 + Na \longrightarrow H_3C-\overset{O}{\overset{\|}{C}}-NHNa + H_2$$

$$H_3C—\overset{O}{\overset{\|}{C}}—NH_2 + HCl \xrightarrow{乙醚} H_3C—\overset{O}{\overset{\|}{C}}—NH_2 \cdot HCl\downarrow$$

酰胺的弱酸性和弱碱性可以用酰胺分子中的 p－π 共轭来解释。由于氮原子上的孤对电子与碳氧双键形成了 p－π 共轭，使氨基氮上的电子云密度降低，减弱了它接受质子的能力，使酰胺的碱性比氨或胺弱得多；同时由于 p－π 共轭使得 N—H 键极性增强，氢原子较易质子化，因而酰胺又表现出微弱的酸性。

$$—\overset{\overset{\delta-}{O}}{\overset{\|}{C}}—\underset{\delta+}{\ddot{N}H_2}$$

如果酰胺氮上的另一个氢原子也被酰基取代，生成酰亚胺，则具有明显酸性，可以和强碱反应而生成盐。

$$\text{邻苯二甲酰亚胺(C}_6\text{H}_4\text{(CO)}_2\text{NH)} \xrightarrow{KOH} \text{C}_6\text{H}_4\text{(CO)}_2\text{NK}$$

邻苯二甲酰亚胺的盐与卤代烷作用得到 N－烷基邻苯二甲酰亚胺，后者被氢氧化钠溶液水解则生成伯胺。

$$C_6H_4(CO)_2NK \xrightarrow[DMF]{RBr} C_6H_4(CO)_2N—R \xrightarrow[H_2O]{NaOH} C_6H_4(COONa)_2 + \underset{伯胺}{R—NH_2}$$

这是合成纯伯胺的一个方法，叫做盖布瑞尔合成。

2. 霍夫曼降解

酰胺与次氯酸钠或次溴酸钠的碱溶液作用时，脱去羰基生成少一个碳原子的伯胺，这个反应通常被称为霍夫曼降解反应。例如：

$$R—\overset{O}{\overset{\|}{C}}—NH_2 + Br_2 + 4NaOH \xrightarrow{H_2O} R—NH_2 + 2NaBr + Na_2CO_3 + 2H_2O$$

$$CH_3CH_2CH_2CH_2CH_2—\overset{O}{\overset{\|}{C}}—NH_2 \xrightarrow[NaOH,H_2O]{Br_2} CH_3(CH_2)_4CH_2NH_2 \quad (88\%)$$

$$H_2N—\overset{O}{\overset{\|}{C}}—C_6H_4—\overset{O}{\overset{\|}{C}}—NH_2 \xrightarrow[NaOH,\ H_2O]{Br_2} H_2N—C_6H_4—NH_2$$

这是制备对苯二胺的方法之一。

3. 酰胺脱水反应

酰胺与强脱水剂共热则脱水生成腈。这是实验室制备腈的一个方法(尤其是对于那些用卤代烃和 NaCN 反应难以制备的腈)。通常采用 P_2O_5、$POCl_3$、PCl_5、$SOCl_2$ 或乙酸酐作为脱水剂。例如:

$$H_3C-\underset{}{\overset{CH_3}{\overset{|}{C}}}-\overset{O}{\overset{\|}{C}}-NH_2 \xrightarrow[200\ ℃]{P_2O_5} H_3C-\overset{CH_3}{\overset{|}{CH}}-CN + H_2O$$

$$H_3C-\underset{H}{\overset{CH_3}{\overset{|}{C}}}-\overset{O}{\overset{\|}{C}}-NH_2 \xrightarrow[\Delta]{SOCl_2} H_3C-\underset{H}{\overset{CH_3}{\overset{|}{C}}}-CN + SO_2 + 2HCl$$

酰胺蒸气高温催化脱水也可生成腈。

12.8.3 酯与格利雅试剂反应及酯的还原

1. 酯与格利雅试剂反应

酯与过量的格利雅试剂反应在无水乙醚中进行,然后水解,可以高产率地得到醇。这是制备叔醇和仲醇(以甲酸酯为原料)的一种方法。例如:

$$H_3C-\overset{O}{\overset{\|}{C}}-OC_2H_5 + 2\ C_6H_5-MgBr \xrightarrow[(2)H_3O^+]{(1)干醚} C_6H_5-\underset{CH_3}{\overset{OH}{\overset{|}{\underset{|}{C}}}}-C_6H_5$$

(82%)

$$H-\overset{O}{\overset{\|}{C}}-OC_2H_5 + 2CH_3(CH_2)_3MgBr \xrightarrow[(2)H_3O^+]{(1)干醚} (CH_3CH_2CH_2CH_2)_2CHOH$$

(85%)

2. 酯的还原

催化氢化和化学还原可以把酯还原为伯醇,并释放出原有酯中的醇或酚。

1)催化氢化

酯的催化氢化比烯、炔及醛、酮困难,它需要高温(200~250 ℃)、高压(14~28 MPa)及特殊的催化剂(如 $Cu_2O+Cr_2O_3$)。例如:

$$C_6H_5-\overset{O}{\overset{\|}{C}}-OC_2H_5 + H_2 \xrightarrow[200\sim250\ ℃,\ 14\sim28\ MPa]{Cu_2O+Cr_2O_3} C_6H_5-CH_2OH + C_2H_5OH$$

2)化学还原

酯最常用的还原剂是金属钠和无水乙醇,也可以用氢化铝锂作为还原剂。这两种还原剂都不影响分子中的碳碳双键。例如:

$$H_3C-CH=CH-CH_2-\overset{O}{\overset{\|}{C}}-OC_2H_5 \xrightarrow[(2)H_3O^+]{(1)LiAlH_4,干醚} H_3C-CH=CH-CH_2-CH_2OH$$

$$n\text{-}C_{11}H_{23}—\overset{\overset{\displaystyle O}{\|}}{C}—OC_2H_5 \xrightarrow[\text{无水 } C_2H_5OH]{Na} n\text{-}C_{11}H_{23}CH_2OH + C_2H_5OH$$

月桂酸乙酯　　　　　　　　　　月桂醇(65%～75%)

12.9　重要的羧酸衍生物

重要的羧酸衍生物

12.10　乙酰乙酸乙酯在合成中的应用

12.10.1　β-二羰基化合物

凡含有彼此处于β位的两个羰基的化合物称为β-二羰基化合物。例如：

$$R—\overset{\overset{\displaystyle O}{\|}}{C}—CH_2—\overset{\overset{\displaystyle O}{\|}}{C}—R \qquad R—\overset{\overset{\displaystyle O}{\|}}{C}—CH_2—\overset{\overset{\displaystyle O}{\|}}{C}—OR' \qquad RO—\overset{\overset{\displaystyle O}{\|}}{C}—CH_2—\overset{\overset{\displaystyle O}{\|}}{C}—OR$$

β-二酮　　　　　　β-酮酸酯　　　　　　丙二酸酯

$pK_a=9$　　　　　$pK_a=11$　　　　　$pK_a=14$

这类化合物中两个羰基之间的亚甲基(活泼亚甲基)上的氢具有酸性($pK_a=9$～14)，在碱的作用下易形成碳负离子。

$$\text{β-二羰基化合物（中间 } CH_2 \text{）} \xrightarrow{RO^-} \text{碳负离子（}\overset{\delta-}{O}\text{、}\overset{\delta-}{O}\text{，}\delta-\text{离域）} + ROH$$

碳负离子

碳负离子是一个良好的亲核试剂，可参与许多化学反应，因此这类化合物是重要的有机合成试剂。本节主要讨论乙酰乙酸乙酯的合成、性质及其在合成中的应用。

酮式与烯醇式互变异构

乙酰乙酸乙酯能与羟胺和苯肼作用生成相应的肟和苯腙(但不发生碘仿反应)；还原时可得到β-羟基酸酯；在稀碱溶液中加热水解经酸化得到丁酮酸。这些性质说明乙酰乙酸乙酯具有如下酮式构造。

$$H_3C—\overset{\overset{\displaystyle O}{\|}}{C}—CH_2—\overset{\overset{\displaystyle O}{\|}}{C}—OCH_2CH_3$$

另外，乙酰乙酸乙酯还具有一些其他性质。例如，与金属钠作用放出氢气得到类似醇钠的化合物；能与五氯化磷作用生成 3-氯-2-丁烯酸乙酯；能使溴的四氯化碳溶液褪色；遇氯化铁显紫红色。这些性质说明乙酰乙酸乙酯具有如下烯醇式构造。

$$H_3C-\overset{OH}{\overset{|}{C}}=CH-\overset{O}{\overset{\|}{C}}-OCH_2CH_3$$

实验表明，乙酰乙酸乙酯由酮式和烯醇式两种异构体组成，常温下两种异构体互相转变得很快，达到动态平衡时，乙酰乙酸乙酯纯液体中酮式占 92.5%，烯醇式占 7.5%。这种能相互转变的异构体称为互变异构体，它们之间存在动态平衡的现象称为互变异构现象。互变异构现象实质上是官能团异构的特殊形式。互变异构是有机化合物中普遍存在的现象。

$$\underset{(92.5\%)}{H_3C-\overset{O}{\overset{\|}{C}}-CH_2-\overset{O}{\overset{\|}{C}}-OCH_2CH_3} \rightleftharpoons \underset{(7.5\%)}{H_3C-\overset{OH}{\overset{|}{C}}=CH-\overset{O}{\overset{\|}{C}}-OCH_2CH_3}$$

当加入能与酮式反应的试剂时，破坏了平衡体系，使平衡向酮式一方移动。反之，当加入能与烯醇式反应的试剂时，则平衡向烯醇式一方移动。因此乙酰乙酸乙酯既表现酮、酯的性质，又具有烯、醇和烯醇的性质。

乙酰乙酸乙酯分子中烯醇式（含量 7.5%）较稳定的原因，一方面是由于羟基氧上的孤对电子与碳碳双键和碳氧双键形成共轭体系，降低了烯醇式的能量；另一方面则是由于烯醇式中羟基氢原子与羰基氧原子通过氢键可以形成一个较稳定的六元环。

H
:O:　O
C　C
C　O
H

在溶液中，羰基化合物烯醇式结构含量随化合物构造、溶剂、浓度、温度的不同而不同。表 12-4 列出了乙酰乙酸乙酯在 18 ℃时在不同溶剂的稀溶液中烯醇式的含量。

表 12-4　乙酰乙酸乙酯在不同溶剂的稀溶液中烯醇式的含量(18 ℃)

溶剂	烯醇式含量	溶剂	烯醇式含量
水	0.40%	丙酮	7.3%
甲醇	6.87%	苯	16.2%
乙醇	10.52%	乙醚	27.1%
戊醇	15.33%	正己烷	46.4%

12.10.2　乙酰乙酸乙酯的制法

1. 克莱森缩合反应

羧酸衍生物与醛、酮等类似，在醇钠等碱性试剂的作用下，与另一分子酯进行取代反应，其中 α-H 与另一分子中的烷氧基结合生成醇，其他部分结合成 β-酮酸酯，此类反应为克莱森酯缩合反应。例如：在乙醇钠的作用下，两分子乙酸乙酯脱去一分子乙醇，生成乙酰乙酸乙酯。

反应机理：

$$H_3C-\overset{\overset{\large O}{\|}}{C}-OC_2H_5 \xrightarrow[C_2H_5OH]{C_2H_5ONa} \left[H_3C-\overset{\overset{\large O}{\|}}{C}-\overset{..}{CH}-\overset{\overset{\large O}{\|}}{C}-OC_2H_5\right]^- Na^+ + C_2H_5OH$$

$$\downarrow HCl$$

$$H_3C-\overset{\overset{\large O}{\|}}{C}-CH_2-\overset{\overset{\large O}{\|}}{C}-OC_2H_5$$

乙酰乙酸乙酯(75%～76%)

凡是具有 α -氢原子的酯，在乙醇钠等碱性催化剂的作用下，均可发生酯缩合反应。

2. 乙烯酮二聚体与乙醇加成

在工业上，乙酰乙酸乙酯可用乙烯酮二聚体与乙醇作用制得。

$$\begin{matrix} H_2C=C-O \\ \quad | \quad\ \ | \\ \quad H_2C-C=O \end{matrix} + C_2H_5OH \longrightarrow H_2C=\overset{\overset{\large OH}{|}}{C}-CH_2-\overset{\overset{\large O}{\|}}{C}-OC_2H_5$$

$$\longrightarrow H_2C=\overset{\overset{\large OH}{|}}{C}-CH_2-\overset{\overset{\large O}{\|}}{C}-OC_2H_5$$

乙酰乙酸乙酯为无色液体，具有水果香味，沸点为 180 ℃，微溶于水，易溶于乙醇、乙醚等有机溶剂，也能溶于稀氢氧化钠溶液，乙酰乙酸乙酯对石蕊呈中性。乙酰乙酸乙酯具有互变异构的特性，使其在化学性质上具有一些特殊性质，在结构理论和有机合成上都有重要意义。

12.10.3　乙酰乙酸乙酯在有机合成中的应用

乙酰乙酸乙酯通过烷基化可以制备取代丙酮。乙酰乙酸乙酯的 α - H 具有显著的酸性($pK_a=11$)，与强碱(乙醇钠+乙醇)作用，可生成乙酰乙酸乙酯碳负离子。

$$H_3C-\overset{\overset{\large O}{\|}}{C}-CH_2-\overset{\overset{\large O}{\|}}{C}-OC_2H_5 \xrightarrow[C_2H_5OH]{C_2H_5ONa} \left[H_3C-\overset{\overset{\large O}{\|}}{C}-\overset{..}{CH}-\overset{\overset{\large O}{\|}}{C}-OC_2H_5\right]^- Na^+$$

这个碳负离子可作为亲核试剂与卤代烃进行 S_N2 反应，反应结果是在乙酰乙酸乙酯的 α - C上引进了烷基——烷基化。

$$\left[H_3C-\overset{\overset{\large O}{\|}}{C}-\overset{..}{CH}-\overset{\overset{\large O}{\|}}{C}-OC_2H_5\right]^- Na^+ \xrightarrow[S_N2]{R-X} H_3C-\overset{\overset{\large O}{\|}}{C}-\underset{\underset{\large R}{|}}{CH}-\overset{\overset{\large O}{\|}}{C}-OC_2H_5 + NaX$$

一烷基取代乙酰乙酸乙酯

一烷基取代乙酰乙酸乙酯还有一个酸性的 α - H，仍可以转化为碳负离子，并进一步烷基化。

$$H_3C-\overset{\overset{O}{\|}}{C}-\underset{\underset{R}{|}}{CH}-\overset{\overset{O}{\|}}{C}-OC_2H_5 \xrightarrow[C_2H_5OH]{C_2H_5ONa} \left[H_3C-\overset{\overset{O}{\|}}{C}-\underset{\cdot\cdot}{\overset{\overset{R}{|}}{C}}-\overset{\overset{O}{\|}}{C}-OC_2H_5 \right]^- Na^+$$

$$\xrightarrow[S_N2]{R'-X} H_3C-\overset{\overset{O}{\|}}{C}-\underset{\underset{R}{|}}{\overset{\overset{R'}{|}}{C}}-\overset{\overset{O}{\|}}{C}-OC_2H_5 + NaX$$

二烷基取代乙酰乙酸乙酯

当引进两个不同的烷基时，先引进体积较大的烷基，即使 $R=R'$，也要分两次引进。

一烷基或二烷基取代的乙酰乙酸乙酯在稀碱溶液(5%NaOH)中水解，酸化后生成相应的酸(β-酮酸)，加热脱羧生成酮。

$$H_3C-\overset{\overset{O}{\|}}{C}-\underset{\underset{R}{|}}{CH}-\overset{\overset{O}{\|}}{C}-OC_2H_5 \xrightarrow[H_2O,\Delta]{5\%NaOH} H_3C-\overset{\overset{O}{\|}}{C}-\underset{\underset{R}{|}}{CH}-\overset{\overset{O}{\|}}{C}-ONa$$

$$\xrightarrow[H_2O]{H_3O^+} H_3C-\overset{\overset{O}{\|}}{C}-\underset{\underset{R}{|}}{CH}-\overset{\overset{O}{\|}}{C}-OH \xrightarrow[\Delta]{-CO_2} H_3C-\overset{\overset{O}{\|}}{C}-CH_2-R$$

一取代丙酮

$$H_3C-\overset{\overset{O}{\|}}{C}-\underset{\underset{R}{|}}{\overset{\overset{R'}{|}}{C}}-\overset{\overset{O}{\|}}{C}-OC_2H_5 \xrightarrow[H_2O,\Delta]{5\%NaOH} H_3C-\overset{\overset{O}{\|}}{C}-\underset{\underset{R}{|}}{\overset{\overset{R'}{|}}{C}}-\overset{\overset{O}{\|}}{C}-ONa$$

$$\xrightarrow[H_2O]{H_3O^+} H_3C-\overset{\overset{O}{\|}}{C}-\underset{\underset{R}{|}}{\overset{\overset{R'}{|}}{C}}-\overset{\overset{O}{\|}}{C}-OH \xrightarrow[\Delta]{-CO_2} H_3C-\overset{\overset{O}{\|}}{C}-\underset{\underset{H}{|}}{\overset{\overset{R'}{|}}{C}}-R$$

二取代丙酮

由乙酰乙酸乙酯经过一系列反应制取一取代或二取代丙酮的方法，常称为乙酰乙酸乙酯合成法。此法的两个关键步骤：(1) 乙酰乙酸乙酯的烷基化；(2)水解和脱羧。烷基化试剂通常采用卤代烃。由于发生 S_N2 反应，卤代甲烷和伯卤代烃、烯丙基型及苄基型卤代烃可以获得高产率；大多数仲卤代烃只能得到较低的产率；而叔卤代烃发生的是消除反应。烷基化反应需在无水乙醇中进行。乙酰乙酸乙酯合成法应用广泛。例如：

$$H_3C-\overset{\overset{O}{\|}}{C}-CH_2-\overset{\overset{O}{\|}}{C}-OC_2H_5 \xrightarrow[C_2H_5OH]{C_2H_5ONa} \xrightarrow{CH_3CH_2CH_2Br} H_3C-\overset{\overset{O}{\|}}{C}-\underset{\underset{CH_2CH_2CH_3}{|}}{CH}-\overset{\overset{O}{\|}}{C}-OC_2H_5$$

$$\xrightarrow[C_2H_5OH]{C_2H_5ONa}\xrightarrow{CH_3I} H_3C-\overset{O}{\overset{\|}{C}}-\underset{CH_2CH_2CH_3}{\underset{|}{\overset{CH_3}{\overset{|}{C}}}}-\overset{O}{\overset{\|}{C}}-OC_2H_5 \xrightarrow[H_3O^+,\ \Delta]{5\%NaOH}$$

$$H_3C-\overset{O}{\overset{\|}{C}}-\underset{CH_2CH_2CH_3}{\underset{|}{\overset{CH_3}{\overset{|}{C}}}}-\overset{O}{\overset{\|}{C}}-OH \xrightarrow[\Delta]{-CO_2} H_3C-\overset{O}{\overset{\|}{C}}-\underset{CH_2CH_2CH_3}{\underset{|}{\overset{H}{\overset{|}{C}}}}-CH_3$$

3-甲基-2-己酮

当乙酰乙酸乙酯负离子与二卤代烷或 I_2 反应，经水解、脱羧可制备二酮。例如：

$$2\left[H_3C-\overset{O}{\overset{\|}{C}}-\underset{\cdot\cdot}{CH}-\overset{O}{\overset{\|}{C}}-OC_2H_5\right]^- Na^+ \xrightarrow{I_2} H_3C-\overset{O}{\overset{\|}{C}}-\underset{C_2H_5O-\underset{\underset{O}{\|}}{C}}{\underset{|}{CH}}-\underset{\underset{\underset{O}{\|}}{C}-OC_2H_5}{\underset{|}{CH}}-\overset{O}{\overset{\|}{C}}-CH_3$$

$$\xrightarrow[(2)H_3O^+]{(1)NaOH,\ H_2O,\ \Delta} H_3C-\overset{O}{\overset{\|}{C}}-\underset{HO-\underset{\underset{O}{\|}}{C}}{\underset{|}{CH}}-\underset{\underset{\underset{O}{\|}}{C}-OH}{\underset{|}{CH}}-\overset{O}{\overset{\|}{C}}-CH_3$$

$$\xrightarrow[\Delta]{-CO_2,} H_3C-\overset{O}{\overset{\|}{C}}-CH_2-CH_2-\overset{O}{\overset{\|}{C}}-CH_3$$

12.11　丙二酸二乙酯在合成中的应用

丙二酸二乙酯在合成中的应用

12.12　油脂　磷脂　蜡

油脂　磷脂　蜡

12.13 碳酸的衍生物

碳酸的衍生物

第 12 章习题

学习总结

第 13 章　含氮有机化合物

学习目标

【掌握】硝基化合物的性质；胺的分类和命名法；胺的制法；胺的结构、化学性质及应用；重氮盐的反应及其在合成上的应用。

【理解】重氮盐的制备、结构和性质；偶氮化合物的结构、性质及应用；季铵盐的相转移催化。

【了解】硝基化合物的分类和命名法；胺的物理性质；表面活性剂的分类、制法和用途；离子交换树脂的分类、制法及使用范围；腈、异氰酸酯、三聚氰胺。

分子中含有氮元素的有机化合物统称为含氮有机化合物。含氮有机化合物可看作烃类分子中的一个或几个氢原子被各种含氮原子的官能团取代后的生成物。含氮化合物的类型很多，本章主要讨论硝基化合物、胺、腈、重氮及偶氮化合物等。

13.1　硝基化合物

13.1.1　硝基化合物的分类和命名法

烃分子中的氢原子被硝基（$-NO_2$）取代的化合物称为硝基化合物。一元硝基化合物可用通式 $R-NO_2$（或 $Ar-NO_2$）表示。按硝基所连的烃基不同，可分为脂肪族和芳香族硝基化合物，就工业应用而言，后者远超过前者。根据硝基的数目，硝基化合物可分为一硝基化合物和多硝基化合物。根据硝基相连接的碳原子的不同，又可分为伯、仲、叔硝基化合物（或称 1°、2°、3°硝基化合物）。

硝基化合物的命名与卤代烃相似，即以烃为母体，硝基为取代基。例如：

CH_3NO_2	$CH_3-CH(NO_2)CH_2CH_3$	$CH_3-C_6H_4-NO_2$（对位）
硝基甲烷	2-硝基丁烷	对硝基甲苯

CH_3, O_2N, NO_2, NO_2　　　　$C_6H_5-CH_2-NO_2$

2,4,6-三硝基甲苯　　　　苯基硝基甲烷

一元硝基化合物 $R-NO_2$(或 $Ar-NO_2$)和亚硝酸异戊酯 $RO-N=O$(或 $ArO-N=O$)互为同分异构体。

13.1.2 硝基化合物的结构

硝基化合物中的氮原子呈 sp^2 杂化,其中两个 sp^2 杂化轨道与氧原子形成 σ 键,另一个 sp^2 杂化轨道与碳原子形成 σ 键。未参与杂化的 p 轨道与两个氧原子的 p 轨道形成共轭体系(一个 4 个电子、3 个原子的共轭 π 键),由于电子趋于平均化,负电荷不是集中在某一个氧原子上,而是平均分布在两个氧原子上。因此硝基的结构是对称的。用物理方法测出,硝基中的两个氮氧键是等同的,键长均为 0.122 nm,说明处在硝基中的两个氧原子没有差别。O—N—O 键角是 127°(接近 120°)。

硝基($-NO_2$)的结构:

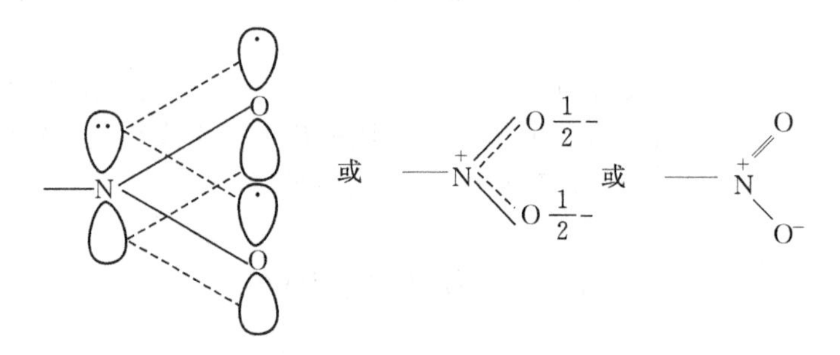

在芳香族硝基化合物中,硝基氮、氧上的 p 轨道与苯环上的 p 轨道一起形成一个更大的共轭体系。

硝基的电子效应是吸电子诱导效应和吸电子共轭效应(—I 和—C)。

13.1.3 硝基化合物的性质

1. 物理性质

硝基化合物一般为液体或固体。由于硝基的极性很强,虽然它们的分子间不能形成氢键,但和相对分子质量相近的其他物质相比,却有较高的沸点。例如:

	CH_3NO_2	CH_3COCH_3	CH_3COCH_3
相对分子质量	61	58	60
沸点 /℃	101	56	97.4

脂肪族硝基化合物是无色而有香味的液体,性质稳定。芳香族的一硝基化合物是无色或淡黄色的液体或固体。多硝基化合物则多为黄色固体,通常具有爆炸性,可作炸药,例如 2,4,6-三硝基甲苯(TNT),是一种烈性炸药。有的多硝基化合物具有香味,例如,二甲苯麝香、酮麝香等可用作香料。

二甲苯麝香　　　　　酮麝香

硝基化合物的相对密度都大于 1。硝基化合物均有毒，皮肤接触或吸入蒸气能和血液中的血红素作用而引起中毒。常见的硝基化合物的物理常数见表 13-1。

表 13-1　常见硝基化合物的物理常数

名　称	熔点/℃	沸点/℃	相对密度 d_4^{20}
硝基甲烷	−28	101.2	1.1354(22℃)
硝基乙烷	−90	114	1.0448(25℃)
硝基苯	5.7	210.8	1.203
间二硝基苯	89.8	303	1.571
邻硝基甲苯	−9.3	222	1.163
间硝基甲苯	16.1	232.6	1.157
对硝基甲苯	52	238.5	1.286
2,4,6-三硝基甲苯	80.6	分解	1.654
2,4,6-三硝基苯酚	121.8	—	1.763
α-硝基萘	61	304	1.332

2. 化学性质

1)α-氢原子的酸性

在硝基化合物中，由于硝基($-NO_2$)是强的吸电子基(—I 和—C 效应)，从而导致含有 α-氢原子的硝基化合物具有酸性。例如，RCH_2NO_2 的 $pK_a \approx 10$，与苯酚($pK_a \approx 10$)基本相同。所以，不溶于水的这类硝基化合物可以与强碱氢氧化钠反应生成钠盐而溶于氢氧化钠水溶液。

$$RCH_2NO_2 + NaOH \longrightarrow [R\overset{-}{\ddot{C}}HNO_2]Na^+ + H_2O$$

钠盐，溶于水

钠盐酸化后，重新生成硝基化合物。

$$[R\overset{-}{\ddot{C}}HNO_2]Na^+ + HCl \longrightarrow RCH_2NO_2 + NaCl$$

不含 α-氢原子的硝基化合物，如硝基苯($PhNO_2$)没有这个性质。

2)还原反应

硝基化合物还原的最终产物是相应的胺。

$$ArNO_2 \text{ 或 } RNO_2 \xrightarrow{\text{还原}} ArNH_2 \text{ 或 } RNH_2$$

芳香胺　　脂肪胺

本节主要讨论芳香族硝基化合物的还原反应。常用的还原方法是催化加氢、金属与给质子剂(包括酸、碱、醇、水、氨等)还原、络合金属氢化物还原等。

(1)催化加氢。在催化剂的作用下，硝基苯可液相或气相加氢，生成苯胺。例如：

$$\text{C}_6\text{H}_5\text{NO}_2 \xrightarrow[270\sim350\ ℃,\ 0.2\sim1\ \text{MPa}]{H_2,\ Cu} \text{C}_6\text{H}_5\text{NH}_2 \quad (90\%\sim95\%)$$

这是工业上生产苯胺的方法。

催化加氢是在中性条件下进行的，因此对于带有在酸性或碱性条件下易水解基团的化合物可用此还原法。例如：

$$o\text{-}\text{NO}_2\text{C}_6\text{H}_4\text{NHCOCH}_3 \xrightarrow[C_2H_5OH]{H_2,Pt} o\text{-}\text{NH}_2\text{C}_6\text{H}_4\text{NHCOCH}_3 \quad (90\%)$$

（2）金属与给质子剂作还原剂。这种还原方法使用得最早，应用也很广泛。凡是在电动势排列中处于氢以前的金属，如锂、钠、钾、镁、铝、锌、铁、锡等，与给质子剂（酸、碱、醇、水等）组成还原剂，在一定条件下都可进行还原反应。还原可能经过如下途径：

$$\text{C}_6\text{H}_5\text{—NO}_2 \longrightarrow \underset{\text{亚硝基苯}}{\text{C}_6\text{H}_5\text{—N=O}} \longrightarrow \underset{\text{N-羟基苯胺}}{\text{C}_6\text{H}_5\text{—NH—OH}} \longrightarrow \text{C}_6\text{H}_5\text{—NH}_2$$

在酸性介质中用金属还原的条件下，分离不出中间产物亚硝基苯和N-羟基苯胺（这些中间产物比硝基苯更易还原），只能得到还原的最终产物苯胺；在水、醇等中性介质中，可还原成N-羟基苯胺，也可还原成苯胺，如要制备亚硝基苯则可由N-羟基苯胺或苯胺适当氧化而得；在碱性介质中还原，中间产物亚硝基苯和N-羟基苯胺会相互作用生成双分子缩合产物。例如：

$$m\text{-}\text{NO}_2\text{C}_6\text{H}_4\text{CHO} \xrightarrow[\text{②NaOH, }H_2O]{\text{①SnCl}_2+\text{HCl}} m\text{-}\text{NH}_2\text{C}_6\text{H}_4\text{CHO} \quad (90\%)$$

$$\text{C}_6\text{H}_5\text{NO}_2 \xrightarrow[NH_4Cl,\ H_2O]{Zn,\ 65\ ℃} \text{C}_6\text{H}_5\text{NHOH} \quad (62\%\sim68\%)$$

$$p\text{-}\text{NO}_2\text{C}_6\text{H}_4\text{COOC}_2\text{H}_5 \xrightarrow[\text{回流}]{Zn,\ C_2H_2OH} p\text{-}\text{NH}_2\text{C}_6\text{H}_4\text{COOC}_2\text{H}_5$$

$$2\,C_6H_5NH_2 \xrightarrow[100\sim150\ ℃]{Zn+\sim12\%NaOH} C_6H_5-N{=}N(\rightarrow O)-C_6H_5$$

氧化偶氮苯(71%～74%)

$$2\,C_6H_5NH_2 \xrightarrow[CH_3OH,95\ ℃]{2Zn+3\%NaOH} C_6H_5-N{=}N-C_6H_5$$

偶氮苯(84%～86%)

$$2\,C_6H_5NH_2 \xrightarrow[CH_3OH,90\ ℃]{3Zn+3\%NaOH} C_6H_5-NH-NH-C_6H_5$$

氢化偶氮苯(88%)

在中性或碱性介质中得到的所有产物，再在酸性条件下还原，最后都被还原成氨基($-NH_2$)化合物。

(3)氢化铝锂还原。氢化铝锂是很强的还原剂，它能还原羰基、羧基、酯、酰胺、硝基、氰基等，但不能还原 C═C 双键和 C≡C 三键。例如：

$$CH_2{=}CH-CH_2-C_6H_4-NO_2 \xrightarrow[②H_3O^+]{①LiAlH_4,干醚} CH_2{=}CH-CH_2-C_6H_4-NH_2$$

(4)硫化物还原。硫化物 Na_2S、$NaSH$、$(NH_4)_2S$ 等和多硫化物 Na_2S_2 等也可作还原剂。通常把这种还原方法称为硫化碱还原法。此法适用于高沸点、不溶于水的芳胺的制备。例如：

$$C_{10}H_7NO_2 \xrightarrow[100\ ℃]{Na_2S_2+H_2O} C_{10}H_7NH_2 + Na_2S_2O_3$$

α-萘胺

α-萘胺有毒，空气中允许浓度为 1 mg/m^3，沸点为 310 ℃，易升华。主要用于合成染料中间体，也可用来合成农药、橡胶防老剂等。

$$4\ \text{(1-硝基蒽醌)} + 6Na_2S + 7H_2O \xrightarrow{95\sim100\ ℃} 4\ \text{(1-氨基蒽醌)} + 3Na_2S_2O_3 + 6NaOH$$

硫化物和多硫化物还可对多硝基化合物选择性地还原其中一个硝基。例如：

$$m\text{-}C_6H_4(NO_2)_2 \xrightarrow[CH_3OH,\Delta]{NaSH} m\text{-}O_2N-C_6H_4-NH_2$$

(79%～85%)

3)苯环上的亲电取代反应

芳香环上的一个基团被一个亲电试剂取代的反应称为芳香亲电取代反应。

硝基是一个强吸电子基团，它的吸电子作用是通过吸电子的诱导效应和吸电子的共轭效应实现的。两种电子效应的方向一致，这使硝基邻、对位上的电子云密度比间位更加明显地降低，因此，硝基在芳香环的亲电取代反应中，是一个钝化芳香环的间位定位基。硝基苯亲电取代比苯难。以至于不能与较弱的亲电试剂发生反应，如硝基苯不发生傅瑞德尔-克拉大茨反应。例如：

$$\text{硝基苯}\xrightarrow[\text{Fe, 140 ℃}]{Br_2}\text{间溴硝基苯 (NO}_2\text{, Br)}$$

$$\text{硝基苯}\xrightarrow[\text{浓 }H_2SO_4\text{, 110 ℃}]{\text{发烟 }HNO_3}\text{间二硝基苯 (NO}_2\text{, NO}_2\text{)}$$

$$\text{硝基苯}\xrightarrow[\text{110 ℃}]{\text{发烟 }H_2SO_4}\text{间硝基苯磺酸 (NO}_2\text{, SO}_3\text{H)}$$

4)硝基对苯环上其他基团的影响

硝基与苯环相连,这使硝基邻、对位上的电子云密度大大下降,接受亲核试剂的进攻,而发生苯环上的亲核取代反应。

芳香环上的一个基团被一个亲核试剂取代的反应称为芳香亲核取代反应。以硝基氯苯为例,苯环上没有硝基时,氯苯很稳定,较难发生水解等亲核取代反应。然而,当氯原子的邻、对位有硝基存在时,受硝基的影响,水解反应变得容易了。当有两个或三个硝基处于氯原子的邻、对位时,水解反应更易进行。例如:

$$\text{氯苯 (Cl)}\xrightarrow[\text{②}H^+]{\text{①10\% NaOH, 400 ℃, 20 MPa}}\text{苯酚 (OH)}$$

$$\text{对硝基氯苯 (Cl, NO}_2\text{)}\xrightarrow[\text{②}H^+]{\text{①NaOH, }H_2O\text{, 130～160 ℃}}\text{对硝基苯酚 (OH, NO}_2\text{)}$$

$$\text{2,4-二硝基氯苯 (Cl, NO}_2\text{, NO}_2\text{)}\xrightarrow[\text{②}H^+]{\text{①}Na_2CO_3\text{, }H_2O\text{, 100 ℃}}\text{2,4-二硝基苯酚 (OH, NO}_2\text{, NO}_2\text{)}$$

$$\text{2,4,6-三硝基氯苯 (Cl, }O_2N\text{, NO}_2\text{, NO}_2\text{)}\xrightarrow[\text{②}H^+]{\text{①}H_2O\text{, 室温}}\text{2,4,6-三硝基苯酚 (OH, }O_2N\text{, NO}_2\text{, NO}_2\text{)}$$

除水解外,类似的亲核取代反应如氨解、烷氧基化等,也同样变得容易了。这些反应在工业生产上有广泛的应用。例如:

$$\text{氯苯 (Cl)} + 2NH_3 \xrightarrow[\text{200 ℃}]{\text{CuO, 6 MPa}} \text{苯胺 (NH}_2\text{)} + NH_4Cl$$

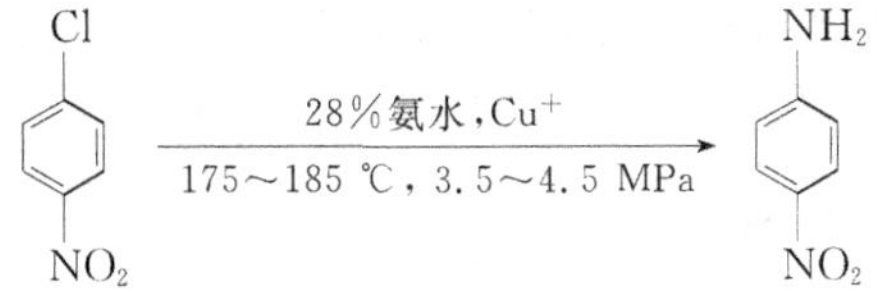

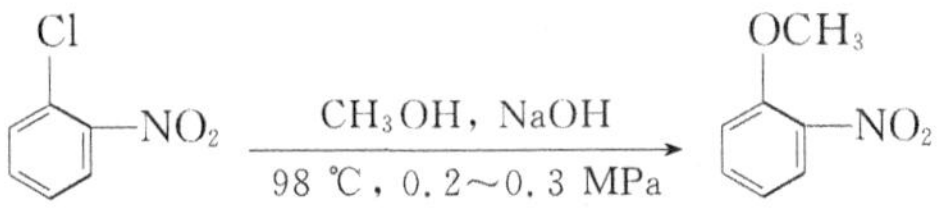

硝基在芳香环的亲核取代反应中，它的邻、对位成了易受亲核试剂攻击的中心，因而使其成为一个活化芳香环的邻、对位定位基。

苯环上的硝基，除了使邻、对位上的卤原子有活化作用外，还能增强邻、对位羟基和羧基的酸性，也能降低相应位置氨基的碱性。

13.1.4 芳香族硝基化合物的制备和用途

大多数芳香族硝基化合物都是由芳香环直接硝化制备的。如爆炸值最高的炸药 N-甲基-N，2，4，6-四硝基苯胺可以用苦味酸做原料合成。

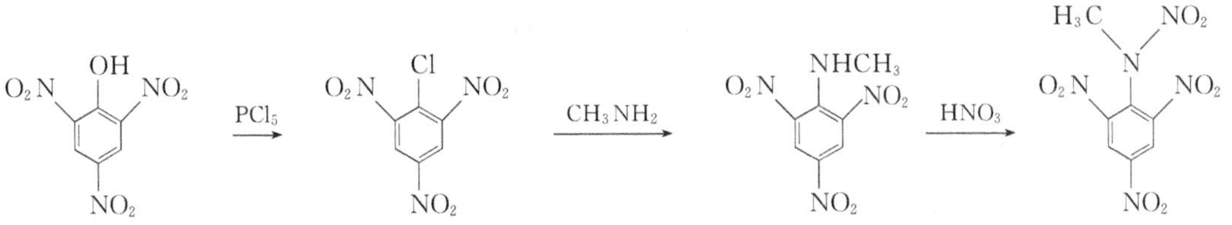

苦味酸 $\xrightarrow{PCl_5}$ 2，4，6-三硝基氯苯 $\xrightarrow{CH_3NH_2}$ N-甲基-2，4，6-三硝基苯胺 $\xrightarrow{HNO_3}$ N-甲基-N，2，4，6-四硝基苯胺 熔点 129 ℃

更便宜的制法是用氯苯做起始原料，经下列反应合成。

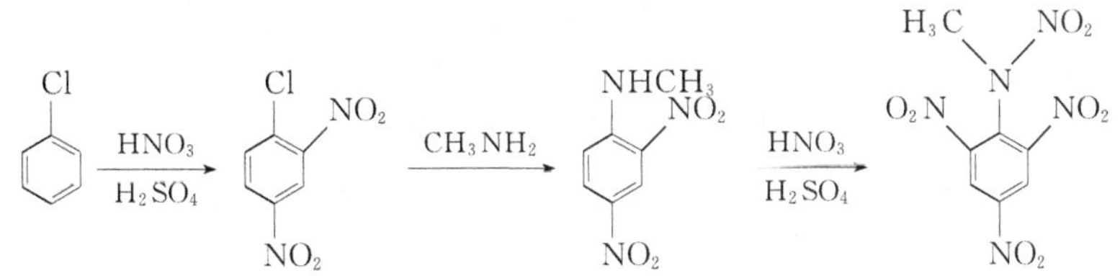

具有近似天然麝香香味的“鲍尔麝香”也是通过在芳香环上直接硝化生成的。

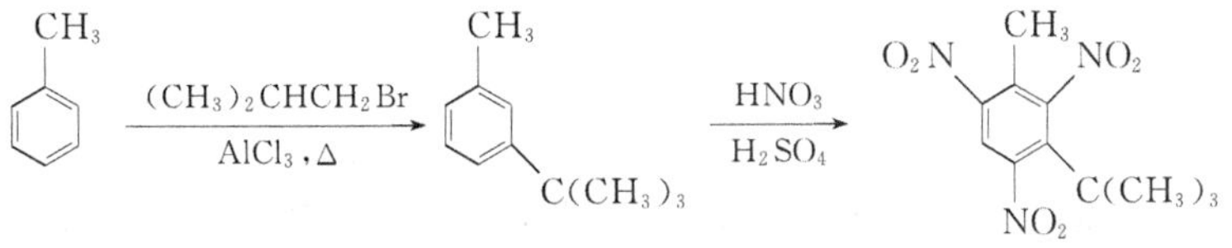

鲍尔麝香，熔点 97℃

芳香族硝基化合物在有机化学的基础研究及工业生产上的成就是多方面的。一氯硝基苯是橡胶、医药、染料工业的重要原料。硝基苯的最大工业用途是制造苯胺。多硝基苯具有爆炸性，2，4，6-三硝基甲苯(TNT)是一种既便宜又安全的广泛使用的强烈炸药，它的熔点只有 80.8 ℃，水蒸气加热即可使之溶化，这有利于和其他成分混合或往弹壳中灌注，生产 TNT 的技术已非常成熟，产率和产品的质量也都很好。

TNT是甲苯经分阶段硝化制备的，即三个硝基是在多次硝化反应中逐步引入的。

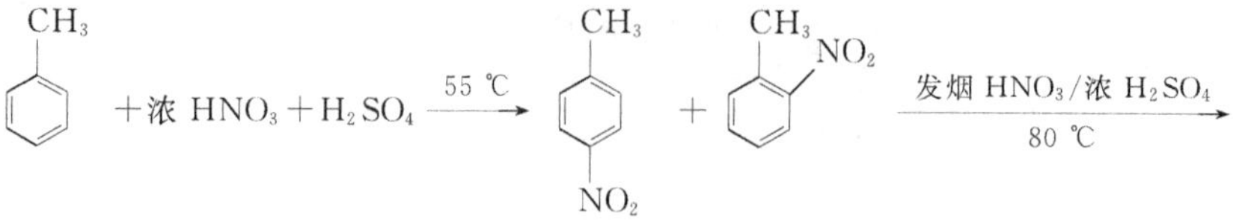

$$\text{C}_6\text{H}_5\text{CH}_3 + \text{浓 HNO}_3 + \text{H}_2\text{SO}_4 \xrightarrow{55\ ℃} p\text{-CH}_3\text{C}_6\text{H}_4\text{NO}_2 + o\text{-CH}_3\text{C}_6\text{H}_4\text{NO}_2 \xrightarrow[80\ ℃]{\text{发烟 HNO}_3/\text{浓 H}_2\text{SO}_4}$$

1∶15　　40%　　58%

$$2,4\text{-}(\text{NO}_2)_2\text{C}_6\text{H}_3\text{CH}_3 + 2,6\text{-}(\text{NO}_2)_2\text{C}_6\text{H}_3\text{CH}_3 \xrightarrow[110\ ℃]{\text{发烟 HNO}_3/\text{浓 H}_2\text{SO}_4} 2,4,6\text{-}(\text{NO}_2)_3\text{C}_6\text{H}_2\text{CH}_3$$

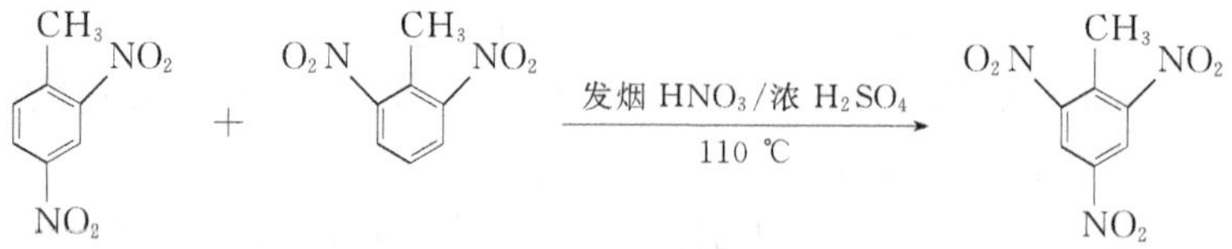

主要产物

三次硝化的硝化试剂(即混合酸)浓度逐渐增高，在生产中，为节约成本，可把第三阶段硝化后的混合酸用于第二阶段硝化，第二阶段硝化后的混合酸用于第一阶段硝化。如果需要得到中间产物，反应可以在第一阶段或第二阶段终止，邻硝基甲苯和对硝基甲苯可以通过减压蒸馏或重结晶分离提纯而分别获得，2,4,-二硝基甲苯也能通过重结晶提纯得到。

13.2　胺的分类和命名法

13.2.1　胺的分类

氨分子中的一个或几个氢原子被烃基取代的化合物称为胺。根据被取代氢原子的个数，可把胺分成伯胺(一个氢原子被取代)、仲胺(二个氢原子被取代)、叔胺(三个氢原子被取代)。伯胺、仲胺、叔胺也分别称为一级胺(1°胺)、二级胺(2°胺)、三级胺(3°胺)。

NH_3	RNH_2	R_2NH	R_3N
氨	伯胺(1°胺)	仲胺(2°胺)	叔胺(3°胺)

应注意，这里伯、仲、叔胺的含义与以前醇、卤代烃等的伯、仲、叔的含义是不同的。醇(或卤代烃)是根据与羟基(或卤原子)相连的碳原子的类型决定的；而胺则是由氨中所取代的氢原子的个数决定的，而不是由氨基(—NH_2)所连接的碳原子的类型决定的。例如：

$$(\text{CH}_3)_3\text{C—OH} \qquad (\text{CH}_3)_3\text{C—NH}_2$$

叔丁醇(叔醇)　—OH与叔碳原子相连

叔丁胺(叔胺)　氨中的一个H被取代

根据取代烃基类型的不同，胺可以分为脂肪胺和芳香胺两类。取代烃基都为脂肪族烃基时称为脂肪胺，取代烃基中只要有一个是芳基的胺则称为芳香胺。根据分子中氨基的数目，又可把胺分为一元胺、二元胺和多元胺。例如：

$C_2H_5NH_2$	$H_2NCH_2CH_2NH_2$	$H_2N\text{—C}_6\text{H}_4\text{—C}_6\text{H}_4\text{—NH}_2$
乙胺(一元胺) 脂肪胺	乙二胺(二元胺) 脂肪胺	联苯胺(二元胺) 芳香胺

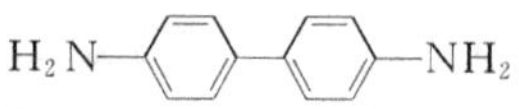

与无机铵类($H_4N^+X^-$、$H_4N^+OH^-$)相似，四个相同或不同的烃基与氮原子相连的化合

物称为季铵化合物，其中 $R_4N^+X^-$ 称为季铵盐，$R_4N^+OH^-$ 称为季铵碱。

13.2.2　胺的命名法

构造简单的胺一般用衍生命名法命名。此时，把氨看作母体，烃基看作取代基，在烃基后面加上“胺”字即是胺的名称。当烃基相同时，应在其前面用数字表示烃基的数目，当烃基不同时，则按次序规则“较优”的基团在后列出的规则。在命名时通常省去“基”字。例如：

CH_3NH_2	$(CH_3)_2NH$	$(CH_3)(C_2H_5)NH$	C_6H_{11}—NH_2
甲胺	二甲胺	甲乙胺	环己胺

C_6H_5—CH_2NH_2	C_6H_5—$CH_2CH_2NH_2$	C_6H_5—NH—C_6H_5
苄胺	2-苯乙胺	二苯胺

对于芳胺，如果苯环上有别的取代基，按照多官能团化合物的命名原则，以表 11-1 中处于最前面的一个官能团为优先基团，由它决定母体名称，其他官能团都作为取代基来命名，并表示出取代基的相对位置。例如：

2,5-二氯苯胺　　对氨基苯磺酸　　邻氨基苯乙酮

当氮上同时连有芳基和脂肪烃基时，应在芳胺名称前冠以“N”，以表示脂肪烃基连在氨基氮原子上。例如：

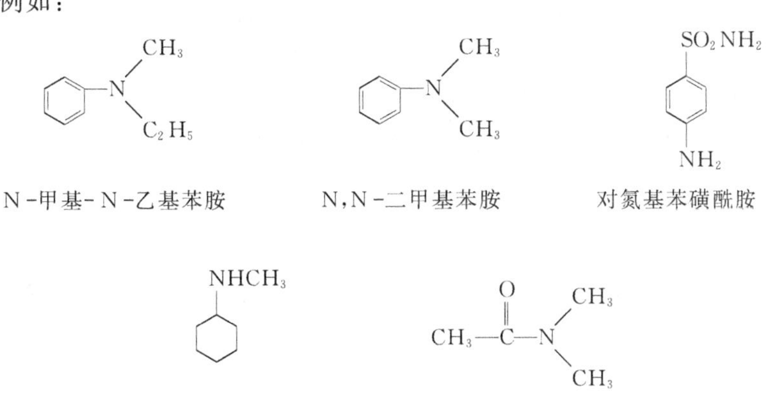

N-甲基-N-乙基苯胺　　N,N-二甲基苯胺　　对氨基苯磺酰胺

N-甲基环己胺　　N,N-二甲基乙酰胺

对于构造比较复杂的胺常采用系统命名法。命名时，以烃为母体，以氨基或烷氨基作为取代基。有时也将胺作为母体，用阿拉伯数字标明氨基的位次来命名。例如：

$$CH_3—\underset{\displaystyle CH_3}{CH}—CH_2—\underset{\displaystyle NH_2}{CH}—CH_2—CH_3$$

2-甲基-4-氨基己烷

（3-甲基-1-乙基-1-丁胺）

$$CH_3—\underset{\displaystyle CH_3}{CH}—\underset{\displaystyle NH_2}{CH}—CH_2—\underset{\displaystyle CH_3}{CH}—CH_3$$

2,5-二甲基-3-氨基己烷

（2,5-二甲基-3-己胺）

$$\underset{\text{NHCH}_3}{\text{CH}_3\text{—CH—CH}_2\text{—CH}_2\text{—CH}_3}$$

2-甲氨基戊烷

（N-甲基-2-戊胺）

$$C_6H_5\text{—CH}_2\text{—}\underset{\text{NH}_2}{\text{CH}}\text{—CH}_3$$

1-苯基-2-氨基丙烷

（1-苯基-2-丙烷）

命名胺与酸作用生成的盐或季铵类化合物时，用“铵”字代替“胺”字，并在前面加负离子的名称（如氯化、硫酸等）。例如：

$C_6H_5\overset{+}{N}H_2Cl^-$ 氯化苯铵

$(C_2H_5\overset{+}{N}H_3)_2SO_4^{2-}$ 硫酸二乙铵

$(CH_3)_3\overset{+}{N}CH_2C_6H_5Br^-$ 溴化三甲苄铵

$(CH_3)_3\overset{+}{N}CH_2CH_3OH^-$ 氢氧化三甲乙铵

胺、氨、铵三者的区别：胺表示母体；氨表示各类氨基（如—NR_2）、氨气；铵表示季铵（季铵盐、季铵碱）。

13.3 胺的制法

13.3.1 氨或胺的烃基化

1. 氨与卤代烃反应

氨与卤代烃反应，首先生成伯胺。

$$RX+2NH_3 \longrightarrow RNH_2+NH_4X$$

伯胺可以继续与卤代烃反应，生成仲胺；仲胺再反应生成叔胺；最后生成季铵盐。因此，反应的产物是伯、仲、叔胺及季铵盐的混合物：

$$RNH_2+RX+NH_3 \longrightarrow R_2NH+NH_4X$$

$$R_2NH+RX+NH_3 \longrightarrow R_3N+NH_4X$$

$$R_3N+RX \longrightarrow R_4N^+X^-$$

当氨大大过量时，则可以得到以伯胺为主的产物。例如：

$$C_6H_5\text{—}CH_2Cl \xrightarrow[\text{过量 40 倍}]{NH_3} C_6H_5\text{—}CH_2NH_2 \quad (50\%)$$

反应中使用的卤代烃一般是伯 RX、$H_2C{=}CHCH_2X$ 和 $ArCH_2X$。叔 RX 与 NH_3 发生的反应主要是消除，而不是亲核取代。$H_2C{=}CHX$ 和 ArX 活性小，一般条件下不与 NH_3 发生反应。

2. 氨与醇或酚反应

在工业生产中常用醇与氨反应制备胺。这是因为醇来源方便，生产过程中对设备腐蚀不大，对生产较为有利。这个反应一般在催化剂的存在下进行。例如：

$$CH_3OH+NH_3 \xrightarrow[350\sim400\ ℃,\ 5\ MPa]{Al_2O_3} CH_3NH_2+(CH_3)_2NH+(CH_3)_3N+H_2O$$

改变反应物的配比和反应条件，可以调节产物的比例。生成的产物（混合物）通过精馏可以将它们分离。这是工业上制甲胺、二甲胺、三甲胺及其他较低级胺的方法。常温下，上述三种胺都是气体，有毒，在空气中的允许浓度分别为 $10\ \mu g \cdot g^{-1}$，$10^{-2}\ mg \cdot m^{-3}$，$10\ \mu g \cdot g^{-1}$。

甲胺主要用于制造农药、医药等；二甲胺主要用于制造染料中间体、农药、橡胶硫化促进剂等；三甲胺是强碱性阴离子交换树脂的胺化剂，也用于制造表面活性剂等。上述方法，同样不适宜制备仲或叔烷基的胺类。

在亚硫酸铵或亚硫酸氢铵的催化下，氨与萘酚反应生成相应的萘胺。这是工业上生产 β-萘胺的方法。上述反应是可逆的，在酸性条件下，萘胺也能转变成相应的萘酚。

$$C_{10}H_7\text{—}OH + NH_3 \underset{150\ ℃,\ 0.6\ MPa}{\overset{(NH_4)_2SO_3}{\rightleftharpoons}} C_{10}H_7\text{—}NH_2 + H_2O$$

β-萘胺能随水蒸气挥发，有毒，有致癌作用。β-萘胺主要用于制造染料中间体。

13.3.2　由还原反应制胺

1. 硝基化合物的还原

这是制备芳胺常用的方法(见 13.1)。

2. 醛和酮的还原氨化

醛和酮与氨或胺缩合反应后，再进行催化氢化，可制得相应的胺。此法叫作还原氨化法，是适用于工业和实验室制伯胺、仲胺、叔胺的方法。

$$\underset{H(R')}{\overset{R}{>}}C{=}O + H_2N\text{—}H(R'') \xrightarrow{-H_2O} \underset{H(R')}{\overset{R}{>}}C{=}N\text{—}H(R'') \xrightarrow[\text{雷尼镍}]{H_2} \underset{H(R')}{\overset{R}{>}}CH\text{—}N\underset{H(R'')}{\overset{H}{<}}$$

醛和酮在氢化催化剂的存在下，同时加入氨（或胺）和氢气，还原氨化反应可一步完成。例如：

$$(CH_3)_2C{=}O + NH_3 + H_2 \xrightarrow{\text{雷尼镍}} (CH_3)_2CH\text{—}NH_2 + H_2O$$

$$CH_3CH_2CH{=}O + CH_3CH_2CH_2NH_2 + H_2 \xrightarrow{\text{雷尼镍}} (CH_3CH_2CH_2)_2NH + H_2O$$

此法尤其适合制备仲烷基伯胺（$\underset{R'}{\overset{R}{>}}CHNH_2$），为防止产物伯胺与醛或酮反应生成仲胺副产物，$NH_3$需过量，用此法可得到纯的产物。如果用仲卤代烷与氨反应来合成仲烷基伯胺，则由于发生消除反应而得不到单一的取代产物。

3. 腈和酰胺的还原

腈还原生成伯胺，这是制备伯胺的一个方法。常用的还原方法有两种，一种是催化氢化，另一种是用氢化铝锂还原。

腈催化氢化的催化剂工业上常用的是雷尼镍。例如：

$$C_6H_5\text{—}CH_2CN \xrightarrow[120\sim130\ ℃,\ 13\ MPa]{H_2,\text{雷尼镍}} C_6H_5\text{—}CH_2CH_2NH_2$$

工业上，生产尼龙-66 的重要中间体己二胺就是由己二腈催化氢化制得的。

$$NCCH_2CH_2CH_2CH_2CN \xrightarrow[130\ ℃,13.6\ MPa]{H_2,\text{雷尼镍}} H_2NCH_2CH_2CH_2CH_2CH_2CH_2NH_2$$

腈用氢化铝锂还原成伯胺，收率较高。例如：

$$\text{o-}CH_3C_6H_4CN \xrightarrow{LiAlH_4,\ 干醚} \text{o-}CH_3C_6H_4CH_2NH_2\quad(88\%)$$

酰胺还原(催化氢化或氢化铝锂还原)也生成胺。这也是制备胺的一个方法。例如:

$$CH_3(CH_2)_9CONH_2 \xrightarrow[250\ ℃,\ 30\ MPa]{H_2,\ Cu(CrO_2)_2} CH_3(CH_2)_9CH_2NH_2$$

$$C_6H_{11}\text{—}\overset{O}{\overset{\|}{C}}\text{—}N(CH_3)_2 \xrightarrow[②H_2O]{①LiAlH_4,醚} C_6H_{11}\text{—}CH_2\text{—}N(CH_3)_2$$

除上述制备胺的方法外,还有盖布瑞尔合成和霍夫曼降解反应等方法。

13.4 胺的物理性质

脂肪胺中甲胺、二甲胺和乙胺是气体,丙胺以上是液体,高级胺是固体。低级胺的气味与氨相似,有的还有鱼腥味(如三甲胺),某些二元胺有恶臭,如1,4-丁二胺(腐肉胺)、1,5-戊二胺(尸胺)。高级胺几乎没有气味。芳香胺是高沸点的无色液体或低熔点的固体,它们都具有特殊的臭味和毒性,长期吸入蒸气和皮肤接触都可能引起中毒。有些芳香胺,如联苯胺、β-萘胺等还有强的致癌作用。

与氨相似,伯、仲胺可以通过分子间的氢键缔合。例如:

$$R\text{—}NH_2\cdots H\text{—}N(H)(R)\cdots N(H)(H)\text{—}R \qquad R\text{—}N(R')\text{—}H\cdots N(H)(R')\text{—}R$$

氢键的存在,使伯胺和仲胺的沸点比相对分子质量相近的烷烃或醚的沸点高,但由于氮的电负性比氧小,形成的氢键比较弱,因此,比相对分子质量相近的醇或酸的沸点要低。例如:

	$CH_3CH_2CH_3$	CH_3OCH_3	CH_3NHCH_3	$CH_3CH_2NH_2$	CH_3CH_2OH	HCOOH
相对分子质量	44	46	45	45	46	46
沸点/℃	−42	−24.9	7.5	17	78.5	100.5

叔胺由于氮上没有氢原子,不能形成氢键,因此沸点比相对分子质量相近的伯胺和仲胺低,与相对分子质量相近的烷烃相近。碳原子数目相同的胺的沸点从高向低的顺序:伯胺>仲胺>叔胺。

伯、仲、叔胺都能与水形成氢键,因此,低级脂肪胺都可溶于水,随相对分子质量的增大,水溶性逐渐减小,高级胺不溶于水。芳胺一般均难溶于水而易溶于有机溶剂。

一些常见胺的物理常数见表13-2。

表 13-2　常见胺的物理常数

名　称	熔点/℃	沸点/℃	溶解度/[g·(100 g 水)$^{-1}$]
甲　胺	−92	−7.5	易溶
二甲胺	−96	7.5	易溶
三甲胺	−117	3	91
乙　胺	−80	17	∞
二乙胺	−39	55	易溶
三乙胺	−115	89	14
正丙胺	−83	49	∞
异丙胺	−101	34	∞
正丁胺	−50	78	易溶
环己胺		134	微溶
苄　胺		185	∞
乙二胺	8	117	溶
己二胺	42	204	易溶
苯　胺	−6	184	3.7
N-甲基苯胺	−57	196	难溶
N,N-二甲基苯胺	3	194	1.4
二苯胺	53	302	不溶
三苯胺	127	365	不溶
邻苯二胺	104	252	3
间苯二胺	63	287	25
对苯二胺	142	267	3.8
联苯胺	127	401	0.05
α-萘胺	50	301	难溶
β-萘胺	110	306	不溶

13.5　胺的化学性质

氮原子的电子构型是 $1s^2 2s^2 2p^3$。胺的结构与氨相似，分子也呈棱锥形。氮原子像碳原子在甲烷分子中一样也是 sp^3 杂化的。其中有三个未共用电子，分别占据三个 sp^3 轨道，每一个轨道与一个氢原子的 s 轨道重叠，或与碳的杂化轨道重叠生成氨或胺，第四个 sp^3 轨道含有一孤对电子，在棱锥体的顶点，如图 13-1 所示。

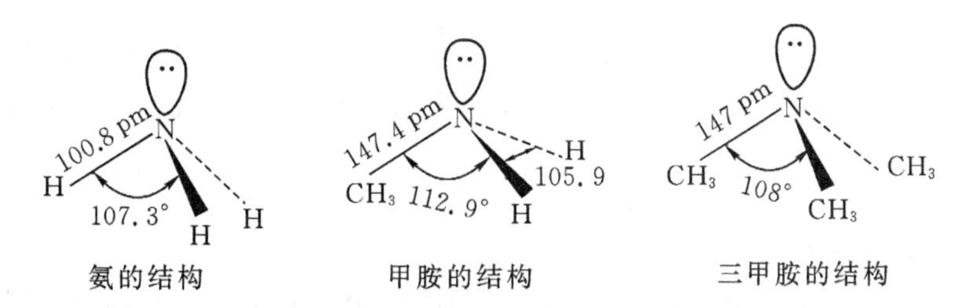

图 13-1　氨及胺的结构

苯胺的—NH_2仍然是棱锥形的结构,但是 H—N—H 键角较大,为 113.9°,H—N—H 平面与苯环平面的夹角是 39.4°(图 13-2)。在苯胺分子中,除了 σ 键以外,还有一个 8 个电子、7 个原子的共轭 π 键。由于—NH_2的+C 效应超过了—NH_2的—I 效应,净结果是与苯环相连的氨基起给电子的作用,使 π 电子向苯环偏移。因此,使芳香胺的碱性和亲核性都有明显的减弱。另外,这种共轭体系使芳香环的电子云密度增大,因此芳香胺在芳香环上容易发生亲电取代反应。

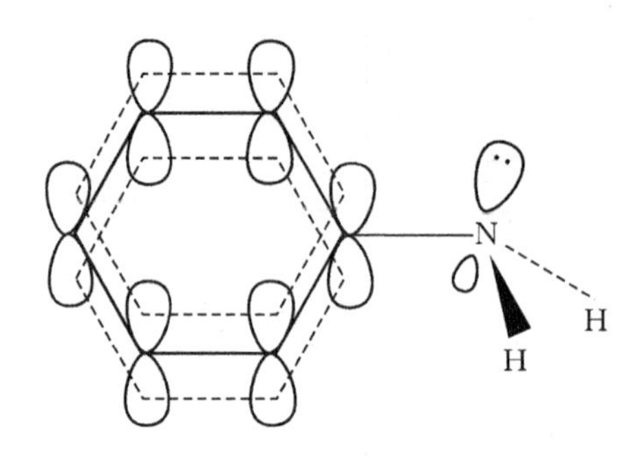

图 13-2　苯胺的结构

胺的官能团是氨基(—NH_2),它决定了胺类的化学性质。

13.5.1　碱性

含有孤对电子的氮原子能接受质子,所以胺都具有碱性。

$$R\ddot{N}H_2 + H^+ \longrightarrow R\overset{+}{N}H_3$$

胺在水溶液中,存在下列平衡:

$$RNH_2 + H_2O \underset{}{\overset{Kb}{\rightleftharpoons}} RNH_3^+ + OH^-$$

$$K_b = \frac{[RNH_3{}^+][OH^-]}{[RNH_2]}$$

$$pK_b = -\log K_b$$

胺的碱性强弱,可用其离解常数 K_b或离解常数的负对数 pK_b表示。K_b越大,pK_b越小,说明氮与质子的结合能力越强,则胺在水溶液中的碱性越强。一般脂肪胺的 $pK_b=3\sim5$,芳香胺的 $pK_b=7\sim10$(NH_3的 $pK_b=4.76$)。

胺类的碱性呈现以下的一般规律:

(1)对于脂肪胺,在气态时,碱性强度:

$$(CH_3)_3N > (CH_3)_2NH > CH_3NH_2 > NH_3$$

烷基是给电子基,因此可增加氮原子的电子密度,即可增加对其质子的吸引力,所以,胺的碱性比氨强。同理,仲胺的碱性应较伯胺强,叔胺较仲胺更强,这在气态时是正确的。

但在水溶液中,碱性强度:

$$(CH_3)_2NH > CH_3NH_2 > (CH_3)_3N > NH_3$$

	$(CH_3)_2NH$	CH_3NH_2	$(CH_3)_3N$	NH_3
pK_b	3.22	3.37	4.20	4.76

这是因为除了电子效应外,碱性强度还与水的溶剂化作用有关。在不同溶剂中,三种胺的碱性强弱次序也可能不同,在此不作讨论。

(2)芳胺的碱性比脂肪胺弱得多,这主要是因为氮原子上的未共用电子对离域到苯环上,结果使氮原子的电子云密度减少,与质子结合的能力相应地减弱,因此碱性减弱。

在芳胺中以伯胺的碱性最强,仲胺次之,叔胺最弱,接近于中性。

$$C_6H_5-NH_2 > C_6H_5-NH-C_6H_5 > (C_6H_5)_3N$$

pK_b　9.30　13.8　(接近于中性)

在二苯胺中,氮上的未共用电子对同时受到两个苯基的影响,所以,它的碱性比苯胺弱。三苯胺则因氮上的未共用电子对受到三个苯基的影响,所以它接受质子的能力更弱,即碱性更弱,接近于中性。

(3)取代芳胺的碱性强弱,取决于取代基的性质,尤其是处于氨基邻、对位时,则主要体现了取代基电子效应对碱性强度的影响。若取代基是给电子基,则碱性略增;若取代基是吸电子基,则碱性降低。

$$p\text{-}CH_3C_6H_4NH_2 > C_6H_5NH_2 > p\text{-}ClC_6H_4NH_2 > p\text{-}NO_2C_6H_4NH_2 > 2,4\text{-}(NO_2)_2C_6H_3NH_2$$

pK_b　8.90　9.30　10.02　13.00　13.82

胺是一种弱碱,它同强无机酸反应,生成相应的盐。例如:

$$CH_3NH_2 + HCl \longrightarrow [CH_3NH_3]^+Cl^-$$

甲胺盐酸盐

$$C_6H_5-NH_2 + HCl \longrightarrow [C_6H_5-NH_3]^+Cl^-$$

苯胺盐酸盐

它们是强酸弱碱盐,遇强碱时,又生成原来的胺。例如:

$$[C_6H_5-NH_3]^+Cl^- \xrightarrow[H_2O]{NaOH} C_6H_5-NH_2 + NaCl + H_2O$$

利用这个性质,可以把胺从其他非碱性物质中分离出来,也可定性地鉴别胺。

13.5.2　烷基化反应

胺的氮上有一孤对电子,是亲核试剂,容易对卤代烷、醇、酚等发生亲核取代反应,在胺的氮原子上引入烷基,这个反应称为胺的烷基化反应,常用于仲胺、叔胺和季铵盐的制备。

伯胺与卤代烷(伯卤代烷、$Ar-CH_2X$ 等)反应,生成仲胺、叔胺和季铵盐的混合物。例如:

$$C_6H_5CH_2NH_2 + CH_3I \xrightarrow[60\sim70\ ℃]{C_2H_5OH} \underset{(15\%)}{C_6H_5CH_2NHCH_3} + \underset{(45\%)}{C_6H_5CH_2N(CH_3)_2} + \underset{(10\%)}{C_6H_5CH_2\overset{+}{N}(CH_3)I^-}$$

控制反应物的配比和反应条件,可得到以某种胺为主的产物。

芳胺烷基化的活性低于脂肪胺,芳胺与卤代烷反应时要加入一定量的碱,防止反应产生的卤化氢与芳胺成盐而使反应变得困难。例如:

$$\text{C}_6\text{H}_4(\text{NH}_2)(\text{SO}_3\text{Na}) + 2\text{C}_2\text{H}_5\text{Cl} + 2\text{NaOH} \xrightarrow[125\ ℃]{\text{C}_2\text{H}_5\text{OH}} \text{C}_6\text{H}_4[\text{N}(\text{C}_2\text{H}_5)_2](\text{SO}_3\text{Na}) + 2\text{NaCl} + 2\text{H}_2\text{O}$$

某些情况下，可用醇代替卤代烷作为烷基化试剂。例如，工业上利用苯胺与甲醇在硫酸的催化下制备 N -甲基苯胺和 N,N -二甲基苯胺：

$$\text{C}_6\text{H}_5\text{NH}_2 + \text{CH}_3\text{OH} \xrightarrow[230\ ℃,\ 2.5\sim3.0\ \text{MPa}]{\text{H}_2\text{SO}_4} \text{C}_6\text{H}_5\text{NHCH}_3 + \text{H}_2\text{O}$$

$$\text{C}_6\text{H}_5\text{NH}_2 + 2\text{CH}_3\text{OH} \xrightarrow[230\ ℃,\ 2.5\sim3.0\ \text{MPa}]{\text{H}_2\text{SO}_4} \text{C}_6\text{H}_5\text{N}(\text{CH}_3)_2 + \text{H}_2\text{O}$$

当苯胺过量时，主要产物为 N -甲基苯胺，若甲醇过量，主要产物为 N,N -二甲基苯胺。N -甲基苯胺为无色液体，用于提高汽油的辛烷值，也可作溶剂。N,N -二甲基苯胺为淡黄色油状液体，用于制备香草醛、偶氮染料和三苯甲烷染料等。

13.5.3 酰基化反应

伯胺、仲胺与酰氯、酸酐、羧酸等酰基化试剂反应，氨基上的氢会被酰基取代，生成 N -取代酰胺。这类反应称为胺的酰基化反应，简称酰化。叔胺的氮原子上没有可取代的氢，不能发生酰化反应。对于胺来说，伯胺活性大于仲胺，脂肪胺活性大于芳香胺。

酰化剂的活性：酰氯＞酸酐＞羧酸。例如：

$$\text{C}_6\text{H}_5\text{NH}_2 + \text{CH}_3\text{COOH} \xrightarrow[-\text{H}_2\text{O}]{160\ ℃} \text{C}_6\text{H}_5\text{NHCOCH}_3 \quad (\text{需不断去水})$$

$$\text{C}_6\text{H}_5\text{NHCH}_3 + (\text{CH}_3\text{CO})_2\text{O} \xrightarrow{\Delta} \text{H}_3\text{C—N(C}_6\text{H}_5\text{)—COCH}_3 + \text{CH}_3\text{COOH}$$

生成的酰胺是中性物质，一般不能再与酸成盐。因此，伯、仲、叔胺的混合物经酰化后，再加稀酸可分离出叔胺的铵盐。酰胺都是晶体，有固定的熔点。因此，酰化反应可以用于胺的鉴定。

酰胺在酸或碱的催化下，水解生成原来的胺。例如：

$$\text{CH}_3\text{CONH—C}_6\text{H}_5 + \text{H}_2\text{O} \xrightarrow{\text{H}^+\text{或 OH}^-} \text{CH}_3\text{COOH} + \text{C}_6\text{H}_5\text{—NH}_2$$

芳胺酰化反应在有机合成中有广泛的应用。生成的酰胺不易被氧化，常用于氨基的保护，防止氨基被氧化破坏。反应结束后，再通过水解使氨基复原。例如：

$$p\text{-CH}_3\text{C}_6\text{H}_4\text{NH}_2 \xrightarrow{\text{CH}_3\text{COOH}} p\text{-CH}_3\text{C}_6\text{H}_4\text{NHCOCH}_3 \xrightarrow{\text{KMnO}_4} p\text{-HOOCC}_6\text{H}_4\text{NHCOCH}_3 \xrightarrow[\text{H}_2\text{O}]{\text{OH}^-} p\text{-HOOCC}_6\text{H}_4\text{NH}_2$$

另外，氨基酰化成乙酰氨基后，它仍是邻对位定位基，但活性降低。因此，芳胺酰化还可调节氨基的定位活性。

伯、仲、叔胺与磺酰氯（如苯磺酰氯或对甲苯磺酰氯）的反应称为兴斯堡反应。兴斯堡反应可以在碱性条件下进行，因为苯磺酰基是较强的吸电子基，伯胺反应的产物磺酰胺氮上的氢原子因受苯磺酰基影响，具有弱酸性，可以溶于碱生成盐；仲胺形成的磺酰胺因氮上无氢，不溶于碱，形成沉淀；叔胺氮上无氢，不发生此反应。利用这些性质上的不同，兴斯堡反应可用于三类胺的分离与鉴定。

$$\left.\begin{matrix} RNH_2 \\ R_2NH \\ R_3N \end{matrix}\right\} + CH_3-C_6H_4-SO_2Cl \xrightarrow{NaOH} \begin{cases} CH_3-C_6H_4-SO_2NHR \xrightarrow{NaOH} [CH_3-C_6H_4-SO_2NR]^- Na^+ \text{（碱中溶解，加酸又不溶）} \\ CH_3-C_6H_4-SO_2NR_2 \text{（既不溶于碱，又不溶于酸）} \\ \text{不反应（}R_3N\text{ 可溶于酸）} \end{cases}$$

伯、仲、叔胺混合物与对甲苯磺酰氯在碱溶液中反应，叔胺不反应，可经水蒸气蒸馏分离；析出的固体为仲胺的磺酰胺；溶液经酸化可得伯胺的磺酰胺。伯、仲胺的磺酰胺都可经酸性水解而分别得到原来的伯、仲胺，但磺酰胺的水解速率比酰胺慢得多。

13.5.4　与亚硝酸反应

胺能与亚硝酸反应，不同的胺与亚硝酸反应的产物也不同。由于亚硝酸不稳定，易分解，一般用亚硝酸钠与盐酸（或硫酸）在反应过程中作用生成亚硝酸。

1. 伯胺的反应

脂肪族伯胺与亚硝酸反应，生成重氮盐，不稳定，立即分解成氮气、醇、烯等混合物。例如：

$$CH_3CH_2NH_2 \xrightarrow[HCl]{NaNO_2} CH_3CH_2OH + CH_2{=}CH_2 + N_2\uparrow$$

此反应在合成上无实用价值。但此反应能定量地放出氮气，可用于脂肪族伯胺的定量分析。

芳香族伯胺与亚硝酸在低温（0～5 ℃）及强酸溶液中反应，生成重氮盐。这一反应叫做重氮化反应。例如：

$$C_6H_5NH_2 + NaNO_2 + 2HCl \xrightarrow{0\sim5\ ℃} C_6H_5N{\equiv}NCl + 2H_2O + NaCl$$

氯化重氮苯

重氮化反应在有机合成中具有重要应用。

2. 仲胺的反应

脂肪族和芳香族仲胺与亚硝酸反应都生成 N -亚硝基胺。例如：

$$(C_2H_5)_2NH \xrightarrow{NaNO_2+HCl} (C_2H_5)_2N{-}N{=}O$$

N -亚硝基二乙胺

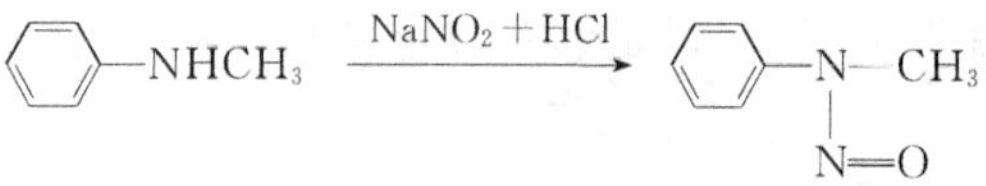

$$C_6H_5-NHCH_3 \xrightarrow{NaNO_2+HCl} C_6H_5-N(CH_3)-N=O$$

N-亚硝基-N-甲基苯胺

N-亚硝基胺为黄色油状液体或固体，与稀盐酸共热则分解成原来的仲胺，因此该反应可用于鉴别、分离和提纯仲胺。

3. 叔胺的反应

脂肪族叔胺与亚硝酸发生中和反应，生成亚硝酸盐。这是弱酸弱碱盐，不稳定，容易水解成原来的叔胺，因此向脂肪族叔胺中加入亚硝酸无明显现象发生。

芳香族叔胺与亚硝酸作用，在芳香环上发生亲电取代反应，氨基对位上的氢原子被取代，生成有颜色的对亚硝基胺。例如：

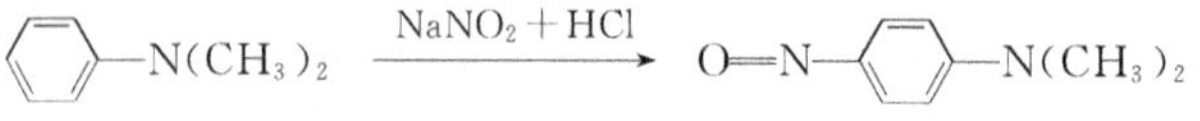

$$C_6H_5-N(CH_3)_2 \xrightarrow{NaNO_2+HCl} O=N-C_6H_4-N(CH_3)_2$$

对亚硝基-N,N-二甲基苯胺

对亚硝基-N,N-二甲基苯胺为绿色晶体，可用于制造染料。

由于不同的胺与亚硝酸反应现象不同，可用于鉴别脂肪族及芳香族伯、仲、叔胺。

13.5.5 芳胺环上的亲电取代反应

氨基是强的邻对位定位基，它使芳香环活化，容易发生亲电取代反应。

1. 卤化

苯胺与氯和溴发生卤化反应，活性很高，不需催化剂常温下就能进行，并直接生成三卤苯胺。例如：

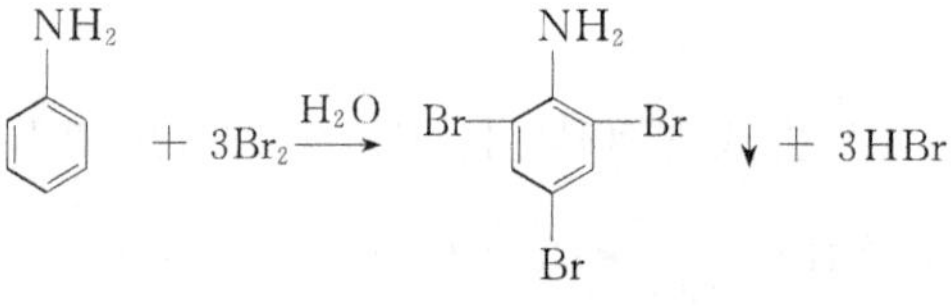

$$C_6H_5NH_2 + 3Br_2 \xrightarrow{H_2O} 2,4,6\text{-}Br_3C_6H_2NH_2 \downarrow + 3HBr$$

(100%)

溴化生成的2,4,6-三溴苯胺是白色沉淀，反应很灵敏，并可定量完成，常用于苯胺的定性鉴别和定量分析。若要制备一取代的苯胺，可先将氨基酰化，降低它的反应活性，再卤化，然后水解。

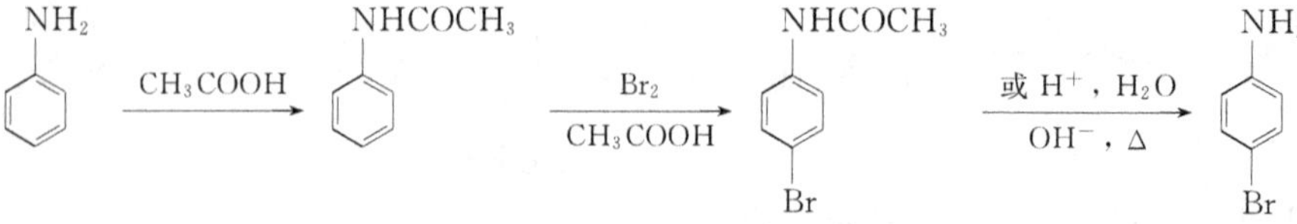

$$C_6H_5NH_2 \xrightarrow{CH_3COOH} C_6H_5NHCOCH_3 \xrightarrow[CH_3COOH]{Br_2} p\text{-}Br-C_6H_4-NHCOCH_3 \xrightarrow[OH^-,\ \Delta]{\text{或 } H^+,\ H_2O} p\text{-}Br-C_6H_4-NH_2$$

2. 硝化

苯胺硝化时，很容易被硝酸氧化，生成焦油状物。因此，一般常将苯胺酰化后再硝化，以保护其不被氧化。硝化后，再水解，得到硝基取代的苯胺衍生物。例如：

$$\text{苯胺}(C_6H_5NH_2) \xrightarrow{CH_3COOH} C_6H_5NHCOCH_3$$

$$C_6H_5NHCOCH_3 \xrightarrow[-20\ ℃]{90\%\ HNO_3} \text{对硝基乙酰苯胺}(p\text{-}NO_2C_6H_4NHCOCH_3) \xrightarrow[\text{或}\ OH^-,\ \Delta]{H^+,\ H_2O} \text{邻硝基苯胺}(o\text{-}NO_2C_6H_4NH_2)\ (77\%)$$

$$C_6H_5NHCOCH_3 \xrightarrow[20\ ℃]{HNO_3,(CH_3CO)_2O} \text{邻硝基乙酰苯胺}(o\text{-}NO_2C_6H_4NHCOCH_3) \xrightarrow[\text{或}\ OH^-,\ \Delta]{H^+,H_2O} \text{对硝基苯胺}(p\text{-}NO_2C_6H_4NH_2)\ (68\%)$$

在强酸性条件下，苯胺生成铵盐，硝化时不会被氧化。但成盐后形成的铵基($—NH_3^+$)为间位定位基，同时也钝化了苯环，硝化需在较强烈的条件下才能进行。例如：

$$C_6H_5NH_2 \xrightarrow{H_2SO_4} C_6H_5\overset{+}{N}H_3\ HSO_4^- \xrightarrow{\text{发烟}\ HNO_3,\ H_2SO_4} m\text{-}NO_2C_6H_4\overset{+}{N}H_3\ HSO_4^- \xrightarrow[H_2O]{OH^-} m\text{-}NO_2C_6H_4NH_2$$

3. 磺化

苯胺直接磺化时，它首先与硫酸形成盐，得到间位氨基苯磺酸。要想使磺基进入氨基的邻、对位，必须先乙酰化，然后再磺化。如果用约 180 ℃的高温加热苯胺与硫酸生成的硫酸氢盐，也可得到对位取代产物——对氨基苯磺酸：

$$C_6H_5NH_2 \xrightarrow{H_2SO_4} C_6H_5\overset{+}{N}HSO_4^- \xrightarrow[-H_2O]{\Delta} C_6H_5NHSO_3H \xrightarrow{\text{约}\ 180\ ℃} p\text{-}H_2NC_6H_4SO_3H$$

这是工业上生产对氨基苯磺酸的方法。一般情况下，磺基进入氨基的对位。若对位已有取代基，则进入氨基的邻位。萘胺也会发生类似的反应。

$$\text{1-萘胺硫酸氢盐}(C_{10}H_7\overset{+}{N}H_2\ HSO_4^-) \xrightarrow[\text{回流}]{\text{二氯苯}} \text{4-氨基-1-萘磺酸}(NH_2,\ SO_3H)$$

对氨基苯磺酸的熔点很高(280～300 ℃分解)，不溶于冷水，也不溶于酸的水溶液，能溶于碱的水溶液，呈现出不同于一般芳胺或芳磺酸的特征性质。这是由于对氨基苯磺酸分子实际上是以内盐形式存在的。这种内盐是强酸弱碱型的盐，在强碱性溶液中可形成磺酸钠盐，内盐被破坏：

$$p\text{-}\overset{+}{N}H_3C_6H_4SO_3^- + NaOH \longrightarrow p\text{-}NH_2C_6H_4SO_3Na + H_2O$$

生成的对氨基苯磺酸钠能溶于水，因此，对氨基苯磺酸可溶于碱的水溶液。

对氨基苯磺酸是重要的染料中间体。

13.5.6 氧化反应

胺易被氧化，芳胺，尤其是伯芳胺，极易被氧化。苯胺放置时，就能因空气氧化而颜色变深，由无色透明液体逐渐变为黄色、浅棕色及红棕色。苯胺的氧化反应很复杂。例如，苯胺遇漂白粉溶液即呈明显的紫色，这可用于检验苯胺。苯胺用 $Na_2Cr_2O_7$ 或 $FeCl_3$ 氧化可得黑色染料——苯胺黑。苯胺用二氧化锰及硫酸氧化，则生成对苯醌。

$$C_6H_5NH_2 \xrightarrow[3\sim10\ ℃]{MnO_2,\ 稀\ H_2SO_4} O{=}C_6H_4{=}O$$

这是实验室和工业上生产对苯醌的主要方法。

13.6 重要的胺

重要的胺

13.7 季铵盐和季铵碱

季铵盐和季铵碱

13.8 表面活性剂

表面活性剂

13.9　离子交换树脂和离子交换膜

离子交换树脂和离子交换膜

13.10　芳香族重氮和偶氮化合物

分子式中含有—N ═ N—基，它的两边直接与羟基相连，这类化合物叫做偶氮化合物。例如：

$$C_6H_5—N═N—C_6H_5 \qquad H_3C—N═N—CH_3$$

偶氮苯　　　　偶氮甲烷

如果—N ═ N—基中只有一边直接与烃基相连，另一边不直接与烃基相连，这类化合物叫做重氮化合物。例如：

$$C_6H_5—N═N—NH—C_6H_5$$

苯重氮氨基苯

分子中含有重氮正离子（ $—\overset{+}{N}≡N$ ）的盐叫做重氮盐。例如：

$$[C_6H_5—N≡N]^+Cl^-$$

氯化重氮苯

脂肪族重氮盐不稳定，易分解放出氮气。芳香族重氮盐则较稳定一些。

13.10.1　重氮盐的制备——重氮化反应

芳伯胺与亚硝酸在过量无机酸的存在下生成重氮盐的反应，称为重氮化反应。

$$Ar—NH_2+2HCl+NaNO_2 \xrightarrow{0\sim5\ ℃} [Ar—N≡N]^+Cl^-+NaCl+2H_2O$$

反应应控制酸度，以防止重氮盐与未反应的芳伯胺生成重氮氨基化合物。亚硝酸钠不宜过量，因为过量的亚硝酸可分解重氮盐。如亚硝酸过量可用尿素除去。

$$2HNO_2+H_2NCONH_2 \longrightarrow 2N_2\uparrow+CO_2\uparrow+3H_2O$$

重氮盐大多不稳定，反应通常在低温（0～5 ℃）进行。碱性愈强的芳伯胺，反应温度也要求愈低。反之，碱性弱的芳伯胺，则可在较高温度下进行反应，如 $O_2N—C_6H_4—NH_2$ 的重氮化反应可在 40～60 ℃进行。

重氮化反应的终点常用 KI-淀粉试纸测定。因为过量的 HNO_2 可以把 I^- 氧化成 I_2 使淀粉变蓝，表示反应已达终点。

$$2KI+2HCl+2HNO_2 \longrightarrow I_2+2NO+2KCl+2H_2O$$

13.10.2 重氮盐的性质

重氮盐溶于水,不溶于乙醚。重氮盐的化学性质十分活泼,受热,光照,遇铜、铅等金属离子,或遇到氧化剂时,均能被分解破坏,放出氮气,生成芳基正离子或芳基自由基:

$$ArN_2^+X^- \begin{cases} \xrightarrow{\Delta} Ar^+ + N_2\uparrow + X^- \\ \xrightarrow{h\nu} Ar\cdot + N_2\uparrow + X\cdot \end{cases}$$

这些离子和自由基进一步反应,生成组成复杂的物质。

干燥的重氮盐受热或震动会剧烈分解,并能引起爆炸。所以重氮盐一般不制成固体,而制成溶液。重氮盐溶液一般也都是随用随制,不长期储存。但重氮盐与某些金属盐(例如氯化锌等)能形成比较稳定的络合物。氟硼酸的重氮盐比较稳定,其固体在室温下也不分解。

苯重氮正离子的结构如图 13-3 所示。芳香族重氮盐较稳定,是因为在芳香重氮正离子中,存在着 8 个电子、8 个原子的共轭 π 键。

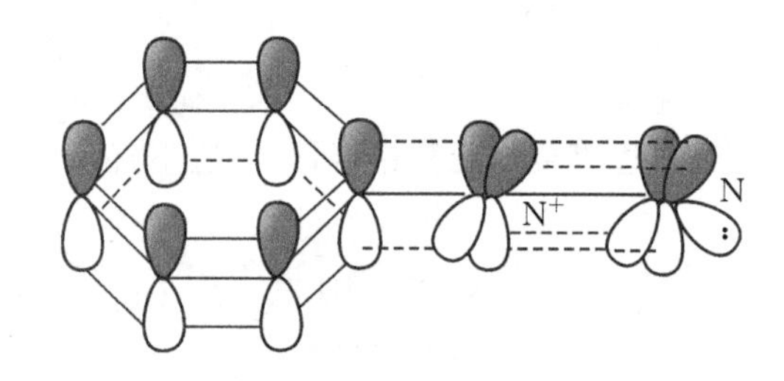

图 13-3 苯重氮正离子的结构

重氮盐在溶液中的稳定性,也与溶液的 pH 有关。强酸性(pH<3.5)时,重氮盐较稳定,随着 pH 的升高,重氮盐转变成重氮酸盐。

$$Ar-\overset{+}{N}\equiv NCl^- \underset{H^+}{\overset{NaOH}{\rightleftharpoons}} Ar-\overset{+}{N}\equiv NOH^- \underset{H^+}{\overset{NaOH}{\rightleftharpoons}} Ar-N=N-O^-\ Na^+$$

重氮盐　　　　重氮碱　　　　重氮酸盐

13.10.3 重氮盐的反应及其在合成上的应用

重氮盐的化学性质非常活泼,其反应可分为放氮的反应和保留氮的反应。

1. 放氮反应

1)重氮基被卤原子和氰基取代

重氮盐在亚铜盐的催化下,重氮基被氯、溴原子或氰基取代的反应,称为桑德迈尔反应。

$$ArN_2^+Cl^- \xrightarrow{CuCl,\ HCl} ArCl + N_2\uparrow$$

$$ArN_2^+HSO_4^- \xrightarrow{CuBr,\ HBr} ArBr + N_2\uparrow$$

$$ArN_2^+Cl^- \xrightarrow{CuCN,\ KCN} ArCN + N_2\uparrow$$

桑德迈尔反应是制备氯、溴或氰基取代芳烃的一个方法,产物较纯,收率较高。近代,此反应在提高产率和减少副产物方面做了许多改进。例如:

$$CH_3-\overset{O}{\overset{\|}{C}}-C_6H_4-N_2^+Cl^- \xrightarrow[65\ ℃]{CuCl,\ CH_3CN} CH_3-\overset{O}{\overset{\|}{C}}-C_6H_4-Cl$$

(98%)

$$O_2N-C_6H_4-N_2^+Br^- \xrightarrow[H_2O,CH_3COCH_3]{CuBr,\ -25\ ℃} O_2N-C_6H_4-Br$$

(90%)

$$H_3C-C_6H_4-N_2^+Cl^- \xrightarrow[0\ ℃,\ 5\ h]{CuCN} H_3C-C_6H_4-CN$$

(67%)

由于苯不可能直接氰化，因此，通过重氮盐引入氰基十分重要，氰基可以通过水解得羧酸，还原得到氨甲基而应用于有机合成中。

重氮盐转换成碘代芳烃的反应不需要催化剂，只要将碘化钾与重氮盐溶液共热，放出氮气，就可得到收率良好的产物。例如：

$$C_6H_5NH_2 \xrightarrow[0\sim5\ ℃]{NaNO_2,\ H_2SO_4} C_6H_5N_2^+HSO_4^- \xrightarrow[25\sim100\ ℃]{KI} C_6H_5I$$

(74%～76%)

芳烃直接与碘发生环上亲电取代反应比较困难。因此，这是合成碘代芳烃的一个好方法。

重氮盐转换成氟代芳烃的反应要首先制成氟硼酸重氮盐。重氮盐与氟硼酸盐反应，生成水溶性很小的氟硼酸重氮盐。将其干燥后，加热分解，可制得相应的氟代芳烃。此反应称为希曼反应。

$$ArN_3^+X^- + NaBF_4 \longrightarrow ArN_2^+BF_4^- + NaX$$

$$\downarrow \Delta$$

$$ArF + N_2\uparrow + BF_3$$

希曼反应具有操作简便，反应试剂易得，重氮盐分解容易控制，产率一般较高，以及应用范围较广等优点。

2)重氮基被烃基取代

重氮基被羟基取代的反应，又称为重氮盐的水解。例如：

$$ArN_2^+HSO_4^- + H_2O \xrightarrow[\Delta]{40\%\sim50\%H_2SO_4} ArOH + N_2\uparrow + H_2SO_4$$

这是把芳香环上的氨基转变为羟基的一个方法。

在磺化、碱熔法制酚的过程中，碱熔要在高温、强碱的条件下进行。当反应物的芳香环上除磺基外还连有硝基、卤原子、羧基等拉电子基时，碱熔时还会发生芳香环上其他位置的亲核取代和另外一些副反应，造成产物复杂化。例如，间硝基苯酚就不宜用间硝基苯磺酸钠的碱熔来制取。而用重氮盐水解制取酚类化合物时，反应条件比较温和，特别是可顺利制得环上含有拉电子基的酚，所以，此法虽工艺复杂一些，但在化工生产中仍有一定的应用。这种方法也适用于在实验室里制备酚。例如：

$$m\text{-}O_2N-C_6H_4-NH_2 \xrightarrow{NaNO_2,\ H_2SO_4} m\text{-}O_2N-C_6H_4-N_2^+HSO_4^- \xrightarrow[\Delta]{H_2O,\ H_2SO_4} m\text{-}O_2N-C_6H_4-OH$$

(74%～79%)

在重氮盐水解时，为了防止氯原子取代重氮基而进入苯环，必须用硫酸作为重氮化时的无机酸，并要使水解在硫酸介质中进行。

在重氮盐的水解反应中，产物酚与原料重氮盐可能发生偶合反应，因此，要提高溶液的酸度，以降低酚的偶和能力。

重氮盐在硝酸铜水溶液中与氧化亚铜反应制得酚，反应迅速，产率高。

$$H_3C-C_6H_4-N_2^+HSO_4^- \xrightarrow[Cu(NO_3)_2,\ H_2O]{Cu_2O,\ 25℃,\ 1min} H_3C-C_6H_4-OH \quad (93\%)$$

3）重氮基被氢原子取代

重氮盐与次磷酸（H_3PO_2）或乙醇等反应，重氮基能被氢原子取代。因此，通过重氮盐可将芳香环上的氨基除掉。例如：

$$2,6\text{-}Br_2\text{-}4\text{-}Br\text{-}C_6H_2N_2^+HSO_4^- \xrightarrow{H_3PO_2} 1,3\text{-}Br_2\text{-}5\text{-}CH_3\text{-}C_6H_3$$

重氮基被氢原子取代的反应，实质上是重氮盐的还原反应。反应用次磷酸的收率比用乙醇高，一般采用次磷酸还原法。

利用此反应在有机合成中可合成一些用常规方法难以制得的化合物。一般可在芳香环上先引入氨基，利用它的定位作用，引进所需要的基团，最后再除去氨基。例如，以甲苯为原料合成间硝基甲苯。

$$C_6H_5CH_3 \xrightarrow{HNO_3,\ H_2SO_4} p\text{-}CH_3C_6H_4NO_2 \xrightarrow{H_2,\ 雷尼镍} p\text{-}CH_3C_6H_4NH_2 \xrightarrow{CH_3COOH} p\text{-}CH_3C_6H_4NHCOCH_3$$

$$\xrightarrow{HNO_3,\ H_2SO_4} 4\text{-}CH_3\text{-}2\text{-}NO_2\text{-}C_6H_3NHCOCH_3 \xrightarrow{H^+,\ H_2O} 4\text{-}CH_3\text{-}2\text{-}NO_2\text{-}C_6H_3NH_2$$

$$\xrightarrow{NaNO_2,\ H_2SO_4} 4\text{-}CH_3\text{-}2\text{-}NO_2\text{-}C_6H_3N_2^+HSO_4^- \xrightarrow{H_3PO_2} m\text{-}CH_3C_6H_4NO_2$$

再如，以苯胺为原料合成1,3,5-三溴苯。

$$C_6H_5NH_2 \xrightarrow[H_2O]{Br_2} 2,4,6\text{-}Br_3C_6H_2NH_2 \xrightarrow[0\sim5\ ℃]{NaNO_2,\ H_2SO_4} 2,4,6\text{-}Br_3C_6H_2N_2^+HSO_4^- \xrightarrow{H_3PO_2} 1,3,5\text{-}Br_3C_6H_3 \quad (65\%\sim72\%)$$

2. 保留氮的反应

1)重氮盐还原成芳肼

这是制备芳肼及其衍生物的一种方法。所用的还原剂有氯化亚锡、锌粉、亚硫酸盐等。工业上一般采用亚硫酸盐(亚硫酸钠和亚硫酸氢钠混合物)还原。例如：

$$C_6H_5-N_2^+X^- \xrightarrow{NaHSO_3,\ Na_2SO_3} C_6H_5-NHNH_2$$

苯肼(80%~84%)

$$C_6H_5-N_2^+X^- \xrightarrow[0\ ^\circ C]{SnCl_2+HCl} C_6H_5-NH\overset{+}{N}H_3Cl^- \xrightarrow{OH^-} C_6H_5-NHNH_2$$

苯肼毒性较强,使用时注意安全。苯环上带有卤原子、烷氧基、硝基、羧基和磺基等取代基的芳伯胺的重氮盐,都可以采用亚硫酸盐还原法制得相应的芳肼衍生物。

2)重氮盐的偶合反应

芳香族重氮盐与酚、芳胺等作用生成偶氮化合物的反应,称为偶合反应,也叫偶联反应。通常把重氮盐称为重氮组分,把酚、芳胺等称为偶合组分。例如：

$$C_6H_5-N_2^+Cl^- + C_6H_5-OH \longrightarrow C_6H_5-N{=}N-C_6H_4-OH + HCl$$

重氮组分　　偶合组分

重氮盐的偶合反应也是芳香环上的亲电取代。反应中,芳基重氮正离子是亲电试剂,进攻芳胺或酚的芳香环,生成偶氮化合物。由于芳基重氮正离子受芳香环共轭的影响,正电荷被分解,因此,它的亲电能力不强,是较弱的亲电试剂。它只能与活性高的酚或芳胺等发生亲电取代。所以,偶合组分多为酚、芳胺及其衍生物。如果芳基重氮正离子的邻、对位上有拉电子基(如硝基)时,重氮正离子的亲电能力将会增强。

偶合反应生成的偶氮化合物都有颜色。许多偶氮化合物是优良的染料,这类染料被称为偶氮染料。偶氮染料是有机染料中品种、数量最多的一大类染料。选择不同的重氮组分和偶合组分,可以合成一系列不同颜色的染料。例如：

$$C_6H_5-N{=}N-C_6H_3(NH_2)-NH_2$$

碱性菊橙

$$C_6H_5-N{=}N-C_6H_4-N{=}N-C_{10}H_4(OH)(SO_3Na)_2$$

酸性大红 GR

有的指示剂也是偶氮化合物,例如：

$$(CH_3)_2N-C_6H_4-N{=}N-C_6H_4-SO_3H$$

甲基橙

$$C_{10}H_5(NH_2)(SO_3H)-N{=}N-C_6H_4-C_6H_4-N{=}N-C_{10}H_5(NH_2)(SO_3H)$$

刚果红

以对氨基苯磺酸作重氮组分，N，N-二甲基苯胺作偶合组分，可以生成甲基橙。甲基橙在 pH<3.1 时呈红色，在 pH>4.4 时呈黄色，其构造变化如下：

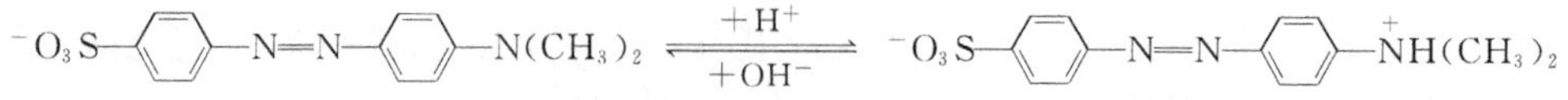

$$^{-}O_3S-C_6H_4-N{=}N-C_6H_4-N(CH_3)_2 \underset{+OH^-}{\overset{+H^+}{\rightleftharpoons}} {}^{-}O_3S-C_6H_4-N{=}N-C_6H_4-\overset{+}{N}H(CH_3)_2$$

pH>4.4，黄色　　　　　　　　pH<3.1，红色

由于重氮正离子的亲电能力弱，为使偶合反应顺利进行，所选择的反应条件应有利于酚和芳胺的偶合。一般来说，酚类的偶合要求在弱碱介质中进行。因为在弱碱介质中，酚类以氧负离子的形式参与反应，活性高，对偶合有利。但碱性太强（pH>9）时，重氮盐会转化成没有偶和能力的重氮酸盐。所以，偶合一般选择在 pH=8～9 的碱性溶液中进行。对于芳胺来说，游离芳胺浓度高有利于偶合。在强酸条件下，芳胺会成盐，对偶合反应不利。因此，芳胺偶合一般在 pH=5～6 时进行。

偶合一般发生在羟基或氨基的对位，对位有取代基时，才进入邻位。对于萘酚或萘胺及其衍生物，当羟基或氨基处于 1 位时，偶合一般发生在 4 位。但若 3、4、5 位上有磺基时，则发生在 2 位。当羟基或氨基处于 2 位时，偶合一般发生在 1 位。下列物质反应时，偶合的位置如下：

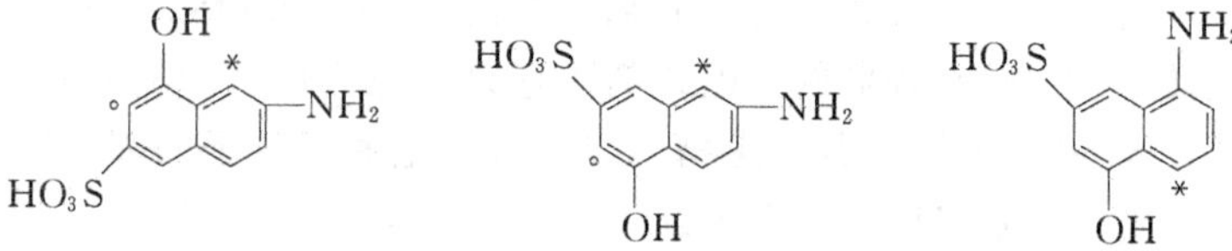

OH, NH_2, HO_3S（* 与 ° 标于萘环上）　　HO_3S, NH_2, OH　　HO_3S, NH_2, OH

* 酸性条件下（pH=5～6）偶合的位置

。碱性条件下（pH=8～9）偶合的位置

例如，由 H 酸（4-氨基-5-羟基-2，7-萘二磺酸）合成萘酚蓝黑 B：

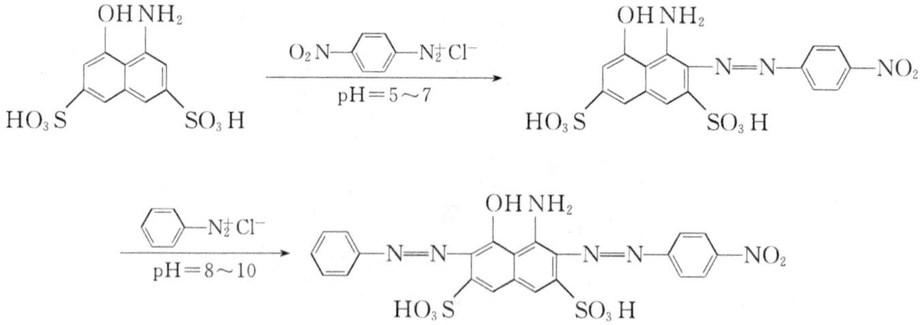

$$\text{H 酸（OH, NH}_2\text{, HO}_3\text{S, SO}_3\text{H）} \xrightarrow[pH=5\sim7]{O_2N-C_6H_4-N_2^+Cl^-} \text{（OH, NH}_2\text{, HO}_3\text{S, SO}_3\text{H）}-N{=}N-C_6H_4-NO_2$$

$$\xrightarrow[pH=8\sim10]{C_6H_5-N_2^+Cl^-} C_6H_5-N{=}N-\text{（OH, NH}_2\text{, HO}_3\text{S, SO}_3\text{H）}-N{=}N-C_6H_4-NO_2$$

萘酚蓝黑 B

萘酚蓝黑 B 用于染棉毛。

偶氮化合物与还原剂氯化亚锡或连二亚硫酸钠（$Na_2S_2O_4$）等反应，偶氮基被还原，断裂生成两个芳胺。例如：

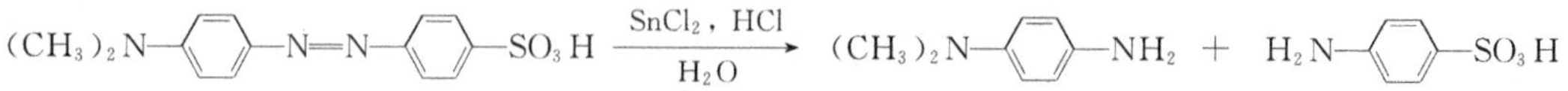

$$(CH_3)_2N-C_6H_4-N{=}N-C_6H_4-SO_3H \xrightarrow[H_2O]{SnCl_2,\ HCl} (CH_3)_2N-C_6H_4-NH_2 + H_2N-C_6H_4-SO_3H$$

从得到的芳胺，可以推断出偶氮化合物的构造。此法常用于偶氮染料的构造剖析，有时也用于某些芳胺的制备。

13.11 腈 异氰酸酯 三聚氰胺

13.11.1 腈

腈是指分子中含有氰基(—CN)官能团的一类有机化合物,它可以看成是氢氰酸(HCN)分子中的氢原子被烃基取代后的产物。常用通式 RCN(或 ArCN)表示。氰基为—C≡N,可简写成—CN。

1. 腈的命名

1)习惯命名法

根据分子中所含碳原子(—CN中的碳原子计算在内)的数目称为“某腈”。

CH_3CN 乙腈　　CH_2═CHCN 丙烯腈　　$CH_3CH(CH_3)CN$ 异丁腈(或2-甲基丙腈)

2)系统命名法

以烃为母体,氰基为取代基,称为“氰基某烃”,氰基碳不计算在内。

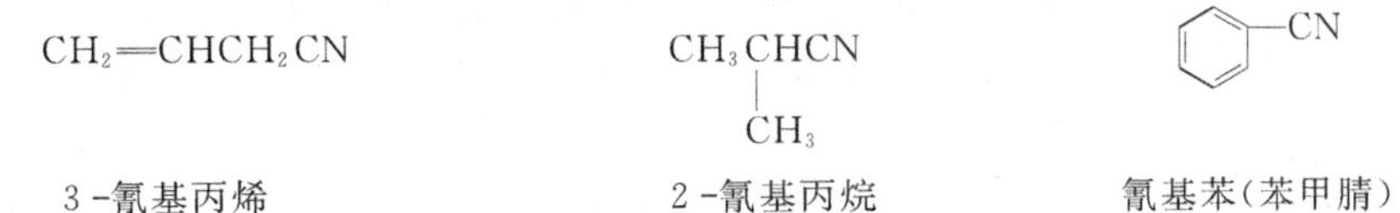

3-氰基丙烯　　2-氰基丙烷　　氰基苯(苯甲腈)

2. 腈的物理性质

低级腈为无色液体,高级腈为固体。纯净的腈无毒,但往往因为混有毒性较大的异腈(R—N≡C)而有毒。氰基为碳氮三键,具有较强的极性,腈是极性分子,分子间的吸引力较大,因此腈的沸点较高。腈比相对分子质量相近的烃、醚、醛、酮和胺的沸点高,与醇相近,但比羧酸的沸点低。

低级腈易溶于水,随着碳原子数的增加,在水中溶解度降低。例如,乙腈与水混溶,丁腈以上难溶于水。乙腈还可以溶解许多有机物和无机盐类,所以乙腈是个很好的有机溶剂。

3. 腈的化学性质

腈的化学反应主要发生在官能团氰基上。氰基中的三键,一个是σ键,两个是π键,因此腈的化学性质比较活泼,其典型的化学反应是水解、醇解、还原等。

1)水解

腈在酸的催化下,加热水解生成羧酸或羧酸盐。例如:

$$CH_3CH_2CN \xrightarrow[\triangle]{H_2O/H^+} CH_3CH_2COOH + NH_3$$

2)醇解

腈在酸或碱的催化下,与醇反应生成酯。例如:

$$CH_3C(OH)(CN)CH_3 \xrightarrow[\triangle]{H_2SO_4/CH_3OH} CH_2{=}C(CH_3)COOCH_3$$

甲基丙烯酸甲酯

甲基丙烯酸甲酯是合成聚甲基丙烯酸甲酯(俗称有机玻璃)的单体。

3)还原

腈可催化加氢或用还原剂(如 $LiAlH_4$)还原,生成相应的伯胺。例如:

$$CH_3CH_2CN \xrightarrow{H_2,\ Ni} CH_3CH_2CH_2NH_2$$

$$C_6H_5{-}C{\equiv}N \xrightarrow[\text{②}H_3O^+]{\text{①}LiAlH_4,\text{干醚}} C_6H_5{-}CH_2NH_2$$

这是工业上制备伯胺的方法之一

4. 重要的腈——丙烯腈

丙烯腈是无色液体,沸点为78 ℃,溶于水。有毒,空气中的最大允许浓度为2 $\mu g \cdot g^{-1}$,爆炸极限为3.05%~17%(体积分数)。它是合成纤维、合成橡胶的重要原料,也是有机合成中的常用试剂。

目前工业上生产丙烯腈的方法主要是丙烯氨氧化法,由丙烯、氨、空气的混合物在磷钼酸铋(催化剂)的存在下加热而制得。

$$H_2C{=}CH{-}CH_3 + NH_3 + \frac{3}{2}O_2 \xrightarrow[470\ ℃]{\text{磷钼酸铋}} H_2C{=}CH{-}CN + 3H_2O$$

丙烯腈在引发剂(如过氧化二苯甲酰)存在下,可聚合生成聚丙烯腈。

$$n\ CH_2{=}CHCN \longrightarrow {+}\!\!\!\!\!\!\!\!\!\!\!\!\quad [\ CH_2{-}\underset{\displaystyle CN}{\underset{|}{CH}}\ ]_n$$

聚丙烯腈纤维的商品名为腈纶,是一种常见的合成纤维,它具有强度高、保暖性好、耐日光、耐酸和耐溶剂等特性,被称为人造羊毛。

丙烯腈还能与其他化合物共聚,丙烯腈与1,3-丁二烯共聚可得到丁腈橡胶。

$$n\ CH_2{=}CH{-}CH{=}CH_2 + n\ CH_2{=}CH{-}CN + \xrightarrow[\text{EDTA 钠盐,雕白粉,5~10 ℃}]{\text{氢过氧化二异丙苯,}FeSO_4}$$

$$[\ CH_2{-}CH{=}CH{-}CH_2{-}\underset{\displaystyle CN}{\underset{|}{CH}}{-}CH_2\ ]_n$$

丁腈橡胶的最大特点是耐油性和耐热性优于天然橡胶、丁苯橡胶和氯丁橡胶。丙烯腈含量越高,耐油性和耐热性越好。丁腈橡胶可在120 ℃的空气中或150 ℃的油中长期使用。它还具有良好的耐老化性、耐水性、气密性及黏结性,但耐低温性较差。丁腈橡胶主要用于制造耐油橡胶制品,如耐油垫圈、垫片、套管、印染胶辊等。

ABS树脂指的是丙烯腈、1,3-丁二烯和苯乙烯的共聚物。在共聚物中,丙烯腈占20%~30%,1.3-丁二烯占6%~35%,苯乙烯占45%~70%。主要用作工程塑料,广泛应用于汽车、建材、电器制品、家具等工业(如冰箱衬里、电视机外壳、电器零件等)。

13.11.2 异氰酸酯

异氰酸酯可以看成是异氰酸($H{-}N{=}C{=}O$)分子中的氢原子被烃基取代所生成的化合物,结构为 $R{-}N{=}C{=}O$ 异氰酸酯的命名与羧酸酯的命名相似,称为异氰酸某酯。例如:

$$C_6H_5-N=C=O$$

异氰酸苯酯

$$CH_3C_6H_3(N=C=O)_2$$

甲苯-2,4-二异氰酸酯

或 2,4-二异氰酸甲苯酯

异氰酸酯一般由伯胺与光气反应制得。在反应中,先发生氨基的酰化,然后酰化产物再加热脱去氯化氢,生成异氰酸酯。例如:

$$CH_3C_6H_3(NH_2)_2 \xrightarrow[35\sim45\ ℃]{2\ Cl-\overset{\displaystyle O}{\overset{\|}{C}}-Cl\ ,\ PhCl} CH_3C_6H_3\left(NH-\overset{\displaystyle O}{\overset{\|}{C}}-Cl\right)_2 \xrightarrow[180\ ℃]{-2HCl} CH_3C_6H_3(N=C=O)_2$$

异氰酸酯可以与水、醇、胺等反应生成胺、氨基甲酸酯、二取代脲等。

$$R-N=C=O + H_2O \longrightarrow RNH_2 + CO_2$$

$$R-N=C=O + R'OH \longrightarrow RNH-\overset{\displaystyle O}{\overset{\|}{C}}-OR'$$

$$R-N=C=O + R'NH_2 \longrightarrow RNH-\overset{\displaystyle O}{\overset{\|}{C}}-NHR'$$

二异氰酸酯与二元醇可生成聚氨基甲酸酯(简称聚氨酯)类高分子化合物,二异氰酸酯中用途最广的是甲苯-2,4-二异氰酸酯,它与二元醇反应,生成聚氨酯树脂,其构造如下:

$$\left[-\overset{\displaystyle O}{\overset{\|}{C}}-HN-C_6H_3(CH_3)-NH-\overset{\displaystyle O}{\overset{\|}{C}}-O-(CH_2)_m-O-\right]_n$$

其中 m 是二元醇的碳原子数。聚氨酯树脂是一类重要的高分子化合物,可用作涂料、黏合剂,也可用于合成橡胶和制造塑料。例如,在聚合时,加入少量水,则有少量的二异氰酸酯水解,生成二胺和二氧化碳。

$$CH_3C_6H_3(N=C=O)_2 + 2H_2O \longrightarrow CH_3C_6H_3(NH_2)_2 + CO_2\uparrow$$

在产品固化时,所生成的 CO_2 以小气泡的形式留在其中,使产品成海绵状(即聚氨酯泡沫塑料)。

13.11.3　三聚氰胺

三聚氰胺亦称密胺,熔点为 354 ℃,可升华,溶于热水,微溶于冷水和热乙醇,不溶于乙醚、苯等。

尿素以氨气为载体,在 Al_2O_3 或硅胶的催化下加热、加压,先分解成氰酸,进一步缩合生成三聚氰胺：

$$6H_2N-\overset{\overset{\displaystyle O}{\|}}{C}-NH_2 \xrightarrow[380\sim400\ ℃,14\ MPa]{Al_2O_3\ 或\ 硅胶} \text{(2,4,6-三氨基-1,3,5-三嗪)} + 6NH_3 + 3CO_2$$

亦可用双氰胺（$H_2N-\underset{\underset{\displaystyle NCN}{\|}}{C}-NH_2$ 熔点为 209 ℃，无色晶体）在氨中加热至熔点以上聚合制得。

$$3\ H_2N-\overset{\overset{\displaystyle HCN}{\|}}{C}-NH_2 \xrightarrow[加热至熔点以上]{NH_3} 2\ \text{(2,4,6-三氨基-1,3,5-三嗪)}$$

三聚氰胺主要用于制造三聚氰胺-苯酚树脂、氨基树脂漆类涂料、热固性粘合剂、皮革合成鞣剂等。

第 13 章习题

学习总结

第 14 章　杂环化合物

学习目标

【掌握】五元杂环化合物(呋喃、吡咯、噻吩)和六元杂环化合物(吡啶)的性质;糠醛的性质。

【理解】杂环化合物的结构与芳香性。

【了解】杂环化合物的分类和命名;嘧啶、喹啉、嘌呤。

在环状有机化合物中,构成环的原子,除了碳原子外,有时还有其他原子,例如氧、硫、氮、磷等。这些非碳原子叫做杂原子。具有杂环的化合物叫做杂环化合物。环系中可以含一个、两个或更多的相同的或不同的杂原子。环可以是三元环、四元环、五元环、六元环或更大的环,也可以是各种稠合的环。

根据杂环化合物的定义,在以前章节中曾涉及的一些环状化合物如环氧乙烷、丁二酐、δ-戊内酯等,也应属于杂环化合物。

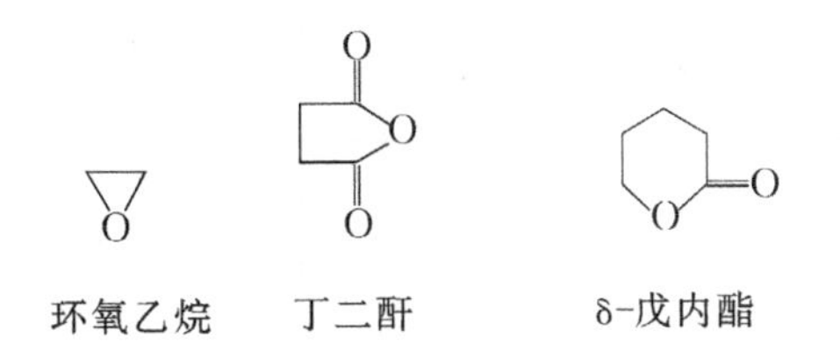

但这些化合物的性质与相应的脂肪族化合物比较接近,既容易由开链化合物闭环得到,也容易开环变成链状化合物。因此,通常不将这些化合物归在杂环化合物的范围内讨论。

本章中介绍的杂环化合物是一些环比较稳定,在结构上具有 $4n+2$ 个 π 电子的闭合共轭体系,在性质上具有所谓"芳香性"的杂环化合物。例如:

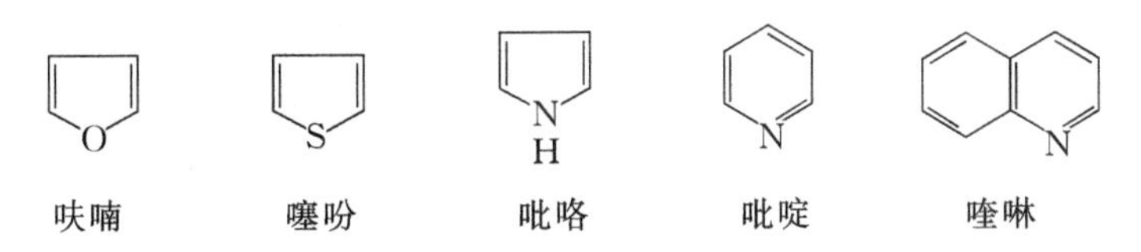

由于组成杂环的杂原子的种类和数量不同,环的大小及稠合的方式不同,因此杂环化合物的种类繁多,数目可观,约占已知有机化合物的三分之一。普遍存在于生物界里,与生物的生长、发育、繁殖,以及遗传、变异等有密切关系。杂环化合物对于生命科学有着极为重要的意义。

14.1 杂环化合物的分类和命名法

杂环化合物可按环的大小分类，其中最重要的是五元杂环和六元杂环两大类；按分子内所含环的数目可分为单杂环和稠杂环。此外，还可按环中杂原子的种类和数目来分类。

杂环化合物的命名多采用译音法，即化合物名称的英文译音，将近似的同音汉字左边加上一个口字旁。常见杂环化合物的构造、分类及名称见表 14－1。

对杂环的衍生物命名时，按系统命名规定，单环杂环化合物从杂原子开始依次编号，以使取代基的位次尽量小为原则。若按 α、β、γ…编号，则与杂原子相连的碳原子为 α 位，其次为 β 位。对于五元杂环，只有 α 和 β 位；对于六元杂环则有 α、β、γ 三种编位。如果杂环中有两种或两种以上的杂原子，则以 O、S、N 的次序将前边的杂原子编为 1 号，使其他杂原子的编号尽量小为原则。例如：

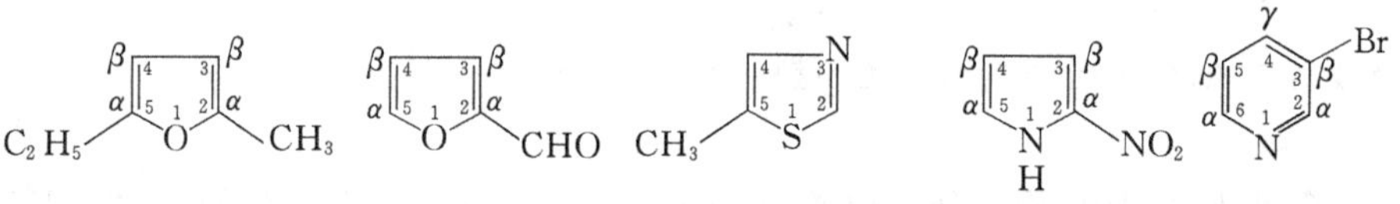

2－甲基－5－乙基呋喃　α－甲基－α′－乙基呋喃

2－呋喃甲醛　α－呋喃甲醛

5－甲基噻唑（不是 2－甲基噻唑）

2－硝基吡咯　α－硝基吡咯

3－溴吡啶　β－溴吡啶

表 14－1　常见杂环化合物的构造、分类和名称

类别		含一个杂原子	含两个杂原子
五元单环	构造	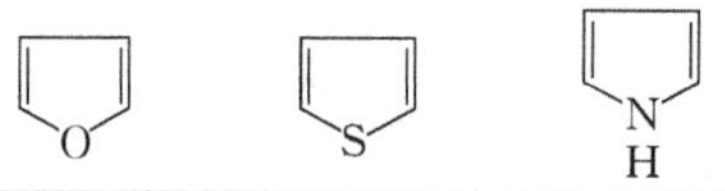	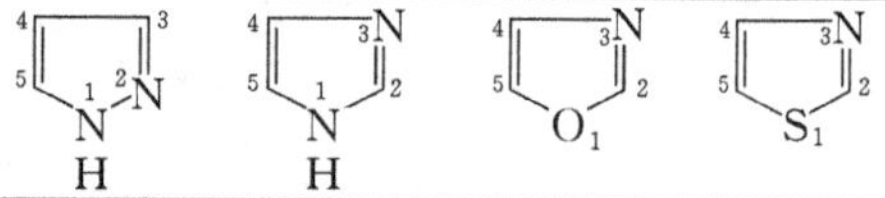
	名称	呋喃　噻吩　吡咯	吡唑　咪唑　噁唑　噻唑
五元二环	构造	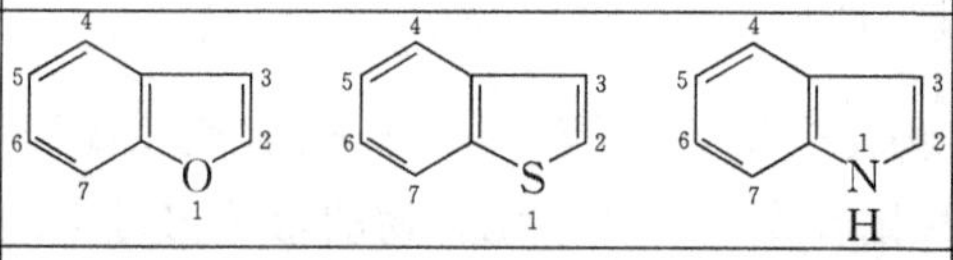	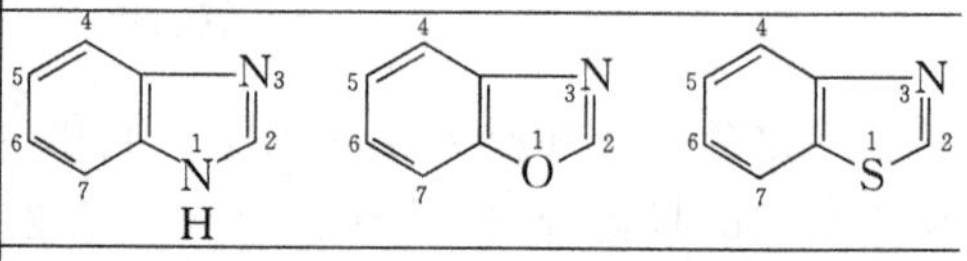
	名称	苯并呋喃　苯并噻吩　吲哚	苯并咪唑　苯并噁唑　苯并噻唑
六元单环	构造	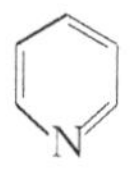	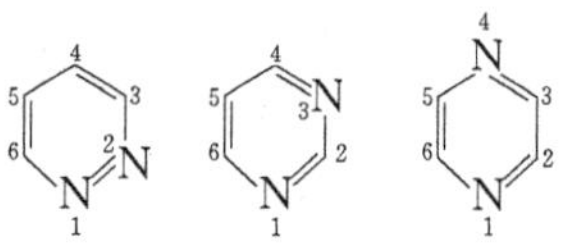
	名称	吡啶	哒嗪　嘧啶　吡嗪

续表

类别		含一个杂原子	含两个杂原子
六元二环	构造		
	名称	喹啉　　异喹啉	嘌呤

14.2 五元杂环化合物

14.2.1 结构

五元单杂环化合物如呋喃、噻吩、吡咯，在结构上都符合休克尔 $4n+2$ 规则，具有芳香性。环上原子共平面，彼此以 σ 键相连，4 个碳原子各有 1 个电子在 p 轨道上，杂原子有 2 个电子在 p 轨道上，这些 p 轨道垂直于 σ 键所在的平面，“肩并肩”地相互重叠形成一个闭合的有 6 个电子、5 个原子的共轭 π 键体系，见图 14-1。

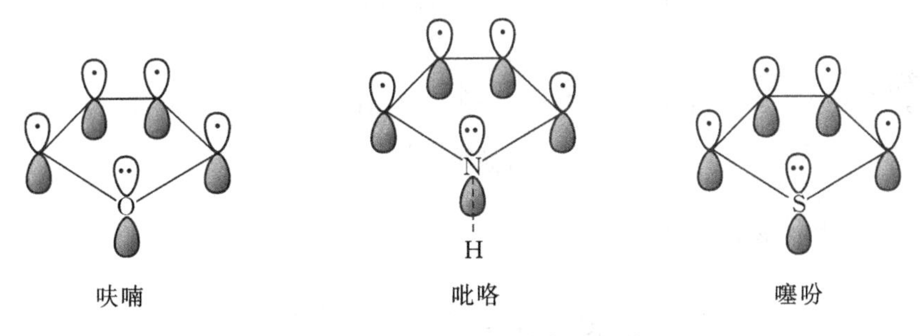

图 14-1 五元杂环化合物的结构

由于这些杂环化合物都是闭合的共轭体系，所以环中的单、双键都不同程度地趋向平均化，单键比普通单键短，双键比普通双键长。例如：

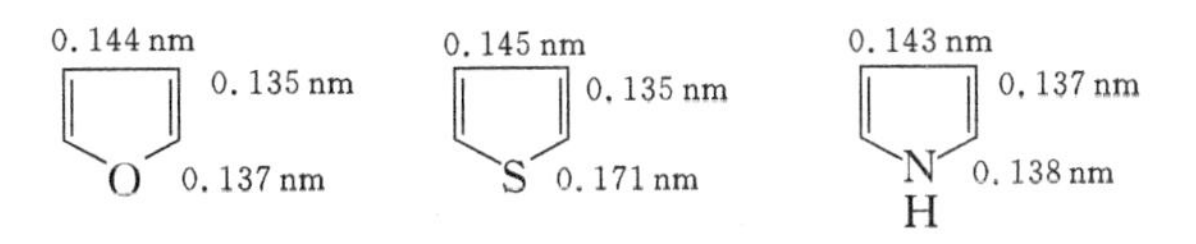

14.2.2 物理性质

大部分杂环化合物不溶于水，易溶于有机溶剂。常见的相对分子质量不太大的杂环，绝大多数为液体，个别的为固体。它们都具有特殊气味。几种常见的五元杂环化合物的物理性质见表 14-2。

表 14-2 几种常见的五元杂环化合物的物理性质

名称	熔点/ ℃	沸点/ ℃	溶解性能
呋喃	−86	31.4	不溶于水，易溶于乙醇、乙醚
噻吩	−38	84	不溶于水，易溶于乙醇、乙醚、苯
吡咯	−18.5	131	不溶于水，易溶于乙醇、乙醚
吲哚	+52	253(分解)	溶于热水，易溶于乙醇、乙醚

14.2.3 化学性质

杂环化合物能发生亲电取代反应，五元杂环中的呋喃、吡咯、噻吩的亲电取代反应比苯容易。α位比β位活泼，在这些杂环中引入一个取代基时，通常总是引入α位。

1. 呋喃及其衍生物

呋喃只能在缓和条件下进行亲电取代反应。当它遇强酸时，立即分解、开环甚至发生聚合反应。

溴化：

$+ Br_2$ $\xrightarrow[\text{二氧六环}]{25\ ℃}$ —Br

2-溴呋喃(75%)

硝化：

$+ CH_3COONO_2$ $\xrightarrow{-5\sim30\ ℃}$ $—NO_2$

硝酸乙酰酯　　2-硝基呋喃(35%)

磺化：

$\xrightarrow[CH_2Cl\text{-}CH_2Cl]{SO_3\text{-吡啶}}$ $—SO_3H$

2-呋喃磺酸(41%)

傅瑞德尔-克拉夫茨酰基化：

$+ (CH_3CO)_2O$ $\xrightarrow[CH_3COOH]{BF_3}$ $—C(=O)—CH_3$

2-乙酰基呋喃(75%~92%)

呋喃催化加氢则得到四氢呋喃(THF)。

$+ 2H_2$ $\xrightarrow[120\ ℃,3\sim4\ MPa]{\text{雷尼镍}}$

四氢呋喃

四氢呋喃是无色液体，沸点为66 ℃，空气中的允许浓度为200 μg/g，爆炸极限为1.80%~11.80%(体积分数)。它是一个重要溶剂。

呋喃还表现出共轭二烯的性质。例如，它可以和顺丁烯二酐发生狄尔斯-阿尔德反应。

O + O $\xrightarrow{30\ ℃}$ O O

(>90%)

2. 糠醛

呋喃最重要的衍生物是呋喃甲醛，俗称糠醛。它的制备方法是用 3%～5% H_2SO_4 水解糠皮、玉米芯、花生皮等农副产物。

$$\text{玉米芯等} \xrightarrow{\text{稀硫酸水解}} \text{(呋喃环)-CHO} + 3H_2O$$

糠醛为无色液体，因易受空气氧化，通常都为黄色或棕色。它溶于醇、醚等有机溶剂，沸点为 162 ℃。空气中的爆炸极限为 2.1%～19.3%(体积分数)，能与水组成共沸物(共沸点为 98 ℃，含糠醛 34.5%)。有毒，空气中的最高允许浓度为 2 μg/g。

以糠醛为原料制备呋喃，已成为呋喃的主要工业制法。将糠醛蒸气与水汽混合，在催化剂及加热条件下糠醛即可转变为呋喃。

$$\text{(呋喃环)-CHO} + H_2O \xrightarrow[400\sim415\ ℃]{ZnO\text{-}Cr_2O_3\text{-}MnO_2} \text{(呋喃)} + CO_2 + H_2$$

糠醛经催化氢化转化为四氢糠醇，它具有醇和醚的性质，是一个优良的溶剂。

$$\text{(呋喃环)-CHO} \xrightarrow[180\ ℃,10\ MPa]{H_2,\text{雷尼镍}} \text{(四氢呋喃环)-}CH_2OH$$

四氢糠醇

糠醛用 $KMnO_4$ 的碱溶液或用 Cu 或 Ag 的氧化物为催化剂，用空气氧化生成糠酸。

$$\text{(呋喃环)-CHO} \xrightarrow[55\ ℃]{\text{空气},Cu_2O} \text{(呋喃环)-COOH}$$

糠醛在 V_2O_5 的催化下，可被空气氧化生成顺丁烯二酐。

$$\text{(呋喃环)-CHO} \xrightarrow[320\sim350\ ℃]{V_2O_5,TiO_2,Fe_2O_3} \text{顺丁烯二酐}$$

糠醛作为溶剂，可以选择性地从石油、植物油中萃取其中的不饱和组分和含硫化合物，如从润滑油中萃取芳香烃等以精制润滑油。在合成橡胶工业中此法可用于提纯丁二烯和异戊二烯。

3. 吡咯及其衍生物

吡咯与呋喃相似，亲电取代也必须在缓和的条件下进行，在酸性条件下同样极易发生开环、聚合等反应。

碘化：

$$\text{吡咯(N-H)} \xrightarrow[NaOH]{4I_2} \text{2,3,4,5-四碘吡咯(N-H)}$$

2,3,4,5-四碘吡咯(伤口消毒剂)

硝化：

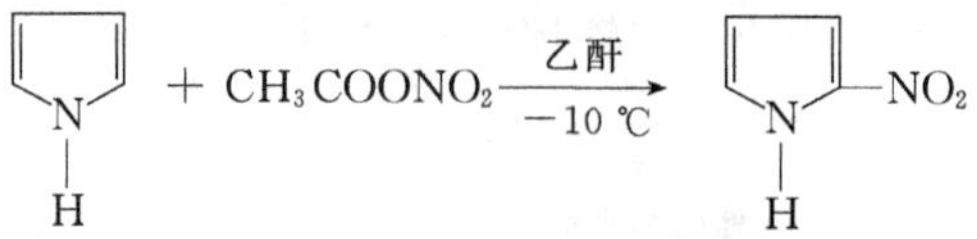

$$\text{吡咯} + CH_3COONO_2 \xrightarrow[-10\ ℃]{\text{乙酐}} \text{2-硝基吡咯}$$

2-硝基吡咯(51%)

磺化：

$$\text{吡咯} \xrightarrow{SO_3\text{-吡啶}} \text{2-吡咯磺酸}$$

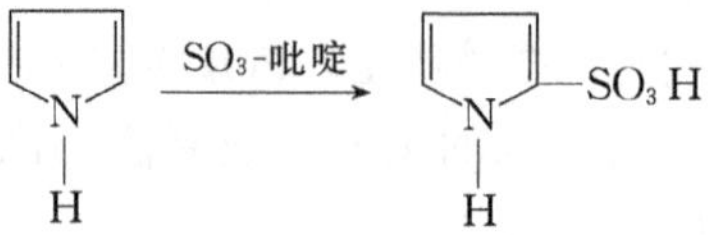

2-吡咯磺酸(90%)

还原和加氢：

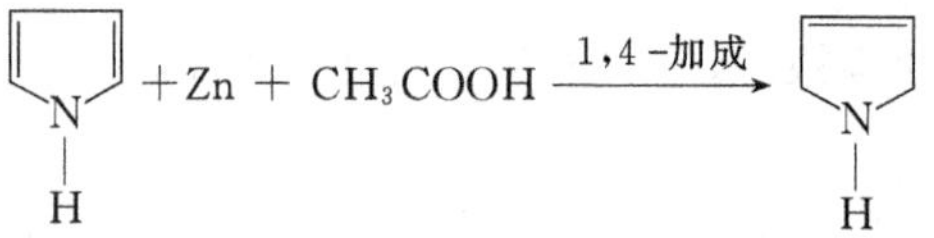

$$\text{吡咯} + Zn + CH_3COOH \xrightarrow{1,4\text{-加成}} \text{2,5-二氢吡咯}$$

2,5-二氢吡咯

$$\text{吡咯} \xrightarrow[\text{约 } 200\ ℃]{H_2\text{,雷尼镍}} \text{四氢吡咯}$$

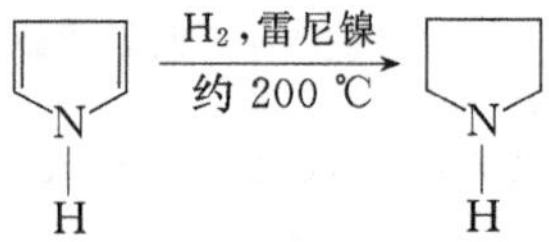

四氢吡咯

由于氮原子上的一对 p 电子参与环上共轭体系，吡咯的碱性远低于仲胺。相反，氮原子上的氢原子则有明显的酸性。吡咯和金属钾、钠反应生成盐。利用这种盐，通过下列反应可制得烷基衍生物。

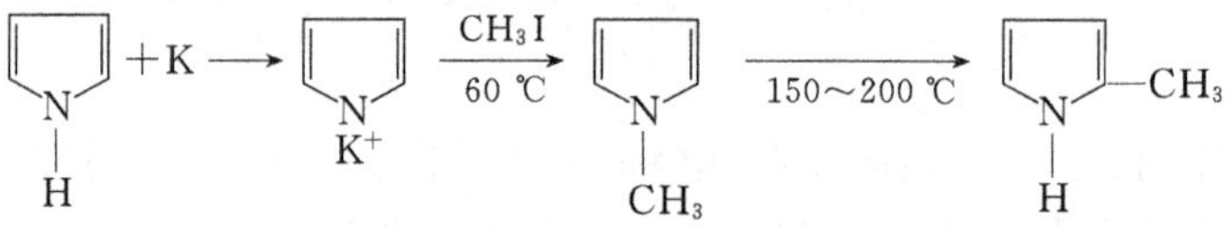

$$\text{吡咯} + K \longrightarrow \text{吡咯}N^-K^+ \xrightarrow[60\ ℃]{CH_3I} \text{N-甲基吡咯} \xrightarrow{150\sim200\ ℃} \text{2-甲基吡咯}$$

N-甲基-2-吡咯烷酮（结构式，缩写为 NMP）是一种优良的溶剂。它在石油工业中常用来萃取芳烃、丁二烯和乙炔。它能与醇、醚、酮、芳烃、氯代烃、植物油混溶。含结晶水的氯化铝、硫化铵、氯化钴、氯化铅、高锰酸钾、氯化锌等均能在 NMP 中形成浓度大于 10% 的溶液。溶解于 NMP，且溶解度大于 10% 的树脂有聚氯乙烯、尼龙、聚苯乙烯、聚甲基丙烯酸甲酯等。

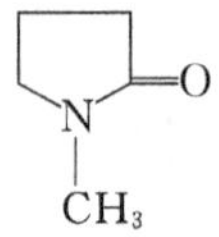

血红素是吡咯的衍生物。

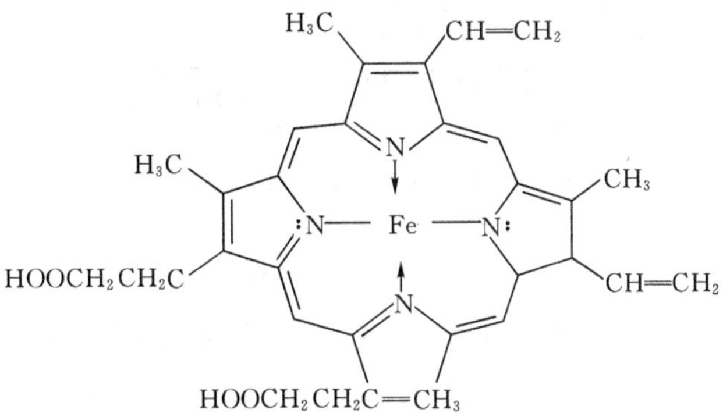

H_3C　$CH{=}CH_2$　H_3C　CH_3　N　N　Fe　N　N　$HOOCH_2CH_2C$　$CH{=}CH_2$　$HOOCH_2CH_2C{=}CH_3$

血红素

4. 噻吩

噻吩有中等程度的毒性。虽然亲电取代反应要在较缓和的条件下进行，但它在常温下，不被浓硫酸分解，而是发生磺化反应溶于浓硫酸中。

磺化：

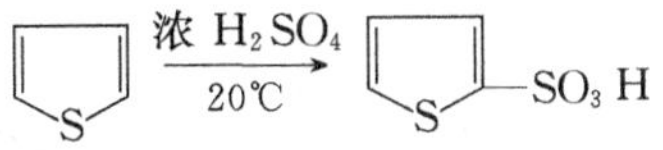

浓 H_2SO_4，20℃　S　S　SO_3H

噻吩-2-磺酸(70%)

煤焦油的粗苯中约含 0.5%的噻吩，它的沸点(84 ℃)与苯接近。工业中在常温下用浓硫酸多次萃取含噻吩的粗苯，来分离噻吩和苯的混合物。噻吩被磺化溶于浓硫酸中，而苯不溶。得到的噻吩-2-磺酸经水解，又可得到噻吩。

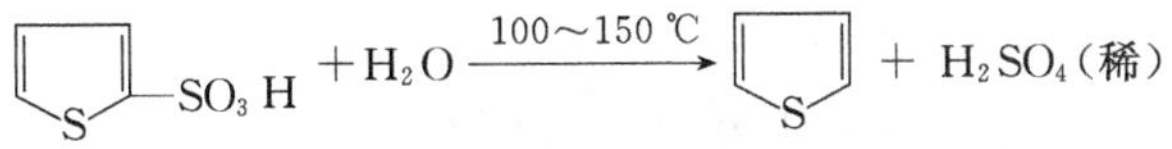

S　SO_3H　$+H_2O$　100～150 ℃　S　$+\ H_2SO_4$(稀)

溴化：

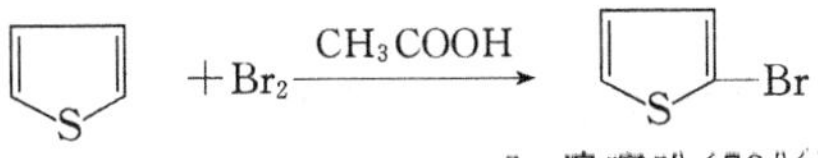

S　$+Br_2$　CH_3COOH　S　Br

2-溴噻吩(78%)

硝化：

S　$+\ CH_3COONO_2$　乙酸-乙酐，0 ℃　S　NO_2

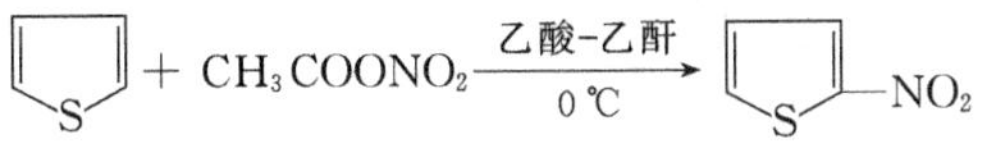

2-硝基噻吩(60%)

傅瑞德尔-克拉夫茨酰基化：

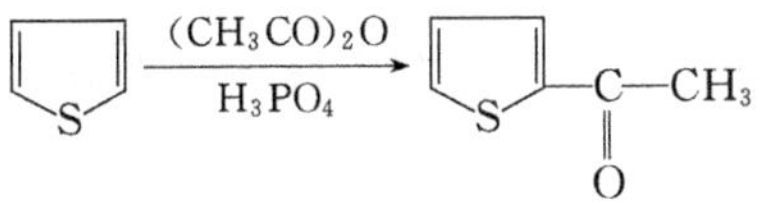

S　$(CH_3CO)_2O$，H_3PO_4　S　C　CH_3　O

2-乙酰基噻吩

还原和加氢：

$\xrightarrow{Na, CH_3CH_2OH}$

$\xrightarrow{H_2, Pd}$

四氢噻吩

噻吩不易氧化，而四氢噻吩则易氧化生成重要的非质子极性溶剂环丁砜。

$\xrightarrow[H^+]{KMnO_4}$

环丁砜

噻吩的衍生物见于许多药物中，例如驱除肠中寄生虫的药物——驱虫灵和维生素 H 都是噻吩的衍生物。

驱虫灵　　维生素 H

14.3 六元杂环化合物

14.3.1 结构

六元单杂环吡啶的结构和苯很相似，也符合休克尔 $4n+2$ 规则，只是苯中的 1 个碳原子被 sp^2 杂化的氮原子所代替，环上的 5 个碳原子和 1 个氮原子都有 1 个电子在 p 轨道上，这些 p 轨道垂直于环的平面，组成闭合的 6 个电子、6 个原子的共轭 π 键体系见图 14－2。因此，吡啶也有芳香性。与吡咯不同的是，吡啶氮上的一对孤对电子(在 sp^2 杂化轨道上)不参与共轭。

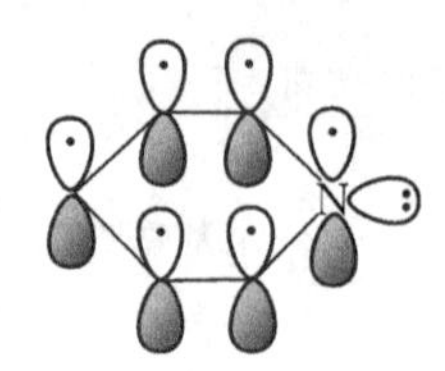

图 14－2　吡啶的结构

由于氮原子的电负性较强，吡啶环上的电子云密度不像苯那样分布均匀。它的键长数据：

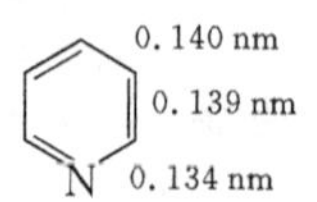

14.3.2　物理性质

常见的六元杂环化合物的物理性质见表 14－3。

表 14－3　常见的六元杂环化合物的物理性质

名称	熔点/ ℃	沸点/ ℃	溶解性能
吡啶	－41.5	115.6	溶于水，易溶于乙醇、乙醚
喹啉	－15	238	不溶于水，易溶于乙醇、乙醚

14.3.3　化学性质

化学性质

第 14 章习题

学习总结

第 15 章　红外光谱

学习目标

【掌握】有机化合物重要官能团的红外特征吸收峰位置。

【理解】红外光谱的基本原理。

【了解】产生吸收光谱的基础；红外光谱的谱图解析方法。

准确测定有机化合物的分子结构，对从分子水平去认识物质世界，推动近代有机化学的发展是十分重要的。采用现代仪器分析方法，可以快速、准确地测定有机化合物的分子结构。在有机化学中应用最广泛的测定分子结构的方法是四大光谱法：紫外光谱（UV）、红外光谱（IR）、核磁共振谱（NMR）和质谱（MS）。前三者为分子吸收光谱，而质谱是化合物分子经高能粒子轰击形成正电荷离子，在电场和磁场的作用下按质荷比大小排列而成的图谱，不是吸收光谱。本章只简单介绍红外光谱。

15.1　分子吸收光谱和分子结构

一定波长的光与分子相互作用并被吸收，用特定仪器记录下来就是分子吸收光谱。分子吸收电磁波从较低能级激发到较高能级时，其吸收光的频率与吸收能量之间的关系如下：

$$E = h\nu \tag{15-1}$$

式中，E——光子的能量，J；

h——Planck 常量，6.63×10^{-34} J·s；

ν——频率，Hz。

频率与波长及波数的关系：

$$\nu = \frac{c}{\lambda} = c\sigma \tag{15-2}$$

式中，c——光速，3×10^{10} cm·s^{-1}；

λ——波长，cm；

σ——波数，cm^{-1}，表示 1 cm 长度中波的数目。

分子结构不同，由低能级向高能级跃迁所吸收光的能量不同，因而可形成各自特征的分子吸收光谱，并以此来鉴别已知化合物或测定未知化合物的结构。

从波长很短（约 10^{-2} nm）的 X 射线到波长较长（约 10^{12} nm）的无线电波，都属于电磁波。电磁波类型及其对应的波谱分析方法见表 15-1。

15-1 电磁波谱与波谱分析方法

电磁波类型	波长范围	激发能级	波谱分析方法
X射线	0.01～10 nm	内层电子	X射线光谱
远紫外线	10～200 nm	σ电子	
紫外-可见光	200～800 nm	n及π电子	紫外和可见吸收光谱(UV/VIS)
红外线	0.8～300 μm	振动与转动	红外吸收光谱(IR)
微波	0.3～100 mm	电子自旋	电子自旋共振谱(ESR)
无线电波	0.1～1000 m	原子核自旋	核磁共振谱(NMR)

15.2 红外吸收光谱

在波数为4000～400 cm^{-1}(波长为2.5～25 μm)的红外光照射下,样品分子吸收红外光会发生振动能级跃迁。所测得的吸收光谱称为红外吸收光谱(infrared spectrum),简称红外光谱(IR)。红外光谱图通常以波数或波长为横坐标,表示吸收峰的位置;以透过率T(以百分数表示)为纵坐标,表示吸收强度。

每种有机化合物都有其特定的红外光谱,就像人的指纹一样。根据红外光谱图上吸收峰的位置和强度可以判断待测化合物是否存在某些官能团。

15.2.1 分子的振动和红外光谱

1.振动方程式

可以把成键的两个原子的振动近似地看成用弹簧连接的两个小球的简谐振动。根据Hooke定律可得其振动频率:

$$\nu = \frac{1}{2\pi}\sqrt{k(\frac{1}{m_1}+\frac{1}{m_2})} \tag{15-3}$$

式中,m_1和m_2——成键原子的质量,g;

k——化学键的力常数,$N \cdot cm^{-1}$。

一些化学键伸缩振动的力常数见表15-2。

表15-2 一些化学键伸缩振动的力常数

键型	k/($N \cdot cm^{-1}$)	键型	k/($N \cdot cm^{-1}$)
O—H	7.7	C—C	4.5
N—H	6.4	=C—H	5.1
≡C—H	5.9	C≡N	17.7
—C—H	4.8	C=O	12.1
C≡C	15.6	C—O	5.4
C=C	9.6		

由式(15-3)可见,键的振动频率与力常数(与化学键强度有关)成正比,而与成键的原子质量成反比,化学键越强,成键原子质量越小,键的振动频率越高。同一类型的化学键,由于分子内部及外部所处环境(电子效应、氢键、空间效应、溶剂极性、聚集状态)的不同,力常数并不

完全相同，因此，吸收峰的位置也不尽相同。此外，只有引起分子偶极矩发生变化的振动才会出现红外吸收峰。如对称炔烃的C≡C键和反式对称烯烃的C═C键的伸缩振动无偶极矩变化，无红外吸收峰。化学键极性越强，振动时偶极矩变化越大，吸收峰越强。

2. 分子振动模式

分子中化学键的振动方式分为伸缩振动和弯曲振动两种类型。伸缩振动是指原子沿键轴方向伸缩，键长变化而键角不变。弯曲振动为原子垂直于化学键的振动，键角改变而键长不变。以亚甲基为例，几种振动方式如图 15－1 所示。

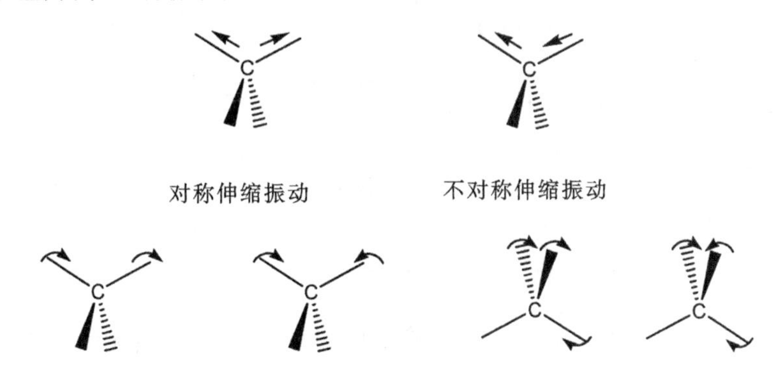

面内摇摆弯曲振动　面内剪式弯曲振动　面外摇摆弯曲振动　面外扭曲弯曲振动

图 15－1　亚甲基的振动模式

15.2.2　有机化合物基团的特征频率

同类化学键或官能团的吸收频率总是出现在特定波数范围内。这种能代表某基团存在并有较高强度的吸收峰，称为该基团的特征吸收峰，简称特征峰。其最大吸收对应的频率为基团的特征频率。表 15－3 列举了各种有机化合物基团的特征频率。

表 15－3　常见有机化合物基团的特征频率

振动方式	化学键类型	特征频率/cm^{-1}（化合物类型）	振动方式	化学键类型	特征频率/ cm^{-1}（化合物类型）
伸缩振动	—O—H	3600～3200（醇、酚） 3600～2500（羧酸）	伸缩振动	>C═C<	1680～1620（烯烃）
	—N—H	3500～3300（胺、亚胺、其中伯胺为双峰） 3350～3180（伯酰胺，双峰） 3320～3060（仲酰胺）		>C═O	1750～1710（醛、酮） 1725～1700（羧酸） 1850～1800，1790～1740（酸酐） 1815～1770（酰卤） 1750～1730（酯） 1700～1680（酰胺）
	spC—H	3320～3310（炔烃）		C═N	1690～1640（亚胺、肟）
	sp^2C—H	3100～3000（烯烃、芳烃）		$—NO_2$	1550～1535，1370～1345（硝基化合物）
	sp^3C—H	2950～2850（烷烃）			
	sp^2C—O	1250～1150（酚、酸、烯醚）		—C≡C—	2200～2100（不对称炔烃）
	sp^3C—O	1250～1150（叔醇、仲烷基醚） 1125～1100（仲醇、伯烷基醚） 1080～1030（伯醇）		—C≡N	2280～2240（腈）

续表

振动方式	化学键类型	特征频率/cm^{-1}(化合物类型)	振动方式	化学键类型	特征频率/ cm^{-1}(化合物类型)
弯曲振动	C—H 面内弯曲振动	1470～1430,1380～1360(CH_3) 1485～1445(CH_2)	弯曲振动	Ar—H 面外弯曲振动	770～730,710～680(五个相邻氢) 770～730(四个相邻氢) 810～760(三个相邻氢) 840～800(两个相邻氢) 900～860(隔离氢)
	═C—H 面外弯曲振动	995～985,915～905(单取代烯) 980～960(反式二取代烯) 690(顺式二取代烯) 910～890(同碳二取代烯) 840～790(三取代烯)		≡C—H 面外弯曲振动	660～630(末端炔烃)

结构鉴定时,人们通常把 4000～1500 cm^{-1}称为特征频率区,因为该区域里的吸收峰主要是特征官能团的伸缩振动所产生的。而把 1500～400 cm^{-1}称为指纹区,该区域吸收峰通常很多,而且不同化合物差异很大。特征频率区通常用来判断化合物是否具有某种官能团,而指纹区通常用来区别或确定具体化合物。

15.2.3 有机化合物红外光谱举例

有机化合物红外光谱举例

第 15 章习题

本书综合习题

参考文献

[1] 高职高专编写组.有机化学[M]. 第3版. 北京:高等教育出版社,2008.
[2] 邢其毅,裴伟伟,徐瑞秋,裴坚. 基础有机化学[M].第3版. 北京 :高等教育出版社,2005.
[3] 高鸿宾.有机化学[M]. 第4版. 北京:高等教育出版社,2005.
[4] 初玉霞.有机化学[M]. 第2版. 北京:化学工业出版社,2006.
[5] 曾昭琼.有机化学[M].第4版.北京:高等教育出版社.2003.
[6] 徐寿昌.有机化学[M].第2版.北京:高等教育出版社,1993.
[7] 徐春祥.有机化学[M]. 第2版.北京:高等教育出版社,2009.
[8] 陈剑波. 有机化学[M]. 广州:华南理工大学出版社,2006.
[9] 张正兢.基础化学[M].第1版.北京:化学工业出版社, 2007 .
[10] 初玉霞,王纪丽.有机化学学习指导[M].第1版. 北京:化学工业出版社, 2006.
[11] 池秀梅.有机化学[M]. 北京:石油工业出版社,2008.